上元积年

上元积年的源流

王翼勋◎著

苏州大学出版社
Soochow University Press

图书在版编目(CIP)数据

上元积年的源流／王翼勋著. -- 苏州：苏州大学出版社，2022.12
ISBN 978-7-5672-4159-6

Ⅰ.①上… Ⅱ.①王… Ⅲ.①古历法－研究－中国 Ⅳ.①P194.3

中国版本图书馆 CIP 数据核字(2022)第 245673 号

上元积年的源流

Shangyuan Jinian De Yuanliu

王翼勋 著

责任编辑 谢金海

苏州大学出版社出版发行
（地址：苏州市十梓街 1 号 邮编：215006）
苏州市越洋印刷有限公司印装
（地址：苏州市吴中区南官渡路 20 号 邮编：215104）

开本 787 mm×960 mm 1/16 印张 19.5 字数 415 千
2022 年 12 月第 1 版 2022 年 12 月第 1 次印刷
ISBN 978-7-5672-4159-6 定价：79.00 元

图书若有印装错误，本社负责调换
苏州大学出版社营销部 电话：0512-67481020
苏州大学出版社网址 http://www.sudapress.com
苏州大学出版社邮箱 sdcbs@suda.edu.cn

内容简介

这本小册子，挖掘1208年鲍浣之的开禧历计算的原文、原术、原意及1247年秦九韶的《数书九章》大衍术，剖析公元前104年邓平、落下闳的太初历，公元前7年刘歆的三统历，从而探索古代中国流行1500多年的上元积年，其本原就是约4400多年前，尧、舜的“岁三百有六旬有六日”。

整数对现象的起源和发展，揭示着世界不定分析史的起源和演化。我们观摩了欧几里得、欧拉、高斯的原文、原术、原意，还探讨了印度婆罗摩笈多的恒值粉碎机解法。对不定分析的史料和数理，第一次进行了全面的考评、厘清和分析。

本书从开禧历入手，破解三统历，探索本原问题，以求解开上元积年谜团：

1. 上元积年本原问题；
2. 三统历上元积年的由来；
3. 开禧历上元积年的计算。

就传统数学史上争议不断的几个问题，作了探索：

1. 2000年前的密近简化计算，使得祖冲之圆周率355/113的起源迎刃而解；
2. 传统数学的千年等数和乘率之谜；
3. 大衍求一术的由来；
4. 孙子剩余定理和高斯剩余定理。

本书适于科学史、数学史研究者，相关专业的大学师生，以及中学数学教师等参考、阅读。

自 序

回想 1978 年,那是个激情燃烧的年代,我有幸成了恢复高考后第一批大学生。学生证上的照片,正是插队时的三十周岁纪念照,自己拍给自己看看,那种感受,只有自己知道。

一进大学,我就扑进图书馆书的海洋中,恣意游泳。自然科学史研究所主编的《中国古代科技成就》一书中"中国剩余定理"一文吸引了我。

承蒙中国科学院自然科学史研究所王渝生先生、刘钝先生的帮助和苏州大学业师钱克仁先生的鼓励,我走上了上元积年研究的崎岖之路。

理想是丰满的,现实是骨感的。相关史料,一点点收集,一步步爬行,一次次碰壁,鼻青脸肿。望着啃不动的手稿,又不忍放弃,自感身为中华儿女,奋力研究是一份担当。总算天不绝人,或三年,或五年,又有点机会,看出点门道,于是欣喜若狂,重捡弃稿。

写这个序,首先要感谢的是中国科学院数学研究所李文林先生。

那是 1984 年吧,李先生领我走进中国科学院图书馆,用他的借书证借出高斯《算术研究》英文本,让我复印。那些情景,至今还历历在目。直到今天才知道,破解中国上元积年原理的钥匙,正是高斯描述的整数对现象。

2011 年 7 月 18 日,李先生又来信,给我极大的鼓励:

> 来电早收,纸质稿今天也收到了。感谢您不懈的工作和有意义的贡献。

还要感谢著名数论家潘承彪先生。

1996 年 6 月 10 日,潘先生给我来信,为我指明了奋斗的目标和具体措施:

王老师：

您好！寄来的大作及信均收到，谢谢。虽然我对数学史不懂，但我觉得您的计划很有意义。能写一本总结古今中外关于一次同余式的理论、应用的书，把历史考证清楚，并用现代语言介绍给读者，这是很需要的。关于这方面的中外文献有不少。我们的教材不能算现在介绍这一理论的主要书。祝您成功。

祝

好！

潘承彪

6.10

小册子初成，书名叫什么呢？就叫《上元积年的源流》吧。书中资料内容，涉及西方的来自二手、三手资料，涉及印度的来自三手，甚至四手资料。但传统史料方面的研究，占篇幅六七成内容，绝对是一手资料。所引用前辈、同行们丰硕精辟的成果，所有二手、三手资料，均一一详细注明出处，以示诚恳的感谢。

但仍感到史料残缺，分析不透，漏洞百出，愧对先人。不过，还是坚信，或十年，或百年，总会有人重新加以深入研究的，因为研究传统天文历法、数学是中华儿女的责任。

王翼勋

苏州大学数学科学学院

2022 年 4 月

Contents ………

目录

第一章 不定分析

不定分析问题受天象观察历法编制的刺激而诞生，古今中外，概莫能外。

不定分析的史料与研究，围绕着整数对现象而展开。

1.1 不定分析小史

至少 4 400 余年前，古代中国人开始观察天体运行。以太阳一日行一度，积累数据，形成历数，逐渐形成太阳一岁行一圈的天度圈概念。

公元前 104 年，汉武帝编制太初历。落下闳应用密近简化算法，计算日法八十一。

公元前 7 年，刘歆改编太初历成三统历，从密近简化算法，发展出求乘率法，并实际计算了上元积年。

公元 3 世纪，希腊数学家丢番图(Diophantus，约公元 250—?)的《算术》一书中，首次出现不定方程。书中引入了许多缩写符号，如未知量、未知量的各次幂，这在代数的发展史上是一个巨大的进步。《算术》对后来的阿拉伯数学、文艺复兴时期的意大利数学，乃至整个欧洲数学，产生了巨大的影响，也为包括韦达、费马、高斯在内的许多数学家提供了创作源泉。

公元 4 世纪的《孙子算经》，出现了物不知数的问题。后世概括成以乘率为特征的孙子剩余定理。

公元 5 世纪的祖冲之，延伸了刘歆的方法，使之成为以同余式组表达的上元积年算法，编制大明历(公元 462 年)，发扬密近简化算法，提出闰周新数据 391 年 144 闰。祖冲之可能利用了刘徽割圆术的"差幂"，实行补缀衔接，应用密近简化法，简捷明快地求出朒数、盈数。再用密近简化法求出圆周率的约率和密率。

阿耶波多一世(Aryabhata 圣使，476—550)于公元 499 年著的《圣使文集》中出现了"库达卡"这一术语。

公元 6 世纪婆罗摩笈多(Brahmagupta，约 598—665 以后)的恒值粉碎机解法，严格确定二元一次方程的表达，巧妙地重复辗转相除，保证自然余数为 1。利用求得 1 的除法，构造整除式。选定“选择的数”，利用整除求出相对于附加数 1 不定方程的解，称作恒值粉碎机。再借以求出附加数非 1 的不定方程。

欧洲最早的不定分析问题，见于意大利人斐波那契(Fibonacci，约 1170—1250)的著作。在其 1202 年出版的 *Liber Abaci*(《计算之书》)中，出现了类似于《孙子算经》物不知数题的问题。

1208 年鲍浣之开禧历，配合大衍术，应用除乘消减不定方程筹算解法，计算上元积年。

1247 年秦九韶写下《数书九章》治历演纪题，并提炼出举世闻名的大衍求一术。

整数对现象中，同一商数对应的两个序列，构成连分数。连分数的精华，应该是一系列相互关联的连分数，构成渐近分数系列，逐渐逼近某一个有理数。

大多数权威认为连分数的近代理论，始于拉斐尔·邦贝利(Bombelli，Rafael，1526—1572)。

引入未知数，用字母表示数，加以运算，是代数学区别于其他学科的最大特点。文字表示法的引进和发展，通常归之于 16 和 17 世纪的法国数学家韦达和笛卡尔。

1734 年，欧拉(Euler，Leonard，1707—1783)研究了不定方程的整数解解法和一次同余式组的解法。

1801 年，高斯(Gauss，Carl Friedrich，1777—1855)写下 *Disquisitiones Arithmeticae*(《算术研究》)，完善了同余理论。

1.2 史料的整理

不定分析问题源远流长，肇始于天文历法，昌明于近代数论，上下两千年，纵横欧亚大地。希腊、中国和印度等文明古国的先哲们，为人类文明史留下了浓重的一笔。

不定分析史料，典著浩如烟海，散见于世界各国，经过多少志士仁人一点点不懈努力，才得以收集汇总。不可避免，传抄、翻译过程中的任何细微出偏，或许就演变成千古之谜。由于文明的不同，研究出发点的不同，认识程度的不同，描述说法的不同，会有多种叙述的形式，增加了研究的复杂性和趣味性。

在完整认识不定分析式依据的原理、数值解法基础上，把古今中外不定分析数值解法相关史料一点点累积收集起来，需要统一字母的表达，才能逐一考证清楚，才能厘清不定分析的发展思路。

本书中，所有古今中外史料文字字母，均归结到高斯《算术研究》第 27 节：“考虑不定方程 $ax=by\pm1$，a，b 是正数，不妨假定 a 不小于 b。”采用 P，Q 两序列，把 Q_1 表示为天元一。把辗转相除所得一系列余数中，最后一个非零余数称自然余数。

此外，史料中涉及大量数学家译名，主要依据梁宗巨主编的《数学家传略辞典》(山东教育出版社，1989 年)和《中国大百科全书·数学》(中国大百科全书出版社，1988 年)。

1.3 史料的研究

观察本书目录，各章内容表面上看似杂乱，实际上分属三个系统：史料遗产，数学系统和数学史研究系统。

第一个是史料遗产。人类文明进展，尤其在古代，是相当重复而不协调的。同一概念或思想可以有分散的发现，也可以有各自的发展[1]。

不定分析知识的历史发展，只能是黑暗中的摸索，漫长而又无法严格精致。

中国古代历法灿烂辉煌，历法数学是世界数学史上的奇葩。上百部历法，约有半数在文献中保存有比较完整的记载。《二十四史》中十五史有“历志”，记载斯时的历术和法数。

有清以来，以四库馆臣为首的清代学者，抢救中国的传统不定分析史料，功不可没。

Dickson，Leonard E.[2] 的 *History of the Theory of Numbers*(《数论史》)，系统地收集了西方、印度的资料，留下了宝贵的数论史料。

第二个是数学系统。不定分析属于整数论中的一支，本书主要涉及二元一次不定方程和一次同余式组解法。

本书十一章“整数对现象”，就是本书数学系统的核心。

人们的认识，本来是有阶段性的。不定分析史数理本身的复杂性，更导致人们研究史料时，必须反复去粗取精、去伪存真、由此及彼、由表及里。百花齐放，百家争鸣，诸多的标准中，最基本的一条，就是数论原理，这是学术之所以是学术的基础。坚守这一条，才能不受那种随意删节、改窜原始文献现象的纠缠[3]。

可以这样说，史料遗产是数学史家工作的对象，而数论是数学史家的生命，容不得半点偏差。如果冗长的证明掩盖着地雷，隐含循环论证，所谓的研究成果就无法令人信服。

第三个则是数学史研究系统。研究者站在现代数学的高度，用历史学的方法剖析、整理这些数学遗产，以及记载前辈学者们的早期贡献。

本书第十五章“清代学者的研究”，似乎平淡无奇，却是我们研究中国历法史、数学史的指路明灯。没有先辈们的艰难踏荒，就没有今天我们对上元积年的认识。

二十世纪初以来，特别是近几十年来，已经涌现了近百篇论文、十几部专著。

1978 年 3 月自然科技史研究所主编的《中国古代科技成就》，由中国青年出版社出版，后又由外文出版社出版英文本 *China Ancient Achievements in Science and Technology*。1987 年北京师范大学出版社出版《秦九韶与数书九章》(吴文俊主编)，更在国内外直接掀起研究的风潮。

对中国古代数学史的研究，可以从吴文俊先生的一段话中得到启发。作为一位严肃的科学家，吴文俊[4]指出："我国传统数学有它自己的体系与形式，有着它自己的发展途径与独创的思想体系，不能以西方数学的模式生搬硬套。"他曾在不同场合多次阐明研究古代数学史的方法论原则，并在国际数学家大会的报告中提炼为两大原则：

(1) 所有研究结论应该在幸存至今的原著基础上得出。

(2) 所有结论应该利用古人当时的知识、辅助工具和惯用的推理方法得出。

这两大原则对古今中外数学史研究都适用。

李文林、袁向东先生[5]早就指出，"研究中国古代数学的辉煌成就，分析当时的历史条件，并以以往所固有的方法去追溯，即朱世杰所谓'以古法演之'。在古代数学史研究中，应大力提倡这种正确的方法。"

1.4 历法的研究

随着天文、数学的进步与发展，中国古代历法的历史进程可分作如下四个阶段：

(1) 古代，先秦两汉至南北朝。这一段历法主要以平运动计算中朔和日月五星的位置。

(2) 中世纪，隋唐五代宋元明时期历法，把日月五星视作变速运动。计算时采用二次、三次内插，相减、相乘算法。

(3) 清初时宪历，采用第谷(Tycho，Brahe，1546—1601)改进的地心体系，以本轮均轮、几何学和球面三角方法来计算天体的距离和速度变化。

(4) 清代中、后期的历书，依据地心椭圆运动体系，用开普勒(Kepler，Johannes，1571—1630)第一、第二定律计算。

本书只是研究上元积年的起源与发展。

1932年，钱宝琮[6]指出："古代算学本为天文历法之附庸。"

然而，天文历法本来深奥难解，文明之初的探索神秘莫测，书录时又不免闪烁其词。现存史料更是残缺不全，历经术文多有错讹衍夺。要想只凭若干数值，挖掘内在关联，揣摩古代算法，谈何容易。岁月悠悠，战乱频仍，典著茫茫，更有豕亥鱼鲁难免，直接相关史料的寻找，几无可能。

对历法中的数学，1999年王渝生[7]纵论针砭，深中肯綮：

> 中国古历法中天文数据的分数近似值表示是多种多样的，既简单又精确的分数近似值出自历算大师的"神机妙算"，我们不否认有过碰巧选上了某个日法或别的什么数值的可能性，但这种偶然的机遇来自历算家对分数性质的深刻理解和对分数运算的十分娴熟，即所谓"熟能生巧"。刘歆和一行都能把他们各自历法中的法数与音律、易象联系起来，作出神秘主义的数字解释(参阅薄树人：《浅谈中国古代历法史上的数字神秘主义》《天文学哲学问题论集》，人民出版社

1986)。虽近荒唐,却也必须下一番数学运算的功夫。但是,历法中的绝大多数数据都应该是科学地选取和经过运算,符合实际天文观察,因而是有一定方法的。所谓"调日法"就是如此。唐一行、北宋周琮、南宋秦九韶、清李锐都对其有不同的解释,我们也只能提出一点管见。况且,算理上的分析并不能代替对历史事实的确定,任何结论都必须有史料上的依据。"例不十,法不立",仅有孤证那是不够的。

这里补充一点注释,以理解"例不十,法不立"。

1924 年《新著国语文法》中,著名语言学家黎锦熙(1890—1978)先生提出了他在语法研究中遵循的一个原则:"例不十,不立法",说是"套用、改造古人的话而来"。意思是,当例证不足一定数目的时候,是不足以另立一种理论的。与之一起说的还有一句,叫作"反不十,法不破"。意思是:当反例不足一定数目的时候,是不足以破除一种已普遍流行的观点的。

1936 年,王力(1900—1986)在《中国文法中的系辞》中将"例不十,不立法"说成"例不十,法不立",显然更易上口。后来,这句话成了汉语语言研究中的名言。

不过,在语言研究中,说"当反例不足一定数目的时候,是不足以破除一种已普遍流行的观点的",并无差错。但数学中,略有不同:数学中的反例,是指符合某个命题的条件,而又不符合命题结论的例子。只需举出一个,就足以反驳了。

参考文献

[1] 程贞一.黄钟大吕[M].王翼勋,译.上海:上海科技教育出版社,2007:72.

[2] Dickson. History of the Theory of Numbers[M]. New York: AMS Chelsea Publishing, 1999.

[3] 郭书春.尊重原始文献避免以讹传讹[J]. 自然科学史研究,2007,26(3):438－448.

[4] 李文林. 古为今用的典范——吴文俊教授的中国数学史研究[J]. 北京教育学院学报,2001,15(2):1－5.

[5] 李文林,袁向东.中国古代不定分析若干问题探讨[M]//自然科学史研究所.科技史文集:第 8 辑.上海:上海科学技术出版社,1982:106－122.

[6] 李俨,钱宝琮.李俨钱宝琮科学史全集:第 1 卷[M].沈阳:辽宁教育出版社,1998:169.

[7] 王渝生.中华文化通志:算学志[M].上海:上海人民出版社,1999:291.

第二章 上元积年的起源

本章介绍上元积年的天象背景、基本要点和前辈探索的思路。

2.1 上元积年

从春秋战国到秦朝时期制定的黄帝、颛顼、夏、殷、周、鲁六种历法，称为古六历。唯颛顼历一直用到(前104年)汉武帝改历，编制太初历止。古六历至今只存一些零星材料。黄帝、颛顼、夏、殷、周、鲁之名，始见于公元一世纪《汉书·律历志》。

四世纪初司马彪《续汉书·律历志》给出古六历上元甲子。约718—726年成书的《大唐开元占经》中出现了古六历完整的上元干支和积年。

上元距唐玄宗开元二年甲寅(714)的纪年数分别为：

黄帝历上元辛卯以来2760863年。

颛顼历上元乙卯以来2761019年。

夏历上元乙丑以来2760589年。

殷历上元甲寅以来2761080年。

周历上元丁巳以来2761137年。

鲁历上元庚子以来2761334年。

公元前7年，刘歆改编太初历成为三统历，第一个实际计算了太初元年的上元积年值："汉历太初元年，距上元十四万三千一百二十七岁。前十一月甲子朔旦冬至，岁在星纪婺女六度，故《汉志》曰：岁名困敦，正月岁星出婺女。"

公元223年乾象历说："上元己丑以来，至建安十一年丙戌，岁积七千三百七十八年。"

从乾象历起，八十余家历法都列出上元以来积年数据作为历法的第一条数据，直到元郭守敬授时历(1280年)才予废止。

公元237年景初历第一句为："壬辰以来，至景初元年丁巳岁，积四千四十六，算上。"

公元462年，南北朝祖冲之的大明历要求历元必须同时为甲子年的开始，而且日月合壁，五星连珠，月亮又恰好行经其近地点和升交点。这样的条件下推算上元积年，就相当于要解十个同余式了。

随着观测精度的提高，天象重合越来越难以实现，不得不推算数以亿万年计的上元积年，以寻求编历的总起点，这就极大地刺激了数学的发展和数值解法的进步。

在秦九韶之前，各历虽然都载有积年数字，却从未展示出具体的推算过程。

1247 年秦九韶《数书九章》治历演纪等三题，系统阐述 1208 年开禧历上元积年算法，是到 1280 年郭守敬废止上元积年这 1500 多年间唯一流传至今的珍贵史料。

1777 年四库馆臣[1]赞曰："自秦汉以来，成法相传，未有言其立法之意者。惟此书《大衍术》中所载立天元一法，能举立法之意而言之。"

阮元(1764—1849)《畴人传》(1799)卷二十二"秦九韶传"评价："自元郭守敬授时术截用当时为元，迄今五百年来，畴官术士，无复有知演纪之法者。独《数书九章》犹存其术，嗜古之士，得以考见古人推演积年日法之故，盖犹告朔之饩羊矣。"

只有深入挖掘开禧历治历演纪题，再分析初期形态的三统历结构，弄清刘歆计算上元积年的造术，才有可能探索上元积年的本原。

开禧历为我们留下了四个独特的数学成果：

一是求入元岁之术理，涉及满去式的列式与求解。

二是除乘消减法，用中国式不定方程的筹算解法，求出元数。

三是大衍术，展示了整数对现象成果，揭示了两千年来等数的作用。

四是仿求入元岁之术理，用大衍术求出元数。

正是在这些成果基础上，秦九韶提炼出世界闻名的大衍求一术。

1208 年开禧历演纪积年法，本身就是传统历法整数论近千年演绎的结晶，是数学家高斯《算术研究》之前的一个完整的整数论体系。

今天的线性不定方程、线性同余式和连分数是整数对现象中三棵枝繁叶茂的"参天大树"。就在这片肥沃的土壤上，两千多年前的落下闳、刘歆辛勤耕耘，开创了中华文明千年历法的辉煌，在人类文明史上写下了浓重的一笔。

2.2 历元

时间点(时刻)和时间长度(时期)是历法研究中两个极重要的概念。

如果能够在过去时期里，找到平朔、冬至(古六历中有用立春的) 同在夜半的一天，就叫它历元。从历元这一天开始，推算此后各个阴历月的朔、望和各个回归年的节气日期时刻。

如果历元这一天恰恰是六十干支日名周期的第一天甲子日，那是更理想的了。

为方便叙述上元积年，我们有必要区分其首尾两个历元。

离编历者活动时间较近，只用于编历的某一岁称近期编历岁。离近期编历岁非常遥远的时间点，作为历法计算的起始点，这个时间点称作上元。

最早的古六历就应用了历元的概念，它们的区别只是各取不同的历元而已。

历元概念至少涉及三个时间点：

(1) 夜半为一日之始；

(2) 平朔为一朔望月之始；

(3) 冬至(或立春)为一岁之始。

2.3 七星连珠天象

西汉初期经济的发展和天文历法知识的积累刺激着历法改革，是推动历元概念发展的温床。

要讲上元积年的来历，我们首先介绍一个罕见的天象，叫作七星连珠。

这里所说的是发生在1962年2月5日的一次七星连珠。

在图2.1中，从右上角到左下角所标着的八个小黑点依次为：1. 地球，2. 月亮，3. 水星，4. 太阳，5. 金星，6. 火星，7. 木星，8. 土星。

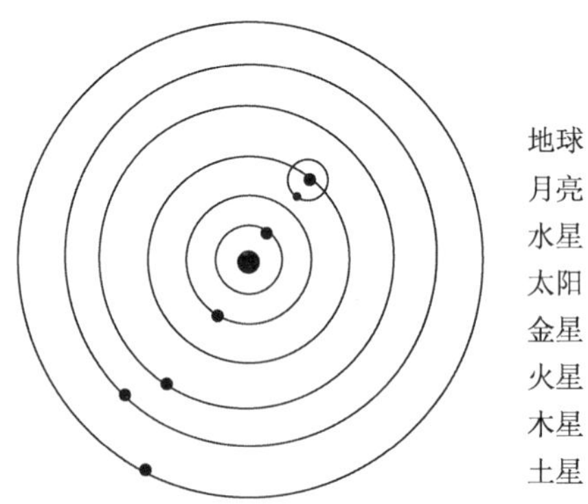

图2.1 1962年2月5日七星连珠示意

现代用赤经和赤纬表示从地球上看星球的方向，列举数据见表2.1：

表2.1 赤经和赤纬数据

名称	月亮	水星	太阳	金星	火星	木星	土星
赤经	318°	318° 15′	318° 15′	320° 30′	319° 45′	323° 45′	321° 15′
赤纬	15°57′	12° 24′	16° 08′	16° 45′	20° 36′	15° 54′	19° 40′

如果两颗行星的数据非常靠近，从地球上看起来它们出现在同一方向上。就在这一

天，这些星球的方向非常相近，视度之差在6°之内。视度之差在6°之内是个什么样的概念呢？在我们的手表表面上，分针1小时走360°，1分钟走360°÷60=6°，分针在1分钟内所走的角度实在是非常小的。这就可以看出这些星球显得几乎就在一起了，但实际上它们是有远有近的，只是串成了一串珠子。

古代的人们把五星连珠看成是吉祥之兆。

1962年2月5日的七星连珠属于几百年一遇的现象。

2.4　太初历历元

公元前104年，就有一次类似的五星连珠现象。元封七年十一月初一恰恰是甲子日，又恰恰交冬至节气。这是一次千载难逢的机会。汉武帝在那一年五月下令议造新历。这就是太初历的历元，近期编历岁。

从远古的上元到近期编历岁所经历的岁数，称作上元积年。

与上元相类似，近期编历岁同样至少涉及三个时间点：

(1) 夜半为日之始；

(2) 平朔为朔望月之始；

(3) 冬至(或立春) 为岁之始。

2.5　探索思路

1980年李文林、袁向东[2]研究指出，汉代计算上元积年，需要解一到两个相当简单的一次同余式或者一次不定方程。

例如，三统要求历元起于冬至、朔旦、甲子日夜半，同时日月五星齐会。年月日最小公倍数叫统法，一统1539岁，年月日与六十甲子的最小公倍数叫元法。三统为一元，4617岁，太初元年前十一月甲子、朔旦、冬至会合。假设从三统历元到太初元年的积年数为N，应是4617的倍数，记作p，即

$$N=4617\times p(p\text{ 为整数})。$$

这样算出的积年，表明三统上元时，日月和岁星都处于起始位置。

李文林、袁向东指出，汉历上元积年推算恰好符合可解性条件，这应该说不是偶然的。汉代历算家利用了太初元年的特殊数据，只需要处理一个同余式。为了改进历法，后世的计算法变得越来越复杂。

公元3世纪魏晋时代，随着天文实测精度的提高，要解两个以上的一次同余式。魏景初历规定以冬至、朔旦与甲子日零时会合之时为历元。

设a是一回归年日数，b是一朔望月日数，近期编历岁冬至距甲子日零时是R_1日，离

平朔时刻是 R_2 日，那么，景初历上元积年数 N 就是一次同余式组

$$aN \equiv R_1 \pmod{60} \equiv R_2 \pmod{b}$$

的解。

按历元的定义，从上元到近期编历岁，恰好经过 N 个回归年，合 $a \times N$ 日。由甲子记日，就是以甲子为首 60 日为一个周期，所以 60 去除 aN，余数应该是近期编历岁冬至离最近一个甲子日的日数，于是有第一个同余式：$aN \equiv R_1 \pmod{60}$。同样的道理可推出第二个同余式，用朔望月日数 b 去除 aN，余数应该是近期编历岁冬至离最近一个平朔时刻的日数，于是有 $aN \equiv R_2 \pmod{b}$。见示意图 2.2。

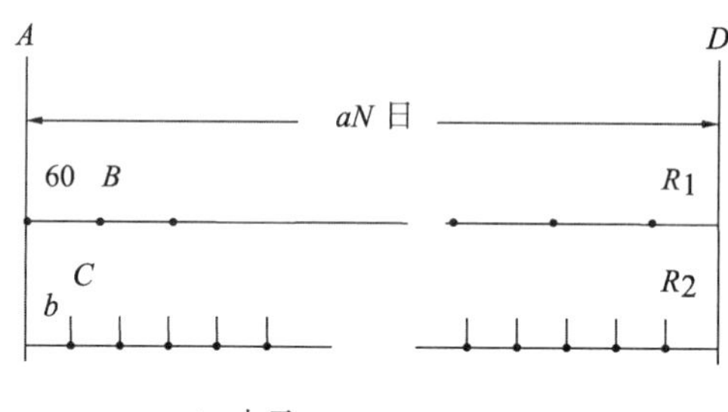

A：上元
B：第二个日名干支周期之始
C：第二个朔望月之始
D：近期编历岁岁首

图 2.2　历法一次同余式组示意图

三世纪之后，天文观察技术更为精确，刺激着更复杂的一次不定方程或一次同余式，导致历算家努力寻找它们的一般性解法。

由此，我们可以判断，尽管汉代的历算家不一定能掌握处理它们的一般性理论和方法，但至迟到西汉末年，汉代的历算家就有了处理的办法。

从此，中国历史上 90 多家历法中，有 80 多家历法将上元积年数据列为历法第一条。从某种程度上讲，一部中国古代的历法史几乎就是上元积年的演算史[3]。

历法是皇权的象征，在中国封建社会中享有至高无上的地位。从刘歆直到元代郭守敬以前，历家往往把毕生心血倾注在上元积年的推算上，埋头于各种天文周期的测验。

到了南北朝(420—589)，祖冲之的大明历(公元 462 年)更要求历元必须同时为甲子年的开始，而且日月合璧，五星连珠，月亮又恰好行经其近地点和升交点。这样的条件下，推算上元积年，就相当于要解十个同余式了。当然，祖冲之很可能要利用一些特殊的数据来消去其中的一部分，不一定就是解十个同余式。

数学家们肯定知道其一般性过程，但未必透彻了解其中的内部逻辑关系，未必能清晰地解释并真正地掌握它。然而，上元积年计算的进一步需要，势必刺激对一次同余式问题的详尽研究，也派生出《孙子算经》的物不知数问题。

钱宝琮[4]指出:“《孙子算经》里物不知数问题的解法不是作者的向壁虚造,而很可能是依据当代天文学家的上元积年算法写出来的。”

总的一句话,古代天文历法中数学计算的需要,确实刺激着一次同余式问题的研究。

2.6　具体细节

李文林、袁向东推测,推算三统上元之关键,是“汉历太初元年……前十一月甲子朔旦冬至,岁在星纪婺女六度”。假设从三统历元到太初元年的积年数为 N,应是一元 4617 的倍数,记作 p,即

$$N=4617\times p(p\text{ 为整数})。$$

为了进一步推算 p 值,需要利用“岁在星纪婺女六度”。

中国古代使用岁星纪年,岁星即木星,最早测得其十二年一周天,故分周天为十二次,岁星每年行一次,并以它所到之次作为岁名,如“岁在星纪”,就是这一个岁星行至“星纪”这一次。后来发现岁星周期实际比十二年短,遂有“超辰纪年”。三统历“岁术”以岁星一百四十四年而超一次,即一百四十四年行一百四十五次。

由此,在 $N=4617\times p$ 年内,岁星运行 $4617\times p\times\frac{145}{144}$次,而止于星纪婺女六度,故以 12 除 $4617\times p\times\frac{145}{144}$,所得余数应恰好与“岁在星纪婺女六度”相符合。

这句话,理解成处于 30 度星纪的$\frac{r}{144}$,r 在 135 与 139 之间,可推得一次不定方程:

$$4617\times p\times\frac{145}{144}=12q+\frac{r}{144},$$

即

$$4617\times 145\times p=1728\times q+r,$$

相当于一次同余式 $4617\times 145\times p\equiv r\pmod{1728}$,这里 p,q 为不定正整数,q 为岁星运行的圈数。r 虽未完全确定,但有个范围 $135\leqslant r\leqslant 139$。在此范围内,仅当 $r=135$ 时,有整数解,且最小正整数解 $p=31$,此时,$N=4617\times 31=143127$,恰为《世经》所载三统上元积年数,$4617\times 31\times\frac{145}{144}-\frac{135}{144}=144120=2402\times 60$,恰为 60 的整倍数,故三统上元,按超辰干支纪年,岁名应与太初元年相同,俱为丙子。

李文林、袁向东指出,汉历上元积年推算中,余数 r 的选择恰好都符合可解性条件,这应该说不是偶然的。至于说,汉代历算家究竟解一次不定方程还是一次同余式,具体方法是什么,都不能凭空臆断。从 p 和 q 两者在公式中的地位看来,后者的值无关紧要,只要前者即可推算出上元积年,因此,很可能一开始就当作一次同余式来处理,并且不排斥对

于单个一次同余式用更相减损法辗转相除求解。

参考文献

[1] 秦九韶.数学九章[M].四库全书文渊本.上海:上海古籍出版社,1989:368—384.

[2] 李文林,袁向东.论汉历上元积年的计算[C]//自然科学史研究所.科技史文集:第3辑.上海:上海科学技术出版社,1980:70—76.

[3] 陈遵妫.中国天文学史:第三册[M].上海:上海人民出版社,1984:1391.

[4] 钱宝琮.中国数学史话[M].北京:中国青年出版社,1957:146.

第三章 筹算除法

加、减、乘、除四则运算中，对于除法意义的探究，最为引人入胜。

整数除法是已知两个因数的积与其中一个因数，求另一个因数的运算。

小学里的除法，有两种意义：一是平均分，表示把一些物体平均分成几份；二是包含除，表示一些物体里有多少个另一个物体。

我们着重探索，迭代是辗转相除的灵魂，序列是迭代过程中除数个数的累积统计值。序列的本原是二除法除数 1。

我们看到，从除数(b)的倍数、除数(b)个数的统计值，直到前除数($b=325$)对后除数($r_1=79$)的近似折算率，商的含义也逐渐丰富起来。参见 11.3“除数个数的统计”。

于是，传统数学中，除法是怎样发展起来的？“实如法而一”的含义是什么？等数这个概念与序列又有什么关系？这些正是本书需要逐一回答的问题。

3.1 传统数学的萌芽

中国是世界著名的文明古国，和古代巴比伦、埃及、印度等一样，也是人类文化的发祥地。

数学作为中国文化的重要部分，其起源可以追溯到遥远的古代。根据古籍记载、考古发现及传说推测，5000 年前，中华古老的土地上就有了数学的萌芽。

据《易·系辞传》，“上古结绳而治”。《史记》记载：“伏羲始画八卦，造书契，以代结绳之政。”规矩是我国传统的几何工具。《周礼》《荀子》《淮南子》《庄子》等古籍都有明确的记载。《史记》记载：夏禹治水时，就“左准绳，右规矩，载四时，以开九州，通九道”。

近代欧洲，人们往往把十进位制的发明归于印度人。法国数学家拉普拉斯(Laplace, Pierre-Simon，1749—1827)曾说过：“用十个记号表示一切的数，每个记号不但有绝对的值，而且有位置的值，这种巧妙的方法出自印度。这是一个深远而又重要的思想。它今天看来如此简单，以致我们忽视了它的真正伟绩。但恰恰是它的简单性以及对一切计算都提供了极大的便利，才使我们的算术在一切有用的发明中列在首位。而当我们想到它竟逃过了古代最伟大的两位人物阿基米德和阿波罗尼的天才思想的关注时,我们更感到这成就的伟大了。"

我们品味拉普拉斯评述十进位值制的意义,却不得不指出,"这种巧妙的方法出自印度",提法显然有误。印度是在公元初的前几个世纪才开始应用十进位制,有据可凭的记载,最早见于阿耶波多一世公元 499 年所著的《圣使文集》。

十进位值制记数法最早出现于公元前 14 至前 11 世纪殷商时期甲骨文中。据河南安阳的殷墟甲骨文及周代金文考古证明,当时采用了十进位值制记数法,出现十、百、千、万等专用的大数名称。

古代数字的起源和文字的起源是相伴而生的。古文字学家认为,早在 6000 年前的新石器时代,中国就已经有了简单的汉字。西安半坡出土的仰韶文化的陶器口外缘,刻有简单的数字符号,如×(五),十(七),|(十),||(二十)等。殷商时代刻甲骨以记占卜,形成后人所谓的"甲骨文"。殷商之后的西周已有着很好的铸铜技术,在青铜器具上铸成的铭文称为"金文"。甲骨文和金文的出现标志着我国古代文字从简单的象形刻画,逐渐发展成熟,并积极地推动数学的发展。公元前 770 年到前 221 年的春秋时期古著中就有算字和筹字。

一个原始民族采用何种自然物为算器,主要由其生活的自然环境所决定。中国的"算"字,即是"竹具"。殷墟甲骨已清楚地留下了筹码记数的痕迹。商代后期已经出现筹码记数的纵横两种形式。《孙子算经》《夏侯阳算经》中记载了算筹记数的口诀。前者记"凡算之法,先识其位,一纵十横,百立千僵,千十相望,万百相当"。后者又补充为"满六以上,五在上方,六不积算,五不单张"。

用算筹为工具的运算称为筹算。更广义上讲,筹算应是一个由一系列算法所构成的数学体系和在中国历史上延续了 1500 年以上的科学传统。筹式运算特点恰恰决定了中国古代数学机械化与构造性的特色。

筹算加减法相当简单。上下摆成两行,加减为一行,就得结果。筹算乘除法的步骤就要复杂一些。

中国人所依仗的筹算,体现数理,也推动着算法的进化。

3.2 筹算除法

中国传统数学利用算筹进行运算。

根据《孙子算经》,整数乘法布算三行,被乘数在上,乘数在下,"以上命下,所得之数列于中位",而"凡除之法,与乘正异。乘得在中央,除得在上方"。

作除法时,被除数在上,除数在下,度商置于最上方。随除随减被除数中除数的试商倍数。除不尽时,原被除数的位置便剩下余数,以余数作为分子,除数作为分母,很自然地形成了一个分子在上、分母在下的分数筹算形式。连同试商的整数在内，构成了一个带分数。

化带分数为假分数时，演算步骤就是除法的还原。《九章算术》称为“通分内子”。

于是，古代真分数的记法应记成二行，分母在下，分子在上；假分数则记成三行。

《孙子算经》第 17 题展示 6561÷729=9 的除法筹算过程，附有详细的术文：

> 六千五百六十一，九人分之，问人得几何。
>
> 答曰：七百二十九。
>
> 术曰：先置六千五百六十一于中位为实。下列九人为法。上位置七百。以上七呼下九，七九六十三，即除中位六千三百。退下位一等。即上位置二十。以上二呼下九，二九十八，即除中位一百八十。又更退下位一等。即上位更置九。即以上九呼下九，九九八十一，即除中位八十一，中位并尽。收下位。上位所得即人之所得。

我们以方框表示筹算板，逐一排布筹算图(图 3.1)。

	图一	图二	图三	图四
上位		7	72	729
中位	6561	261	81	
下位	9	9	9	9

图 3.1　除法筹算示意图

首图三重张位[1]，即上位商空，中位置实 6561，下位置法 9。法首 9 对实首 6。

同位的实与法比较，实 6 不够法 9，法 9 移下一位，置 5 下。实 65 减去一个法 9，“除得在上方”，升商 1 于上位；余实 56 还够一个法 9，再减去法 9，再升商 1 于上位。直到商 7 为止。不够一个法的实 2，即为余数，留在中位，形成第二图。

很清楚，术文中上商 7 乘下法 9 的“上七呼下九”，从“实如法而一”演化而来。

3.3　实如法而一

筹算分数的记法启示了后续数学的发展。

《孙子算经》首次介绍筹算记数、筹算乘法和筹算除法。《周髀算经》《九章算术》有计算乘、除、开方的数例，出现大量“四而一”“十二而一”“实如法而一”等除法用语。

在筹算的除法中，商的统计功能起着支撑作用。

“实如法而一”体现筹算除法中，商起统计法个数的作用：实(位)中有等于法(位)的数，所得是一。实(位)中有几个法(位的数)，所得就是几[2]。

带余除法的筹算处理，赋予商以统计除数个数的功能。

迭代导致商的累积统计，更会刺激序列值概念。

3.4 求等数法

传统数学中,求等数术有减法和除法两种形式。

3.4.1 求等数术减法形式

更相减损一词,首现于公元前 1 世纪《九章算术》方田章的约分术中:

约分术曰:可半者半之,不可半者,副置分母、子之数,以少减多,更相减损,求其等也。以等数约之。

以更相减损作术名的算法,只是求等数术的减法形式。

方田章第六题要约简九十一分之四十九。

把各步构成下图(图 3.2)。筹算板上下位分开放置 49 和 91。括号中标记相应的减数。

49	49(−42)	7	7	7	7	7	7
91(−49)	42	42(−7)	35(−7)	28(−7)	21(−7)	14(−7)	7

图 3.2 更相减损示意图

筹算板上最后出现的两个数相等,称等数,是两个相等数的合称。

“以等数约之”,用的是等数的值 7,约分子 49 得 7,约分母 91 得 13。

等数值是两个正整数的最大公约数。两个正整数的最大公约数却不是等数,因为等数由两个相等余数组成。

3.4.2 求等数术除法形式

现存史料上未曾见到单独的求等数术除法形式。但 1208 年原筹算图中,删除左列,右列上下就是传统数学的求等数除法形式。

6172608 和 16900 递互除之,等数自然值 52(r_5),处于下面第 5 图上位,参见图 3.3。

图 3.3 求等数筹算示意图

120365856000 和 499067 递互除之,等数自然值 1(r_{10}),处于第 10 图下位,参见图 3.4。

	商 3		商 2		商 3		商 1		商 11	
377873	377873	14291	14291	559	559	85	85	12	12	等数 1
499067	121194	121194	6866	6866	158	158	73	73	1	等数 1
商 1		商 8		商 12		商 1		商 6		

图 3.4　求等数筹算示意图

求等数术除法形式，以商数损一调节举措，得到与除数相同的余数，布列在筹算板上。上下两个数相等，构成等数。等数的自然值在先，等数调节值在后。

我们认为，求等数除法形式早已存在。至少在公元前 104 年，落下闳就曾用来计算密近简化。落下闳如《汉书》所载："闳运算转历，其法以律起历"，从而选用 3 的倍数 81。

刘歆在 940 和 499 序列值计算表中，算到除法 12＝11×1＋1(r_7)(自然余数)。再算下一步，是 11＝1×10＋1(r_8)(调节余数)。筹算板上下，1(r_8)＝1(r_7)，正可合称等数。

刘歆的突出贡献，是引入等数作为标志，用来关联 81 与 43。

3.5　满去式

传统的余数来自减法或除法。物不知数问题用减法，称"三三数之""五五数之"。

数学史研究中，很有必要根据文字记载中古人用语，采用满去式一词来描述中国传统不定分析知识。

约公元 4 世纪的《续汉书·律历志下》[3]中罗列了大量推求之术，用的就是"满"字：

> 推入蔀术曰：以元法除去上元，其余以纪法除之，所得数从开纪，算外则所入纪也。不满纪法者，入纪年数也。
>
> 推天正术，……满章法而一，名为积月，不满为闰余。

《数书九章》治历演纪三题中把除称为"满"，作减、除解：治历演纪题有"欲满约率三千一百二十而一"。本题算草有："以所求中间年，上距前测年数，乘岁余，益入前测日刻分，满纪策去之，余为所求年气骨"。

历法概念常常用"不满"下定义："满朔率去之，不满为入闰""满朔率去之，不满为元闰""以岁闰乘入元岁，满朔率去之，不满为入闰"。

治历演纪中有这样一句最值得注意。讨论朔积年之奇分和闰缩时，数值相同，并不相等，"必满朔率所去故也"，就是说，还必须相对于同一个朔率，这才可以把假想平朔时刻上的时间点移到真实平朔时刻上，移动的值才一定相等，才有"朔积年之奇分与闰缩等"。

这个用法接近于现代的同余一词，但还略有区别。

参考文献

[1] 周全中.筹算的乘除[J].齐鲁珠坛,2001(1):11—12.

[2] 钱宝琮.中国数学史[M].北京:科学出版社,1964:164—166.

[3] 司马彪.续汉书·律历志下[M]//中华书局编辑部.历代天文律历等志汇编:第五册.北京:中华书局,1976:1510.

第四章

传统数学的不定方程

传统数学的不定方程，思路独特，只宜单独讲述，故安排在此。

4.1　早期的百鸡问题

《九章算术》成书于公元1世纪左右，其作者已不可考。西汉张苍、耿寿昌增补和整理时，《九章算术》已大体成形。再经历代各家增补修订，才逐渐成为现今定本。最后成书最迟在东汉前期。现今流传的大多是在三国时期魏元帝景元四年(263年)，刘徽为《九章算术》所作的注本。

《九章算术》提出的不定方程如下：

> 今有五家共井，甲二绠不足，如乙一绠；乙三绠不足，如丙一绠；丙四绠不足，如丁一绠；丁五绠不足，如戊一绠；戊六绠不足，如甲一绠。如各得所不足一绠，皆逮。问井深、绠长各几何？

意思是说：五家人共用一井，甲用绳量井深，绳子的二倍尚不够，所缺恰好等于乙绳长。乙用绳子的三倍尚不够，所缺恰与丙之绳长一致。依次类推。问井深、绳子各多少？

这就是《九章算术》“方程”章的五家共井问题，按现今代数方法，可列出类似方程组：

$$2x+y=w, 3y+z=w, 4z+u=w, 5u+v=w, 6v+x=w。$$

其中 x,y,z,u,v 代表五家绠长，w 代表井深。用消元法求得各家绠长与井深之比：

$$\frac{v}{w}=\frac{76}{721}, \frac{u}{w}=\frac{129}{721}, \frac{z}{w}=\frac{148}{721}, \frac{y}{w}=\frac{191}{721}, \frac{x}{w}=\frac{265}{721}。$$

《九章算术》依方程术演算，并给出一组答案。刘徽注指出，此乃“举率以言之”，意指问题的解答是无穷多组彼此成比例的数，这仅是其中互素的一组整数解。

遗憾的是，这种特殊的一次齐次问题可按方程术求解，却不能引导出新的方法与理论。严格地说，五家共井问题并不属于不定分析的范围，因为不一定要求整数解。但其解题方法，对后人是有影响的。

百鸡问题最早见于大约公元5世纪末成书的《张邱建算经》。

今有鸡翁一，值钱五；鸡母一，值钱三；鸡雏三，值钱一。凡百钱，买鸡百只。问鸡翁、母、雏各几何？

显然，如果设公、母、小鸡各为 x，y，z 只，那么这是一道三个未知数、两个方程的不定问题。在 x，y，z 都必须是自然数的约束下，实际上只有有限组解。

全部三组自然数解分别是：其一，公鸡4只20钱、母鸡18只54钱、小鸡78只26钱；其二，公鸡8只40钱、母鸡11只33钱、小鸡81只27钱；其三，公鸡12只60钱、母鸡4只12钱、小鸡84只28钱。

《张丘建算经》的"术"，表明了各组解之间的关系：

鸡翁每增四、鸡母每减七、鸡雏每益三，即得。

这就是说，公鸡每增加4个（增加20钱），母鸡就要减去7个（减少21钱），小鸡就要增加3个（增加1钱）。这一增减关系也是正确的，但是仅凭此无法得到全部解。

因此，我们可以说《张丘建算经》给出了正确解答及其之间的增减关系，但却没有给出求特解和增减关系的方法。

后世的探讨，沿着改进算题、求特解和求增减关系三条路线进行。

徐岳（？—220），字公河，东莱（今莱州市）人，东汉数学家、天文学家，第一位"珠算"的提出者和"算盘"的记录者。东汉灵帝时，著名天文学家刘洪"按数术成算"创造了"乾象历"，并"亲授其法"予徐岳。

徐岳编撰《数术记遗》，卷首题"汉徐岳撰，北周汉中郡守、前司隶，臣甄鸾注"。成书年代不详。载有百鸡类问题两问。

其一：

今有鸡翁一只直五文；鸡母一只直四文；鸡儿一文得四只。今有钱一百文，买鸡大小一百只。问各几何？

其二：

今有鸡翁一只直四文；鸡母一只直三文；鸡儿三只值一文。今有钱一百文，还买鸡一百只。问各几何？

北周甄鸾（535—566）注《数术记遗》，称："计数既捨数术，宜从心计"，并举百鸡题为计数之事。清代丁取忠在《数学拾遗》（1851年）中说，甄鸾定其术为"置钱一百在地，以九为法，除之得鸡母之数，不尽者反减下法为鸡翁之数"。甄鸾"去古未远，莫溯心源"，所说牵强附会，答数仅为偶合。

最早给出《张丘建算经》百鸡问题求特解方法的是唐宋之际的学者谢察微。

谢察微说，考虑到小鸡1钱3只，那么把 $100\div9$ 得到11余1，11就是母鸡数。第二步用9减去余数1，得到8为公鸡数。第三步 $100-11-8=81$ 为小鸡数。最后依据增减率得到其他解答。把这种解法合理化，可以说成是先取100钱的三分之一33钱为母鸡价，除以3得到母鸡数。不过第二、第三步无论如何是说不过去的，是不切实际的算法浪漫主义。

南宋杨辉《续古摘奇算法》引《辨古通源》（已失传）百鸡类题一问：

> 钱一百买温柑、绿橘、扁橘共一百枚。只云，温柑一枚七文、绿橘一枚三文、扁橘三枚一文。问各买几何？

另一题说：

> 醇酒7贯1斗、行酒3贯1斗、醨酒1贯3斗，十贯买酒十斗。

因为是三个未知数连动求解，杨辉认为此类问题是“三率分身”，后世称为“三色差分”。

上列四问，除《张邱建算经》给出三组正整数解外，其余均只写出一组答案。关于解法，《张邱建算经》术文仅十七个字：“鸡翁每增四，鸡母每减七，鸡雏每益三。即得。”

后人很难得其要旨，故在宋元丰七年秘书省刻书时，为《张邱建算经》添入谢察微术草之前的引言中，有“疑其从来脱漏阙文”字样。

南宋杨辉沿用并改进了这种方法，先用试算的方法确定一个未知数，然后求得另两个未知数。其后吴敬、程大位等人的解法都是沿用杨辉的思路。

明嘉靖三年（1524年），布衣数学家王文素完成《算学宝鉴》，对百鸡术有较大的推进。他的解法相当于先消去一个未知数，化为二元一次不定方程，然后通过试算求得一组解。王文素进而通过鸡值损益，给出增减关系的正确算法。除此之外，王文素不满足“三率分身”，探讨了最高达七个未知数两个方程的“众率分身”的问题。虽然其算法仍然具有试算的性质，但对百鸡问题的研究已经远超古人。为此，他得意地说：“愚乃玩之既久，得此拙法。虽十率以上亦可求之，岂止三率乎！”

《张邱建算经》以后，许多学者试图重解百鸡问题，但在骆腾凤以前的一千多年，竟无人获得成功。

4.2 除乘消减法

1247年，秦九韶在《数书九章》治历演纪题中，叙述了不定方程的鲍浣之筹算解法。

> 今人相乘演积年，其术如调日法，求朔余朔率，立斗分岁余，求气骨朔骨闰骨，及衍等数约率因率蕲率，求入元岁岁闰入闰元率元闰，已上皆同此术。但其所以求朔积年之术，乃以闰骨减入闰，余谓之闰赢，却与闰缩、朔率，列号甲乙丙丁四位，除乘消减，谓之方程。乃求得元数，以乘元率，所得谓之朔积年。加入元岁，共为演纪岁积年。

1208年，鲍浣之根据四个已知量的推算，决非数据偶合，而是一种算法。但鲍浣之的除乘消减法，囿于史料，无从知晓。我们试图加以复原，见本书13.12“除乘消减复原”。

4.3 大衍求一与递增递减

一般认为，要到19世纪晚清时，宋元数学复兴后，才有把不定方程和求一术(一次同余式解法)结合起来的讨论[1]。

李锐最先在《日法朔余强弱考》(1799年)中，把调日法求强弱之术转化为同余方程问题。

道光年间，骆腾凤撰《艺游录》(1815年)二卷，第一次正确地解答了百鸡问题。

骆腾凤批评甄鸾、谢察微等术是"徒以臆测，不凭算理"。《艺游录》卷二"衰分补遗"，举《张邱建算经》百鸡问题，并"以大衍求一与递增递减二法求之悉合"。

现释骆腾凤法如下(表4.1)：

表4.1 骆腾凤百鸡问题释意

原　术	释　意
鸡雏为三分钱之一，三为分母，通五钱为十五，通三钱为九，通三分之一为一，通钱一百为三百。	$\begin{cases}5x+3y+\frac{1}{3}z=100,\\x+y+z=100,\end{cases}$ 得 $\begin{cases}15x+9y+z=300,\\x+y+z=100。\end{cases}$
先以雏作百只算之，乘价一得百钱，以减三百，余二百，为鸡翁母价多于雏之共较。以雏价一，减翁价十五、母价九，得翁较十四，母较八。	$14x+8y=200$。
以等二约之，得翁七母四为定母，约价较二百得一百为定实……以翁七除定实百得十四奇二。	$7x+4y=100$，翁较7，母较4，共较实100，即 $4y\equiv0(\bmod 4)\equiv2(\bmod 7)$。
定母七、四相乘得二十八为衍母……乃置定七，以四为衍数除，不满法，求得乘率二。	$a_1=4, a_2=7$(定母)。$M=a_1\times a_2=28$(衍母)。$G_1=\frac{M}{a_2}=4$(衍数)。$k_1\times G_1=k_1\times4\equiv1(\bmod 7)$。
以乘衍数四得八，为翁七之用数。以奇二乘用八得十六，不满衍母，即为鸡母实。以母定四除之得四，为鸡母数。	$k_1\equiv2$(乘率)，$k_1\times G_1=2\times4=8$，$R_1\times k_1\times G_1=2\times8=16$，$N=4y=\sum_{i=1}^{n}k_iG_iR_i=16$，$y=16\div4=4$。
以鸡母实十六减定实余八十四，以翁定七除之得十二，为鸡翁数。	$7x=100-4y=84$，$x=12$。
并翁母数以减共鸡一百，余八十四即鸡雏数。	$z=100-(x+y)=100-16=84$。

细观骆腾凤术，前三步为方程术消去法，与《九章算术》题相仿。但《九章算术》题各方程均无常数项，百鸡题却不然，因此不能径得答数。骆腾凤继而以求一术解之，终获成功。

骆腾凤《艺游录》中的方法，比较接近于《张邱建算经》的原意。

4.4 三色差分解法

时曰醇，字清甫，世为嘉定（今上海嘉定）人。

父时铭（1768—1827），嘉庆乙丑（1805年）科进士，嘉庆十九年（1814年）补齐东县（今山东邹平县内），道光元年（1821年）"以催科不力劾罢"，道光七年（1827年）卒于济南寓邸。数学著作有《笔算筹算图》一卷。

时曰醇的生卒年代不见于数学史专著，今据《嘉定县志》本传，知"光绪庚辰（1880年）卒，年七十四"。由此推得其生年为1807年。少时"入监，专治九数"。咸丰辛酉（1861年），丁取忠在武昌为湖北巡抚胡林翼（1812—1861）的幕宾。是年春，时曰醇与丁取忠同客武昌商榷百鸡术，"别后数月乃得通之"。同年重九日，时曰醇成《百鸡术衍》二卷[2]。晚年被聘入广方言馆。其时虽已"年老聋瞽"，仍为"诸生口讲指画，剖毫析芒"。时曰醇的著作还有《今有术申》一卷，《求一术指》一卷，而《百鸡术衍》二卷为其代表作。

《百鸡术衍》二卷是关于三色差分的著作。全书共二十八题，以"旧学商量加邃密，新知培养转深沉"十四字为序，每序有上、下题。上题的旧、学、商三题，题各成组，量加、邃密新、知培养转深沉各成一组，共为六组。相应下题亦分别成组，仍为六组。各上题所给物数相同，值钱数不同，形如

$$\begin{cases}x+y+z=M,\\ \dfrac{b}{a}x+\dfrac{d}{c}y+\dfrac{f}{e}z=nP\end{cases}$$

的三元一次不定方程组，其中，a,c,e 分别是大物、中物、小物的物数，b,d,f 分别是其相应的值钱数，M 为共物，nP 为共值，a,c,e,b,d,f,M,nP 皆为正整数，且$(a,b)=(c,d)=(e,f)=1$，$\dfrac{b}{a}>\dfrac{d}{c}>\dfrac{f}{e}$。相应的下题，值钱数相同，物数不同，具有如下形式：

$$\begin{cases}x+y+z=nP,\\ \dfrac{b}{a}x+\dfrac{d}{c}y+\dfrac{f}{e}z=M,\end{cases}$$

其中，f,d,b 为物数，e,c,a 为值钱数，nP 为共物，M 为共值，$\dfrac{e}{f}>\dfrac{c}{d}>\dfrac{a}{b}$，其余条件同上。

对全书的考察可知，P 是$\dfrac{M}{(a,c,e,M)}$最小的素因子，n 是正整数，依赖于 b,d,f。

三色差分解法的基本思想是，减少题目未知数的个数，使不定解的问题，转化为确定解的问题，而后求解。

具体步骤是：先设一物为零，使得三色差分化为二色差分。借方程术解得一组解。次

由约率加减得一组非负整数解。复由约率加减得一组整数解，使其对应的值钱数，亦皆为正整数。更由通率加减得其全部正整数解。该法的关键是正确地求出约率与通率。

时曰醇的三色差分解法，步骤明确，通行于全书二十八题。

兹录知上题原文，分步解释如下(表 4.2)：

表 4.2　时曰醇的三色差分释意

原　文	译　意
设甲物大二十八，值五。中六十三，值八。小二十一，值二。共物一千四百六十三，共值一百八十七。问物大、中、小各几何？ 答曰：略。	设大、中、小物数各 x,y,z。依题可得 $\begin{cases}x+y+z=1463, & (1)\\ \frac{5}{28}x+\frac{8}{63}y+\frac{2}{21}z=187。 & (2)\end{cases}$
物率：大二十八约为四，中六十三约为九，小二十一约为三(以等七相约得)。 值乘率：中小物率九三相乘得二十七约为九，大小物率四三相乘得一十二约为四，大中物率九四相乘得三十六约为一十二(以等三相约得)。 约率：大小较二十一，中小较八，中大较一十三(以乘率九乘大值，乘率四乘中值，乘率一十二乘小值，相减而得)。 通率：大小较四百四十一，中小较一百六十八，中大较二百七十三(以三物之等七，三值乘率之等三，通约率得之)。	物数等数 $d_1=7$ 约得物率 4,9,3。 值乘数等数 $d_2=3$ 约得值乘数 9,4,12。 值乘数 9,4,12 与值率 5,8,2 相乘得 45,32,24。 大减小，中减小，大减中得。 约率：大小较 21，中小较 8，中大较 13，$d_1=7$ 与 $d_2=3$ 相乘得 21，分别乘约率 3 较得。 通率：大小较 441，中小较 168，中大较 273。
如方程，用大数求。 (原文算式从略)	设 $z=0$，则$\begin{cases}x+y=1463, & (3)\\ \frac{5}{28}x+\frac{8}{63}y=187。 & (4)\end{cases}$ 令 $x=28u$，$y=63v$，则 $\begin{cases}28u+63v=1463(右),\\ 5u+8v=187(左)。\end{cases}$
以左行首位大值五遍乘右行。右行首位大二十八遍乘左行。上余九十一为法，下余二千〇七十九为实。	$\begin{cases}140u+315v=7315(右),\\ 140u+224v=5236(左),\end{cases}$ 相减得 $91v=2079$。
法九十一与中分母六十三求等得七。约六十三得九为乘率，亦约九十一为一十三。以除实二千〇七十九，得一百五十九，不尽一十二。分母子无等不约，仍通内为二千〇七十九。以乘率九乘，得一万八千七百一十一为通分中物。	$91\times\frac{y}{63}=2079$，$13\times\frac{y}{9}=2079$， $\frac{y}{9}=\frac{2079}{13}$，$y=\frac{18711}{13}$，18711 为通分中物。
亦以法一十三通总物一千四百六十三为一万九千〇一十九，而以所通中物减之，余三百〇八为通分大物。	由(3)，$x=1463-y=\frac{19019-18711}{13}=\frac{308}{13}$， 308 为通分大物。

续表

原　文	译　意
复以法除通分中物，得中物一千四百三十九，不尽四。分母无等不约，仍通分为一万八千七百一十一。依法求中数减较。置大小较二十一，先去其四，递加到七较而除之适改善。	$y=\frac{18711}{13}=\frac{13\times1439+4}{13}$， 不得整数。求减较次数。因 $\frac{13\times1439+(7\times21-4)}{13}$得整数，故 $\frac{13\times1439-(7\times21-4)}{13}$得整数，减较7次。
乃七因大小较二十一得一百四十七以减中，七因中小较八得五十六以加大，七因中大较一十三得九十一以加小。得通分中物一万八千五百六十四，通分大物三百六十四，通分小物九十一。	$y=\frac{18711-7\times21}{13}=\frac{18564}{13}$， $x=\frac{308+7\times8}{13}=\frac{364}{13}$， $z=\frac{0+7\times13}{13}=\frac{91}{13}$，通分中物18564，通分大物364，通分小物91。
复以法各除得中物一千四百二十八，大物二十八，小物七。	$y_0=1428, x_0=28, z_0=7$。
验小物七不应小分母二十一，依法求加较。以小加率中大较一十三递加至十四较而应分母。	将这组值代入(2)，y，z 项皆不得整数。用 z 项求加较次数。因$\frac{7+14\times13}{21}$得整数，故加较14次。
乃以一十四乘大小较二十一得二百九十四，减中；乘中小较八得一百一十二，加大；乘中大较一十三得一百八十二，加小。得中物一千一百三十四，大物一百四十，小物八十九，为一答。	$\begin{cases}y_1=y_0-14\times21=1134,\\x_1=x_0+14\times8=140,\\z_1=z_0+14\times13=89,\end{cases}$ 为一答。
又以通率大小较四百四十一，减中；中小较一百六十八，加大；中大较二百七十三，加小，而得又答。	$\begin{cases}y_2=1134-441=693,\\x_2=140+168=308,\\z_2=189+273=462,\end{cases}$ $\begin{cases}y_3=693-441=252,\\x_2=308+168=476,\\z_2=462+273=735,\end{cases}$为又答。

丁取忠为《百鸡术衍》(1861年)作序，盛赞时曰醇使百鸡术"灿然大著"，却没有提及骆腾凤术。

时曰醇自序，称丁取忠《数学拾遗》(1851年)"设术与二色方程暗合，乃通法"。而对骆腾凤求一解法，则说："取笃颇巧，然于较除共较实适尽者不可求，……骆氏盖不知有方程本术也。"

时曰醇说骆腾凤不知有方程本术，这种观点显然不合事实。遇"共较实"恰能被"较"

除尽时，只需约去公因子，同样可以用骆腾凤术求解。

为比较起见，我们现在来分析丁取忠、时曰醇的方法。

《数学拾遗》法曰：

> 先取鸡母鸡雏二色差分，求鸡母原数。置鸡百只，以四归之，得二十五为原母数。以原母减鸡百只，余七十五为原雏数。

丁取忠继以经术鸡翁、母、雏增减率四、七、三损益之，而得三答。

时曰醇《百鸡术衍》造术，则为：

> 如方程，用鸡雏求，以左行首位雏直一遍乘右行，右行首位雏三遍乘左行，两两相减，上余八为法，下余二百为实。除之得二十五。以母一乘不变，即为鸡母数。以减共鸡一百，余七十五为鸡雏数，乃用翁雏较七减母，母雏较四加翁，母翁较三加雏，得鸡母一十八，鸡翁四，鸡雏七十八，为一答。以各依较数加减而得又答。

可参见表 4.3。

表 4.3　时曰醇的三色差分释意

左行雏直一　3		右行雏直三　3
	减尽	
母直三　9		母一　1
	减余　8	
共钱一百　300		共鸡一百　100
	减余　200	

以上两术实质都是假设鸡翁为零，得二元一次方程组

$$\begin{cases}3y+\dfrac{1}{3}z=100,\\ y+z=100\end{cases}\quad 或\quad \begin{cases}9y+z=300,\\ y+z=100,\end{cases}$$

消去 z 得 $8y=200$，故 $y=25$，其中 200 为实，8 为法。时曰醇取方程组为

$$\begin{cases}3y+z=100,\\ y+3z=100,\end{cases}$$

消去 z 后，所得答数一样。

很明显，上术若遇以法除实不尽时，则不能通过。此时时曰醇另立它术。我们可以通过实例来分析。

《百鸡术衍》卷上第 3 题为："设大物一直三，中物三直五，小物五直一，共物一百，共直一百，问物大中小各几何？"用小数求，列方程为

$$\begin{cases}5y+z=100,\\3y+5z=100,\end{cases}$$

消去 z,得 $11y=200$,法除实不尽。此时相当于用消去法将原来的两个方程化为一个二元一次不定方程

$$\begin{cases}21x+11y=600,\\y=\frac{1}{11}(600-21x)。\end{cases}$$

然后以 $x=1,2,\cdots$诸数试算,得 $x=5$ 时,y 为正整数,$y=\frac{600-21\times5}{11}=\frac{495}{11}=45$。显然,在这一情况,两者是一样的,都是先化得一个形如 $ax+by=c$ 的不定方程,所不同者,骆腾凤是用大衍求一术来解此不定方程,而时曰醇则用试算的方法来求解。可见,丁、时法要真正成为通解,还必须求助于大衍求一术。

《百鸡术衍》采用丁取忠设一物为零的方法,所得二色差分借用梅文鼎(1633—1721)《方程论》(1672 年)的方法求解,较二色差分本法简明,又首创约率简便算法、通率及其算法、加较减较法,构成三色差分的严谨解法。

作为三色差分的最早记载,百鸡问题给出物数两两互素且共物与共值相等。时曰醇去掉这些限制,使之一般化,进而揭示了"同解"的与"对称"的三色差分,从而提供了构造三色差分的一般方法。时曰醇之前的研究基本上是就题论题,未曾如此全面细致。《百鸡术衍》二卷可以视为三色差分的系统总结。但书中需要求解形如 $y=\frac{ax+c}{b}$ 的不定方程,时曰醇未能采用简便方法,而代之以试算,失之简捷。

4.5　后期的百鸡问题

1859 年李善兰翻译了棣莫甘的《代数学》,现代代数方法开始为中国学者所熟悉。

黄宗宪《求一术通解》(1874 年)彻底解决了这一问题。

1876 年知弥出版《一次不定方程解法》,是中国现代数论的先驱。

此后,又有何维棣《百鸡术演代》、陈贤佑《增补百鸡术衍》(1896 年)、陈志坚《演无定方程》(1904 年)、张世尧《无定方程细草》(1910 年)和《百鸡演代》(1911 年)等相关著作,对百鸡问题的探讨逐渐融入现代数学。

参考文献

[1] 钱宝琮.中国数学史话[M].北京:中国青年出版社,1957:146.

[2] 李兆华.时曰醇《百鸡术衍》研究[C]//李迪.数学史研究文集:第 2 辑.呼和浩特:内蒙古大学出版社,1991:123.

第五章 基本性质和定理

本章收集整数、等数、算术基本定理的一些性质和定理,以供查考。

5.1 《几何原本》的整数定义

2003年,陕西科学技术出版社出版了兰纪正、朱恩宽译的《欧几里得几何原本》[1]。梁宗巨先生为此书作序,介绍了此书的背景。全文如下:

欧几里得《几何原本》是世界名著,在各国流传之广、影响之大仅次于基督教的《圣经》。我国在明清两代有过译本,前6卷是利玛窦和徐光启合译的,1607年出版。底本是德国人克拉维乌斯(Clavius,C.)校订增补的拉丁文本 *Euclidis Elementorum Libri* XV(《欧几里得原本15卷》,1514年初版)。后9卷是英国人伟烈亚力和李善兰合译的,1857年出版,底本是另一种英文版本。这两种底本都是增补本,和欧几里得原著有很大的出入,不少内容是后人修改或添加上去的。明清本的最初翻译距今已好几百年,现在不容易找到,况且又是文言文,名词术语不是现代语言,这更增加了阅读的困难,因此重新翻译是十分必要的。

本书根据目前标准的希思(Heath,Thomas Little, 1861—1940)英译评注本 *The Thirteen Books of Euclid's Elements*(《欧几里得原本13卷》,1908年初版,1926年再版,1956年新版)译出,而希思本又是以海伯格(Heiberg,John Ludwig, 1854—1928,丹麦人)与门格(Menge H.)的权威注释本 *Euclidis Opera Omnia*(《欧几里得全集》,1883—1916出版,希腊文、拉丁文对照)为底本的,应该说比明清本所根据的底本更可靠,而且更接近欧几里得的原著。

整数、素数概念出现在《几何原本》第Ⅶ卷中。卷首定义中,几个定义的排列顺序很有意思。

1. 每一个事物都是由于它是一个单位而存在的,这个单位叫作1。

2. 一个数是由许多单位合成的。

3. 一个较小数为一个较大数的一部分,当它能量尽较大者。

4. 一个较小数为一个较大数的几部分,当它量不尽较大者。

5. 较大数若能为较小数量尽,则它为较小数的倍数。

6. 偶数是能被分为相等两部分的数。

7. 奇数是不能被分为相等两部分的数,或者它和一个偶数相差一个单位。

8. 偶倍偶数是用一个偶数量尽它得偶数的数。

9. 偶倍奇数是用一个偶数量尽它得奇数的数。

10. 奇倍奇数是用一个奇数量尽它得奇数的数。

11. 素数是只能为一个单位所量尽者。

12. 互素的数是只能被作为公度的一个单位所量尽的几个数。

13. 合数是能被某数所量尽者。

14. 互为合数的数是能被作为公度的某数所量尽的几个数。

15. 所谓一个数乘一个数,就是被乘数自身相加多少次而得出的某数,这次数是另一个数中单位的个数。

16. 两数相乘得出的数称为面,其两边就是相乘的两数。

17. 三数相乘得出的数称为体,其三边就是相乘的三数。

18. 平方数是两相等数相乘所得之数,或者是由两相等数组成的数。

19. 立方数是两相等数相乘再乘此等数而得的数,或者是由三相等数组成的数。

20. 当第一数是第二数的某倍、某一部分或某几部分,与第三数是第四数的某倍、某一部分或某几部分相同时,称这四个数是成比例的。

21. 两相似面数以及两相似体数是它们的边成比例。

22. 完全数是等于它自身所有部分的和。

这 22 条,安排严谨,素数概念是在第 11 条中才出现的。

不过,等数是传统数学的核心概念,居然混进了 2003 年出版的《欧几里得几何原本》这样一本历史名著中的第 19 条,这也反映了翻译工作确实不容易。

5.2　数的整除性

初等数论的基本研究对象是整数集合

$$\mathbf{Z}=\{0,\pm1,\pm2,\pm3,\cdots\}$$

和自然数集合(即非负整数集合)

$$\mathbf{N}=\{0,1,2,3,\cdots\}。$$

传统数学中只涉及不含零的自然数集合,即正整数集合。以后我们不再对此加以特别的说明。

初等数论中第一个基本概念就是:数的整除性。

定理 对于任意的整数 $a,b(b\neq 0)$,一定存在也只存在一对整数 q,r,使

$$a=qb+r,0\leqslant r<b。$$

这就是带余除法。

如果 $r=0$,我们说 a 能被 b 整除,或 b 能整除 a,用 $b|a$ 表示。这时,我们说 a 是 b 的倍数,b 是 a 的约数。

5.3 算术基本定理

每个大于1的正整数 n 均有因子1和 n,其他正因子均叫 n 的真因子。例如,4有真因子2,而3没有真因子。如果 d 是 n 的真因子,则 $n=cd$,易知 c 也是 n 的真因子,n 就分解成两个正整数之积,并且 $1<c,d<n$。如果 c 或者 d 还有真因子,由这种分解再继续下去,一直到 $n=n_1n_2\cdots n_r$,而每个 n_i 均没有真因子时为止。所以,对于正整数的分解来说,那些没有真因子的正整数是不能再分解的"基石"。

定义 设 p 为大于1的正整数,如果 p 没有真因子(只有1和 p 是 p 的正因子),则 p 叫作素数(或质数),否则便叫作合数。

于是,正整数共分成三大类:1,素数,合数。

100以内的素数有25个:2,3,5,7,11,13,17,19,23,29,31,37,41,43,47,53,59,61,67,71,73,79,83,89和97。

若 p 为素数,n 为任意整数,则由素数定义不难看出:

$$(p,n)=\begin{cases}1, & \text{如果 } p \text{ 不整除 } n,\\ p, & \text{如果 } p \text{ 整除 } n。\end{cases}$$

素数的另一个重要性质是:

引理 设 p 是素数而 $a_1,a_2,\cdots,a_n$ 为整数,如果 $p|a_1a_2\cdots a_n$,则 p 必除尽某个 a_i $(1\leqslant i\leqslant n)$。

算术基本定理 每个大于1的正整数 n 均可分解成有限个素数之积,并且若不计素因子的次序,这个分解式是唯一的。

注记 将 n 的分解式中相同素因子收集在一起,可知每个大于1的正整数均可唯一写成

$$n=p_1^{e_1}p_2^{e_2}\cdots p_r^{e_r},$$

其中 $p_1,p_2,\cdots,p_r$ 是彼此不同的素数,而 $e_1,e_2,\cdots,e_r$ 均为正整数,这叫作 n 的标准分解式。例如,$4200=2^3\cdot 3\cdot 5^2\cdot 7$。

如果有了正整数 a,b 的素因子分解式,就很容易写出它们的最大公约数和最小公倍数。

5.4　任意实数的整数部分和分数部分

定义　设 a 为任意实数，我们以 $[a]$ 表示不超过 a 的最大整数，叫作 a 的整数部分，而 $a-[a]$ 叫作实数 a 的分数部分，表示成 $\{a\}$。

于是 $a=[a]+\{a\}$，$[a]\in \mathbf{Z}$，$0\leqslant\{a\}<1$。并且 $a\in\mathbf{Z}\Leftrightarrow a=[a]\Leftrightarrow\{a\}=0$。

例如，$[2.1]=2$，$\{2.1\}=0.1$；$[\pi]=3$，$\{\pi\}=\pi-3$。

5.5　最大公约数和等数

定义　设 a 和 b 是不全为零的整数，a 和 b 的最大公约数是指满足下述两条件的整数 d：

(1) d 为 a 和 b 的公约数，即 $d|a$ 并且 $d|b$。

(2) d 为 a 和 b 的所有公约数中最大的，即对整数 c，如果 $c|a$ 并且 $c|b$，则 $c\leqslant d$。

我们知道，每个非零整数只有有限个因子，所以若 a 和 b 是整数并且不全为零，那么它们的公约数也只有有限多个，所以它们的最大公约数必然存在并且是唯一的。

今后把 a 和 b 的最大公约数表示成 (a,b)，注意若 n 是 a 和 b 的公约数，则 $-n$ 也是它们的公约数，所以最大公约数一定是正整数。

类似地，对于不全为零的任意有限个整数 $a_1,a_2,\cdots,a_n$，我们也可以定义它们的最大公约数，表示成 $(a_1,a_2,\cdots,a_n)$。

传统数学中，等数是更相减损术的产物。

两个正整数辗转相减，最后得到两个相等的数，合称为等数。用以约这两个正整数的是等数的值。

等数的值为最大公约数，但最大公约数不等同于等数。

总等，则为所涉及所有数的最大公约数。

5.6　最小公倍数

类似地可以定义最小公倍数。

定义　设 a 和 b 是两个非零整数，整数 D 叫作 a 和 b 的最小公倍数，是指 D 满足以下条件：

(1) D 为正整数，并且 D 是 a 和 b 的公倍数，即 $D\geqslant 1$ 并且 $a|D$，$b|D$。

(2) D 是 a 和 b 的最小的正公倍数，即若又有 $D'\geqslant 1$，$a|D'$，$b|D'$，则 $D\leqslant D'$。

任意两个非零整数 a 和 b 均存在正公倍数 $|ab|$，从而也必然存在最小的正公倍数 D。

我们今后把 a 和 b 的最小公倍数表示成 $[a,b]$，对于任意 n 个非零整数 $a_1,a_2,\cdots,a_n$，我们也可定义它们的最小公倍数 $[a_1,a_2,\cdots,a_n]$。

秦九韶所用的衍母就是最小公倍数。续等的充要条件就是最小公倍数。但秦九韶并没有从数理上认识到续等、衍母与最小公倍数之间的关系。

5.7 同余的性质

定义 令 m 为非零整数，a 和 b 是整数，如果 $a-b$ 是 m 的倍数，我们说 a，b 关于模 m 同余，表示为 $a\equiv b(\bmod m)$，也就是说，当 a 和 b 都用 m 除时，余数相同。

不难看出，$a\equiv b(\bmod m)\Leftrightarrow a\equiv b(\bmod(-m))$，从而今后只讨论 m 为正整数的情况。

例如，$5\equiv 2(\bmod 3)$，$-1\not\equiv 6(\bmod 8)$。

显然，$a\equiv 0(\bmod m)\Leftrightarrow m\mid a$。

同余式有以下的性质：

引理1 同余关系是等价关系，也就是说：

(ⅰ)(反身性)$a\equiv a(\bmod m)$。

(ⅱ)(对称性)如果 $a\equiv b(\bmod m)$，那么 $b\equiv a(\bmod m)$。

(ⅲ)(传递性)如果 $a\equiv b(\bmod m)$，$b\equiv c(\bmod m)$，那么 $a\equiv c(\bmod m)$。

例如，$25\equiv 19(\bmod 6)$，$19\equiv 13(\bmod 6)$，那么 $25\equiv 13(\bmod 6)$。

证明 (ⅰ)和(ⅱ)是显然的。对于(ⅲ)：由于 $a\equiv b(\bmod m)$ 和 $b\equiv c(\bmod m)$，可知 $m\mid a-b$，$m\mid b-c$，从而 $m\mid[(a-b)+(b-c)]$ 即 $m\mid a-c$。因此 $a\equiv c(\bmod m)$。

引理2 如果 $a\equiv b(\bmod m)$，$x\equiv y(\bmod m)$，那么

(ⅰ)(等式求和差性)$a+x\equiv b+y(\bmod m)$ 和 $a-x\equiv b-y(\bmod m)$。

例如，$25\equiv 19(\bmod 6)$，$13\equiv 7(\bmod 6)$，那么 $25\pm 13\equiv 19\pm 7(\bmod 6)$。

(ⅱ)(等式相乘)$ax\equiv by(\bmod m)$。

例如，$25\equiv 19(\bmod 6)$，$13\equiv 7(\bmod 6)$，那么 $25\times 13\equiv 19\times 7(\bmod 6)$。

证明 由 $a\equiv b(\bmod m)$，$x\equiv y(\bmod m)$，可知 $m\mid a-b$，$m\mid x-y$，于是 $m\mid a(x-y)+y(a-b)=ax-by$。因此 $ax\equiv by(\bmod m)$。

必须指出，一般而言，等式的两边除以同一个数，等式不成立。

例如，$6\equiv 8(\bmod 2)$，但 $3\not\equiv 4(\bmod 2)$。

(ⅲ)对于每个整数 k，$ka\equiv kb(\bmod m)$。

引理3 设 $ac\equiv bc(\bmod m)$，则 $a\equiv b\left(\bmod \dfrac{m}{(c,m)}\right)$。特别地，若 $(c,m)=1$，则由 $ac\equiv bc(\bmod m)$ 得到 $a\equiv b(\bmod m)$。

证明　由引理的条件可知 $m \mid ac-bc=(a-b)c$，于是$\frac{m}{(c,m)}\Big|(a-b)\frac{c}{(c,m)}$。由于$\left(\frac{m}{(c,m)},\frac{c}{(c,m)}\right)=1$，因此$\frac{m}{(c,m)}\Big|(a-b)$，即 $a\equiv b\left(\bmod \frac{m}{(c,m)}\right)$。

这是等式的除法。这个引理的另一个表示法是：如果 $ac\equiv bc(\bmod mc)$，$c\geqslant 1$，那么 $a\equiv b(\bmod m)$。

例如，$21\equiv 15(\bmod 6)$，$3\times 7\equiv 3\times 5(\bmod 3\times 2)$，那么 $7\equiv 5(\bmod 2)$。

引理 4

（ⅰ）（关于模的因数）如果 $a\equiv b(\bmod m)$，m 被 d 整除，$d\geqslant 1$，那么 $a\equiv b(\bmod d)$。

例如，$25\equiv 19(\bmod 6)$，6 被 2 整除，那么 $25\equiv 19(\bmod 3)$。

（ⅱ）如果 $a\equiv b(\bmod m)$，那么$(a,m)=(b,m)$。

证明　由条件知存在整数 x 使得 $a=b+mx$，于是$(a,m)=(b+mx,m)=(b,m)$。

（ⅲ）$a\equiv b(\bmod m_i)\ (1\leqslant i\leqslant r)\Leftrightarrow a\equiv b(\bmod[m_1,m_2,\cdots,m_r])$。

证明　由（ⅰ）知“$\Leftarrow$”是成立的。

另一方面，如果 $a\equiv b(\bmod m_i)\ (1\leqslant i\leqslant r)$，则 $m_i \mid a-b(1\leqslant i\leqslant r)$，即 $a-b$ 是 m_1，m_2，…，m_r的公倍数，从而 $a-b$ 是$[m_1,m_2,\cdots,m_r]$的倍数，即 $a\equiv b(\bmod [m_1,m_2,\cdots,m_r])$。

5.8　线性不定方程的可解条件

这里证明二元一次不定方程的可解条件[2]。

定理　二元一次不定方程 $Ax\pm By=\pm C$ 中，二项系数具有大于 1 的公约数 K，而 C 没有约数 K，那么这个不定方程没有整数解。

证明　假定方程 $Ax\pm By=\pm C$ 具有整数解，除以 K。方程左边得到整数，而右边 C 中没有约数 K，成为分数，这显然是矛盾的。

所以，不定方程 $Ax\pm By=\pm C$ 没有整数解。

这就是说，如果二项系数 A 和 B 的最大公约数 K，也能被 C 整除，就有整数解。这有两种情况：系数最大公约数等于常数 C（三项有最大公约数），两系数最大公约数整除常数 C。

参考文献

[1] 欧几里得.几何原本[M].兰纪正，朱恩宽，译.西安：陕西科学技术出版社，2003:193.

[2] 夏圣亭.不定方程浅说[M].天津：天津人民出版社，1980:24.

第六章 单一不定分析式

各系数完全相同的二元一次不定方程只有一个常数能取单位 1，称作单一不定方程。单一不定方程连同单一同余式，合称单一不定分析式。

6.1 依赖关系

我们约定：只有常数为 1 的不定方程，才采用 k，j 表示未知数字母，单位 1 放在等号的右边，即

$$ak-bj=1。$$

一组特解记 x_0，y_0。其他不定方程，常数记为非单一数 c，未知量采用 x，y：

$$ax-by=c。$$

类似地，常数为 1 的同余式，则称单一同余式。

形如 $ax\pm by=\pm c$ 的二元一次不定方程，依赖于单一不定方程 $ak\pm bj=\pm1$。

依赖单一式 $ak\pm bj=1$ 的解，求解非单一式 $ax\pm by=c$，称为解过渡。

限定单一不定方程首项为正，a，b 为正整数，记作 $ak\pm bj=\pm1$ 的 4 种形式，小系数和常数 1 各有一组相反数。相应地，单一同余式 $ak\equiv\pm1 \pmod{\pm b}$ 也有 4 种形式，模和常数 1 各有一组相反数。于是，总共有 8 个单一不定分析式。

根据小系数和常数 1 之间相反数关系，以某个单一式的解，求出其他单一式的解，称为解转换。

古代印度的不定方程解法中，往往利用解过渡和解转换来求出一切不定方程的解。

本书 10.4.2“依赖关系与乘率”中，介绍单一式的纵向发展，即常数 1 同余式的种子作用。单一同余式这个茎秆一枝，会引出东西方不定分析史上花开两朵的并蒂莲。以乘率为特征的孙子剩余定理和以伴随数为特征的高斯剩余定理，都受历法编制的刺激而产生，在各自的文明背景中成长，却是同一个数学现象单一同余式上的奇葩和硕果，都能反过来深化人们对天象的认识。

6.2 求解入手式

高斯指出："现在我们考虑不定方程 $ax=by\pm1$，a，b 是正数，不妨假定 a 不小于 b。"我们将称大系数项 ax 约定。大系数 a 置于未知数 x 之前，以保证首次除法的商不会是0。

限定单一不定方程首项为正，a，b 为正整数，共有 $ak\pm bj=\pm1$ 的4种形式，小系数和常数1各有一组相反数。相应地，单一同余式 $ak\equiv\pm1(\mathrm{mod}\pm b)$ 也有4种形式，模和常数1各有一组相反数。

8种单一式，加以编号，列表如下：

表6.1　8种单一式

编号	单一式	编号	单一式
(1)	$ak-bj=1$	(5)	$ak-bj=-1$
(2)	$ak\equiv1(\mathrm{mod}\ b)$	(6)	$ak\equiv-1(\mathrm{mod}\ b)$
(3)	$ak+bj=1$	(7)	$ak+bj=-1$
(4)	$ak\equiv1(\mathrm{mod}-b)$	(8)	$ak\equiv-1(\mathrm{mod}-b)$

单一式解法可以多种多样，如同余类解法、欧拉函数解法、序列解法和大衍求一术等。求出特解后，再利用下面所称的解依赖和解转换，可得到其他7种单一式的特解。

现代教科书极其重视解题思维的循序渐进。

奥尔德斯的《连分数》[1]首推形式(1)，作入手求解形式：

> 我们的求解是逐步达到的，通过一些容易的阶梯，最后达到熟练解任何可解的形式如 $ax+by=c$ 的[不定]方程式的目的。我们首先学会解[不定]方程式 $ax-by=1$，$(a,b)=1$，这里 a 和 b 是正整数。

约定入手求解单一不定方程

$$ak-bj=1$$

的一组特解记为 x_0，y_0，它的一切解就是

$$k=x_0+bt,j=y_0+at,t=0,\pm1,\pm2,\pm3,\cdots。$$

6.3 解转换

解转换就是以某个单一式的解，根据小系数和常数1之间相反数性质，求出其他单一式的解。

1　相反小系数的解转换

式(1) $ak-bj=1$ 和式(3) $ax+by=1$ 的小系数 b 互为相反数。

如果 $ak-bj=1$ 的一组特解是 x_0，y_0，因为只有 y_0 变号，那么 $ax+by=1$ 的特解就是 $x_1=x_0$，$y_1=-y_0$。

例如，$3800k-27j=1$ 的一组特解是 $x_0=23$，$y_0=3237$，那么 $3800x+27y=1$ 的特解就是 $x_1=23$，$y_1=-3237$。

核算：$3800x+27y=3800\times23+27\times(-3237)=87400-87399=1$。

2　相反常数的解转换

式(1) $ak-bj=1$ 和式(5) $ax-by=-1$ 的常数 1 互为相反数。

如果 $ak-bj=1$ 的特解是 x_0 和 y_0，那么 $ax-by=-1$ 的特解就是 $x_2=b-x_0$，$y_2=a-y_0$。特点是：另一项 y 的系数 b 减 x_0，另一项 x 的系数 a 减 y_0。

例如，由于 $3800k-27j=1$ 的一组特解是 $x_0=23$，$y_0=3237$，那么 $3800x-27y=-1$ 的特解就是 $x_2=27-23=4$，$y_2=3800-3237=563$。

核算：$3800x-27y=3800\times4-27\times563=15200-15201=-1$。

3　同余式的解转换

式(2) $ak\equiv1(\mathrm{mod}\ b)$ 和式(6) $ak\equiv-1(\mathrm{mod}\ b)$ 是一对同余式，常数 1 互为相反数。

如果同余式 $ak\equiv1(\mathrm{mod}\ b)$ 的解是 x_0，那么经过解转换，同余式 $ax\equiv-1(\mathrm{mod}\ b)$ 的解是 $b-x_0$。特点是模减 x_0。

举个传统数学中用大衍求一术计算的例子。

$3800k\equiv1(\mathrm{mod}\ 27)$ 是和不定方程 $3800k-27j=1$ 相应的同余式。$3800k\equiv1(\mathrm{mod}\ 27)$ 的解 k 为 23，称乘率。相反常数同余式 $3800x\equiv-1(\mathrm{mod}\ 27)$ 的解为 $x=27-23=4$。

核算：$3800\times4=15200$，$15200+1=15201$，$15201=27\times563$。

又如，传统数学中，反乘率是根据乘率而命名的。

当求出 $7k\equiv-1(\mathrm{mod}\ 5)$ 的反乘率 x_0 是 2 时，可知其相反常数同余式 $7x\equiv1(\mathrm{mod}\ 5)$ 的乘率是 $x_1=b-x_0=5-2=3$。

6.4　解过渡

依赖单一式的解，求解非单一式，称作解过渡。解过渡就是依赖性的应用。

根据非单位 1 常数 c 不定方程(同余式)，构造相应的单一式。再把单一式求出的解乘 c，得到原不定方程(同余式)的解。

1　不定方程解过渡的实施

例如，求解非单位 1 常数不定方程

$$137x=60y+10。$$

维持其他各项各值不变，构作常数 1 不定方程

$$137k=60j+1。$$

假定一组特解已经解出，为 $k=53,j=121$。

这组特解分别乘原不定方程的常数 10，就是原不定方程的解。有 $x=10k=53\times10=530,y=10j=121\times10=1210$。

利用 y 的系数 60 取最小正值，$x=50$。利用 x 的系数 137 取最小正值，$y=114$。

于是得到原不定方程 $137x=60y+10$ 的一组特解是

$$x=50,y=114。$$

2　同余式解过渡的实施

求解非常数 1 同余式，35 与 3 互素，35 不小于 3：

$$35x\equiv2(\bmod 3)。$$

维持其他各项各值不变，构作常数 1 同余式：

$$35k\equiv1(\bmod 3)。$$

假定一组特解已经解出，为 $k=2$。实行对非常数 1 同余式 $35x\equiv2(\bmod 3)$的解过渡，乘原常数 2，$x=2\times2=4$。取最小正整数解，得 $x=1$。

参考文献

[1] 奥尔德斯.连分数[M].张顺燕，译.北京：北京大学出版社，1985:14.

第七章 欧几里得辗转相除法

欧几里得辗转相除法，在数学界无人不知。以整除终止除法，还是以最后余数为 0 作为判断最大公约数的标志，来区分原始的、现代的辗转相除法，也容易被接受。

然而，只有仔细观摩了高德纳(Knuth，Donald E.)发人深思的精辟观点，我们才能深刻理解这个今日幸存的最老的不寻常的算法中 0 和 1 所起的作用。

7.1 欧几里得原始辗转相除法

欧几里得(Euclid，约公元前 330—约公元前 275)的《几何原本》卷 7 中有命题 1 和 2。原文是：

> **命题 1** 设有不相等的二数，若依次从大数中不断减去小数，若余数总是量不尽它前面一个数，直到最后的余数为一个单位，则该二数互素。
>
> **命题 2** 已知两个不互素的数，求它们的最大公度数。

后世学者据此加工成算法形式，世称欧几里得原始辗转相除法，以整除终止除法。

7.2 欧几里得现代辗转相除法

现代欧几里得辗转相除法把最大公约数记作 gcd。以最后余数为 0 作为判断最大公约数的标志，实际上避开了欧几里得本人对于 0 和 1 的偏见。

我们只需展示一个数例的计算过程：

$$\begin{aligned}\gcd(16900,4108)&=\gcd(4108,468)=\gcd(468,364)\\&=\gcd(364,104)=\gcd(104,52)=\gcd(52,0)=52。\end{aligned}$$

式中，468 是 16900 除以 4108 的余数，364 是 4108 除以 468 的余数，等等。最后一步，104 除以 52 的余数是 0，整除，记作终止式 gcd(52,0)＝52。

7.3 高德纳的精辟评价

用现代语言表示当年原始的欧几里得算法，是由算法和程序设计技术的先驱、计算机排版系统 TeX 的发明者高德纳[1]做出的。

这段论述，观点精辟，发人深思。

欧几里得算法见于欧几里得的《原本》一书（大约公元前 300 年）的卷 7，命题 1 和 2，但这大概不是他自己的发明。学者们相信这个方法大约在那之前 200 年就已经知道了，至少以它的减法形式，而且几乎肯定为 Eudoxus（约公元前 375 年）所知。

我们可以把欧几里得算法称作所有算法的祖先，因为它是今日幸存的最老的不寻常的算法，主要能与这一荣耀相抗衡的也许是古老的埃及的乘法方法，它是以加倍和加法为基础的，形成有效计算第 n 次乘方的基础。但是埃及的原稿仅给出不是完全系统的一些例子，而且这些例子肯定未加系统阐述。因此埃及的算法肯定配不上算法的名字。我们也知道用于诸如解两个变量的特殊二次方程组的若干古代巴比伦人的方法，其中包含了一些真正的算法，而不仅仅是对于某些输入参数的方程特殊解。尽管巴比伦人总是联系对具体的输入数据进行工作的例子来介绍每个方法，但他们总是有规律地伴随着正文来说明一般过程。这些巴比伦算法中有许多比欧几里得算法早大约 1500 年，而且它们是已知最早的关于数学的书面过程的例证。但它们都没有欧几里得算法的气质，因为它们都不含迭代，而且还因为它们已为现代代数方法所代替。

由于欧几里得算法从实用上和从历史上说都是重要的，现在就让我们考虑欧几里得本人是怎样处理它的。把他的话语译成现代术语，欧几里得所说的就是：

命题　给定两个正整数，求它们的最大公因子。

设 A 和 C 是两个给定的两个正整数，求它们的最大公因子。如果 C 整除 A，则 C 就是 C 和 A 的一个公因子，因为它也整除本身。而且事实上显然它是最大的，因为再无比 C 大的数能整除 C 了。

但如果 C 不整除 A，则不断地从 A，C 两数中之大者减去小者，直到得出整除前一数的某个数。这种情况最终一定要发生，因为如果得到的是 1，则它就整除前一个数。

现在设 E 是 A 除以 C 的正余数；设 F 是 C 除以 E 的正余数，而且设 F 是 E 的一个因子。由于 F 整除 E 和 E 整除 $C-F$，故 F 也整除 $C-F$，但它也整除本身，所以它整除 C。而且 C 整除 $A-E$，因此 F 也整除 $A-E$，但它也整除 E，因

此它整除 A。于是它是 A 和 C 的一个公因子。

现在论证它也是最大的。如果 F 不是 A 和 C 最大的公因子，则将有某个更大的数整除它们。设这样的一个数是 G。

现在由于 G 整除 C 而 C 整除 $A-E$，故 G 整除 $A-E$，但也整除整个 A，所以它整除余数 E，但 E 整除 $C-F$，因此 G 也整除 $C-F$，但 G 也整除整个 C，所以它整除余数 F，即一个较大的数整除一个较小的数，这是不可能的。

因此，没有大于 F 的数能整除 A 和 C，所以 F 是它们的最大公因子。

推论 这一论证使得下列结论成为显然：整除两个数的任何数必整除两个数的最大公因子。证毕。

这里在一个重要方面简化了欧几里得的叙述：希腊数学家不认为 1 是另外的正整数的“因子”。两个正整数或者都为 1，或者互素，或者有一个最大的公因子。事实上，1 甚至不被认为是一个“数”，而且 0 当然是不存在的。这些相当笨拙的约定使得欧几里得有必要重复他的许多讨论，而且他已经给出了两个分开的命题，其中每一个实际上都同现在给出的这个相类似。

在欧几里得的讨论中，他首先提出重复地从两个现有数的大者减去小者，直到我们得到这样两个数——其中一个是另一个的倍数为止。但在证明中，他实际上依赖于一个数除以另一个数的余数，由于他没有 0 的简单概念，故他不能说一个数整除另一个时的余数是什么。所以可以合理地认为，他想象每个除法（不是个别的减法）都是算法的一个单一的步骤，因此对他的算法的“真正的”意译也许可以说是下面的算法：

算法 E（原始欧几里得算法） 给定两个大于 1 的整数 A 和 C，本算法求它们的最大公因子。

E1. ［A 可被 C 整除？］ 如果 C 整除 A，则这算法以 C 作为答案终止。

E2. ［以余数代替 A］ 如果 $A \bmod C$ 等于 1，则给定的数互素，所以算法终止。否则，以 $(C, A \bmod C)$ 代替 (A, C) 并返回步骤 E1。

上面摘录的欧几里得给出的证明，是特别有趣的，因为它实质上全然不是证明！他只是实施步骤 E1 一次或三次验证了这个算法的结果，他必然认识到步骤 E1 可进行三次以上，尽管他没有提出这样的可能性。由于没有用数学归纳法给出一个证明的思想，他仅仅对于有限种情况给出了一个证明（事实上，对于要求对一般的 n 建立的过程，他通常仅仅证明 $n=3$ 的情况）。尽管欧几里得由于在逻辑推导的技巧上所作的推进而应得地闻名于世，但通过归纳法给出正确证明的技术直到现在才真正搞清楚。

设 A 和 C 是两个给定的正整数，求它们的最大公约数。

若 C 能整除 A，显然它也整除本身，则 C 就是 C 和 A 的一个公约数。同时

也没有比 C 大的数能整除 C，所以 C 就是 A 和 C 的最大公约数，算法终止。

若 C 不能整除 A，则重复从 A，C 两数中的大数减去小数，直到得出一个数能整除另一个数，则最后被整除的数就是 A 和 C 的最大公约数，算法终止。

可以看到，欧几里得以整除作为判断最大公约数的标志。

当时的希腊数学家不认为 1 是另外的正整数的"因子"。两个正整数或者都为 1，或者互素，或者有一个最大的公因子。事实上，1 甚至不被认为是一个"数"，0 当然是不存在的。欧几里得实际上依赖于一个数除以另一个数的余数，由于他没有 0 的简单概念，说不出一个数整除另一个数时的余数是什么。

参考文献

[1] 高德纳.计算机程序设计艺术：半数值算法[M].3 版.苏运霖，译.北京：国防工业出版社，2002：303.

第八章 欧洲不定分析

希腊数学家丢番图《算术》一书，对后来的阿拉伯数学、文艺复兴时期的意大利数学，乃至整个欧洲数学，产生了巨大的影响，也为包括韦达、费马、高斯在内的许多数学家提供了创作源泉。

欧洲早期的一些剩余问题，尚有一些细节不甚明了。以慕尼黑抄本、哥庭根抄本最为著名。所收集资料，基本上来自 Libbrecht，Ulrich（李倍始）的 *Chinese Mathematics in the Thirteenth Century*[1] 和白尚恕的《大衍术与欧洲的不定分析》[2]一文。

本章接着介绍二元一次不定方程的巴歇转换公式解法和罗尔常数不变解法，构思精巧。

最后，概述了数论这一门古老的学科，重点介绍费马定理和欧拉定理。

8.1 早期剩余问题

欧洲的不定分析问题，最早见于斐波那契的著作。

斐波那契，意大利著名数学家，早年跟随父亲求学于非洲，后到埃及、叙利亚、希腊、西西里以及法国南部游学，以掌握当时全部数学知识而闻名。回到意大利后，从事著作，于1202年出版由阿拉伯文、希腊文编译成的拉丁文数学著作《算术》。

书中记载了一些不定分析问题。例如，其中一题如下：

> 设计一个数，除以3，除以5，也除以7，并问每除之后各剩余多少。对于除以3所剩余的每个单位1，要记住70；对于除以5所剩余的每个单位1，要记住21；对于除以7所剩余的每个单位1，要记住15。这样的数如大于105，则减去105，其剩余就是所设计的数。例如，设一数除以3余2，记住70的二倍或140，其中减去105，则剩余35。若除以5余3，记住21的三倍或63，与上述35相加得98。若除以7余4，记住15的四倍或60，与上述98相加则得158，减去105，其剩余是53。这就是所设计的数。

斐波那契的《算术》中，只是记载了一些问题，既没有关于这类问题解法的任何理论，也没有更多的解释。但这一题与《孙子算经》物不知数题十分相似，而且模数都是 3,5,7，解法也是同出一辙。即便所取得数，也只是问题的最小解。

两个问题如此相似，不能不让人惊异。虽然对来源有各种不同的研究报道，但斐波那契的大部分问题来自阿拉伯，则似无可怀疑的。而中国与阿拉伯国家之间的学术交流在古代较为频繁，其具体情况应有进一步探讨的必要。

尼可马修斯(Nichomachus，H.，公元 90 年左右)是来自犹太的阿拉伯数学家，比毕达哥拉斯(Pythagoras，公元前 500 年)晚好几百年。由于在哲学思想和数的理论方面，他继承了该学派的衣钵，企图恢复毕达哥拉斯精神，故称为新毕达哥拉斯学派代表人物。

他的著作《理论算术》英译时，附加了五个问题，其中三个标有伊萨克(Issca)的印记。据考证，伊萨克可能就是拜占庭著名数学家兼天文学家伊萨克·阿古尔(Argyros，Issca，1318—1372)。也就是说，标有印记的第五个问题就是阿古尔问题。

今将阿古尔问题照录如下：

> 如果你希望知道在 7 和 105 之间有人记在心里的那个数，你可以用下面的方法把它求出来。让那人先心算：从那数能减去 3 的多少倍就减去 3 的多少倍，如果有余数的话，让他说出小于 3 的余数。当他说出余数时，对于每个单位 1，记着 70 这个数。因此，如果余数是 1，仅记 70；如果余数是 2，记 70 的两倍或 140；如果余数是零，记着零。必须注意，减后的余数，尤其注意余数不是单位 1 的情况。然后，让他用同样方法从那数能减去 5 的多少倍就减去 5 的多少倍，并让他说出小于 5 的余数，对于每个单位 1 取 21，使与第一次的得数相加。之后，让他用同样方法减去 7，并让他说出小于 7 的余数，对于每个单位 1 取 15，使所有这些数相加，并由其和能减去 105 的多少倍就减去 105 的多少倍。剩余的数就是你所求的数。

这一问题的模数 3,5,7 和计算步骤，与《孙子算经》物不知数题十分相似。虽然把已知条件限于 7 和 105 之间，但所求的仍属于最小解。叙述方面，则与斐波那契的《算术》中的问题相类似。显然，英译本附加的阿古尔问题，未尝没有受到斐波那契问题的影响。

19 世纪在德国发现了一部德文抄本，经考证，大约是 1450 年间的遗物，作者不详。由于发现于慕尼黑，一般称为慕尼黑抄本。在慕尼黑抄本里，记载着一些不定分析问题。今照录一题：

> 我也希望或者他想知道在他的钱库里有多少钱。这样做：让他计算钱数，数之以三，数之以五，数之以七；而且数以 3 余 1，记下 70，数以 5 余 1，记下 21，数以 7 余 1，记下 15。然后把这些数相加，由其和减去基数，基数就是 3 乘以 5 再乘以 7，是 105，能(减)几次就减几次，其剩余的数就是他想的或他钱库的钱数。这例子尽可能不高于基数，即 105，并且不要取较大的数。

由该问题最后一句“这例子尽可能不高于基数，即 105，并且不要取较大的数”来看，所计算的数限制于105以内，这和前述阿古尔问题的要求相一致。因此我们想，慕尼黑抄本的作者可能受到阿古尔问题的影响。在问题之后，作者解释了其解法：

> 按照这种方法做。数以3取70，数以5取21，等等。如果你需要数以3的话，使它除以3，若余数为1，你求得以5乘7，这就是所求的数；可是，若余数大于1，加倍这数，然后除以3，若余数仍大于1，再加同一数。这样一直到余数变为1的时候。同样的方法，如果你需要数以5的话，使它除以5，以3乘7得21，因此，对于数以5来说所求的数是21。你需要数以7的话，使它除以7，若余数是1，以3乘5得15，于是对于数以7来说所求的数是15。可以用同样的方法处理其他的数。

这个问题渊源很深，不但十分像阿古尔问题，也很像斐波那契问题和孙子问题。由于其中所用词句多属于意大利术语，所以有人认为慕尼黑抄本的问题直接或间接来自斐波那契的问题。假定斐波那契经由阿拉伯受到中国的影响，那么可以说，慕尼黑抄本的问题也间接受到中国的影响。

德国数学家雷基奥蒙坦(Regiomontanus，原名 Muller，J.，1436—1478)于1463年给他的友人毕安基尼(Bianchini)的信时说："有一个数，它除以17，余数15；除以13，余数11；除以10，余数3。我问你，这是怎样的数？"次年毕安基尼回信说："这问题可以给出很多不同数的解，这些数都适合这一问题，如1103，3313，以及其他的数。可是，我不需要烦琐地求出另外的数。"由此明显地看出毕安基尼不知道一般法则。雷基奥蒙坦在回信中写道："……你适当地求出最小的数为1103，第二个数为3313。这就足够了，因为最小的数是1103，像这样的数有无限多个。如果加上一个用三个因数(以乘法)计算的数，即17，13和10的话，我们可以求得第二个，用同样方法，再加上同一数，即得第三个数，等等。"

看来，雷基奥蒙坦是了解一次同余式(组)的完全解，但他并没有说明如何求得了第一个解。很可惜，雷基奥蒙坦没有把他关于同余式的解法系统地描述出来。在不定分析的发展史上，就好像短缺了什么。

8.2 哥庭根抄本

与慕尼黑抄本差不多同时的另一抄本，称为哥庭根抄本，约成书于1550年。其中记载的一些不定分析问题，对于两两互素的模数，可以说给出了完全的解。对于非两两互素的模数来说，没有给出解的一般法则。

今将其中有关问题及解法，用现代符号摘译如下：

1　当模数两两互素时

$$N\equiv 5(\mathrm{mod}\ 7)\equiv 7(\mathrm{mod}\ 8)\equiv 6(\mathrm{mod}\ 9)\equiv 0(\mathrm{mod}\ 11)。$$

解　(1) $8\times9\times11=792$，　　(2) $7\times9\times11=693$，

$792-n\times7=1$；　　$693-n\times8=5$；

(3) $7\times8\times11=616$，　　(4) $7\times8\times9=504$，

$616-n\times9=4$；　　$504-n\times11=9$。

(1)式的余数是1，同余式已经解决了。(2)式的余数是5，它必须“约简”。其方法如下：

$5+5=10$

-8

$2+5=7$

$+5$

$12-8=4$

$+5$

$9-8=1$

计算劳卡的量，为5个5。5是同余式的解。

对于(3)，我们有

$4+4=8$

$+4$

$12-9=3$

$+4$

$7+4=11$

-9

$2+4=6$

4

$10-9=1$

劳卡的量为7。

对于(4)，我们有

$9+9=18$

-11

$7+9=16$

-11

$5+9=14$

-11

$3+9=12$

-11

1

劳卡的量为5。

由上式可知，(2)式合计5个5，(3)式合计7个4，(4)式合计5个9。这就是作者所说计算得(2)式的“劳卡(Loca)”是5，(3)式是7，(4)式是5。作者还就上式做了解释，他以(4)式为例说：“如果取504为‘约简的数’，则余数为9。如果取其(504)两倍，则余数9也得二倍起来。因之，除以11则余7。其他仿此。”

我们看到，高斯剩余定理中，伴随数的值“α 是由式子 $1/BCD$ 等(mod A)的一个值(最好是最小值)，用 BCD 等所乘”。式子 $1/BCD$ 等(mod A)相当于现今我们熟悉的同

余式：

$$(BCD\text{ 等})x \equiv 1 \pmod{A}。$$

这就是说，高斯定理中，是一揽子解出的，哥庭根抄本则分两步走：第一步，求其他模之积除以本模的余数。第二步，把余数相加若干次，这个次数，称为劳卡。

作者进一步说："每一数除以自己的除数则余数为 1，此外，可整除以其他除数。在'约简的数'中，乘以其余数后，其余数仍然是其原来的余数。因此，每个'约简的数'除以自己的除数则有一余数，而可整除以其他除数。所以，其和 54087 除以各除数时，则各有余数。"作者的这段论述用现代符号表示如下：

3960	$\equiv 5 \pmod 7$	$\equiv 0 \pmod 8$	$\equiv 0 \pmod 9$	$\equiv 0 \pmod{11}$
24255	$\equiv 0 \pmod 7$	$\equiv 7 \pmod 8$	$\equiv 0 \pmod 9$	$\equiv 0 \pmod{11}$
25872	$\equiv 0 \pmod 7$	$\equiv 0 \pmod 8$	$\equiv 6 \pmod 9$	$\equiv 0 \pmod{11}$
2520	$\equiv 0 \pmod 7$	$\equiv 0 \pmod 8$	$\equiv 0 \pmod 9$	$\equiv 0 \pmod{11}$
54087	$\equiv 5 \pmod 7$	$\equiv 7 \pmod 8$	$\equiv 6 \pmod 9$	$\equiv 0 \pmod{11}$
$-n\times 5544$ M	$\equiv 0 \pmod 7$	$\equiv 0 \pmod 8$	$\equiv 0 \pmod 9$	$\equiv 0 \pmod{11}$
4191	$\equiv 5 \pmod 7$	$\equiv 7 \pmod 8$	$\equiv 6 \pmod 9$	$\equiv 0 \pmod{11}$

其中，$n=9$。

2 当模数非两两互素时

$$N \equiv 2 \pmod 6 \equiv 6 \pmod 8 \equiv 4 \pmod{10} \equiv 8 \pmod{14}。$$

解法如下： L. C. M.(6,8,10,14)=840 最小公倍数

$840 \div 6 = 140$　　$140 \equiv 2 \pmod 6$

$840 \div 8 = 105$　　$105 \equiv 1 \pmod 8$　→ 扩大 $630 \equiv 6 \pmod 8$

$840 \div 10 = 84$　　$84 \equiv 4 \pmod{10}$

$840 \div 14 = 60$　　$60 \equiv 4 \pmod{14}$　→ 扩大 $120 \equiv 8 \pmod{14}$

$140+630+84+120=974$，　$974-840=134$。

但这并不是一般普遍适用的方法。正确解法的理由可发现自下列图示：

140	$\equiv 2 \pmod 6$	$\equiv 0 \pmod 8$	$\equiv 0 \pmod{10}$	$\equiv 0 \pmod{14}$
630	$\equiv 0 \pmod 6$	$\equiv 6 \pmod 8$	$\equiv 0 \pmod{10}$	$\equiv 0 \pmod{14}$
84	$\equiv 0 \pmod 6$	$\equiv 0 \pmod 8$	$\equiv 4 \pmod{10}$	$\equiv 0 \pmod{14}$
120	$\equiv 0 \pmod 6$	$\equiv 0 \pmod 8$	$\equiv 0 \pmod{10}$	$\equiv 8 \pmod{14}$
974	$\equiv 2 \pmod 6$	$\equiv 6 \pmod 8$	$\equiv 4 \pmod{10}$	$\equiv 8 \pmod{14}$

在最后的问题里，作者举例给出问题不可解的理由：

$$N \equiv 4 \pmod 5 \equiv 3 \pmod 6 \equiv 2 \pmod 8 \equiv 1 \pmod 9。$$

这个问题模数的最小公倍数是 360，而其"衍数"分别是 72，60，45，40，因为 6 可整除

60，所以 $a\times6\equiv1\pmod{60}$ 是不可解的。

又如 $3\pmod 6\equiv r\pmod 9$ 中，r 只能是 0，3 或 6，故知方程 $3\pmod 6\equiv1\pmod 9$ 是不可解的。很明显，方程 $3\pmod 6\equiv2\pmod 8$ 也是不可解的。因为前边余数是奇数，而后面则是偶数。

看来，哥庭根抄本所论不定分析问题，对模数两两互素的情况，其解法只适合于较小的数，对非两两互素的情况，作者未必十分了解一般可解的条件。

8.3　巴歇的转换公式解法

狄克逊《数论史》提供了早期学者巴歇对二元一次不定方程的奇妙解法。

巴歇(Bachet，Claude-Gaspar，1581—1638)，法国数学家，生于法国布雷斯地区布尔格，卒于布尔格，曾在帕多瓦等地学习，其后任教于米兰或科莫的教会学校。他是数学游戏的先驱之一，对数学、历史、诗歌等富有创见，被誉为 17 世纪最有才华的人。

1621 年，巴歇把丢番图《算术》的希腊文本译成拉丁文出版，其中还补充了自己对数论和丢番图分析的研究成果[3]。这部著作对费马影响很大，为费马创立费马大定理奠定了基础。他于 1635 年被选为法国科学院成员。

1　原文

巴歇第一个提出，不定方程 $Ax=By+J$ 的解依赖于 $Ax=By+1$ 的解。这里 A 和 B 是任何互素的整数。引文第一句就强调了解的依赖性。

> 如果 A 和 B 是任何互素的整数，我们能够找到 A 的最小整倍数，它比 B 多已知整数 J。[即，要解 $Ax=By+J$]，只要解出 $Ax=By+1$ 就可以了。

1624 年的论文，现在只留下一个具体的算例[4]：$67x=60y+1$。

两系数 67 和 60，辗转相除，得到四个带余除法，余数分别是 7，4，3 和 1。对最后一个带余除法 $4=3\times1+1$，常数为 1。巴歇设计了一个转换公式："$a=mb+1$，那么 $ab+1-a$ 是 b 的最小倍数，比 a 的倍数多 1"，得到 $3\times3=2\times4+1$。以此为基础，从辗转相除式中，反向消去余数 3，4，7，要避免负数。

狄克逊《数论史》[5]是这样介绍的：

> 如果 A 和 B 是任何互素的整数，我们能够找到 A 的最小整倍数，它比 B 多已知整数 J。[即，要解 $Ax=By+J$]，只要解出 $Ax=By+1$ 就可以了。巴歇 1624 年文章 18—24 页给出证明。足以解出 $Ax=By+1$。巴歇原先对 18 个量分别标记字母的叙述法，较难记住它们之间的关系，以便于对他的处理，得到一个明确的印象。因此，我们这里利用他的数字例子 $A=67$，$B=60$，采取比较明确的叙述形式。从较大数 A 中尽可能多次地减去较小数 B，得数 C。如果 $C=$

1,A 本身就是比 B 的倍数多 1 的 A 所需要的倍数。下一步,令 $C>1$,从 B 中减去足够多次,直至得到余数 1。

(1)	67=60×1+7	60=7×8+4	7=4×1+3	4=3×1+1

从最后一个式子中,根据"如果 $a=mb+1$,那么 $ab+1-a$ 是 b 的最小倍数,比 a 的倍数多 1"的法则,我们得到

(2) $3\times3=2\times4+1$。

用(2)中第一个系数 3 乘上(1)的第三个式子,并利用(2)消去项 3×3,我们得到

(3) $3\times7=5\times4+1$。

用(3)中系数 5 乘上(1)的第二个式子,并利用(3)消去项 5×4,我们得到

(4) $43\times7=5\times60+1$。

最后,用(4)中系数 43 乘上(1)的第一个式子,并利用(4)消去项 43×7,我们得到

(5) $43\times67=48\times60+1$,

使得最小的 x 是 43,而相应的 y 是 48。

巴歇导致(1)诸式的第一步,是求 A,B 最大公约数的欧几里得算法。他的下一步是,分别从(1)诸式中消去 3,4,7 的项,采取了一种保证不出现负值的特殊方式。

在辗转相除式和不定方程这两种不同结构之间,巴歇设立了进行过渡的转换公式:"如果 $a=mb+1$,那么 $ab+1-a$ 是 b 的最小倍数,比 a 的倍数多 1"。

我们整理成表(表 8.1),辗转相除法从(1a)编到(1d)。回代四个式子编成(2)到(5)。

表 8.1 巴歇辗转相除与回代释意

辗转相除		演化回代
解 $Ax=By+1$	解 $67x=60y+1$	待定系数得 $x=43$,$y=48$
(1a) $a=bq_1+r_1$	(1a) 67=60×1+7	(5) 43×67=48×60+1
(1b) $b=r_1q_2+r_2$	(1b) 60=7×8+4	(4) 43×7=5×60+1
(1c) $r_1=r_2q_3+r_3$	(1c) 7=4×1+3	(3) 3×7=5×4+1
(1d) $r_2=r_3q_4+r_4$	(1d) 4=3×1+1	(2) 3×3=2×4+1

互素整数对 67 和 60 辗转相除,得到有自然余数 1 的(1d):4(a 或 r_2)=3(b 或 r_3)×1+1,即记作 $a=mb+1$。

要保证 1,再保证含有被除数 4(a 或 r_2)和除数 3(b 或 r_3),记作 $s\times3=t\times4+1$,即 $s\times$

$b=t\times a+1$。这就是回代式(2)。

巴歇的巧妙在于取 a,b 构成 $ab+1-a$。计算 $ab+1-a=r_2r_3+1-r_2=4\times3-4+1=9$。这个 9 扣去 1 得 8,是 $a(r_2)(4)$ 的 2 倍,这个 9 又是 $b(r_3)(3)$ 的 3 倍,即 $s\times3=t\times4+1$。于是有 $3\times3=2\times4+1$,成为右列的式(2)。有 $3\times3=2\times4+1$。

于是归纳成:取 s 和 t 为整数,采用不定方程组形式 $sb=ta+1$,有:

如果 $a=mb+1$,那么 $ab+1-a=sb=ta+1$。

再找式(3)。要保证 1,再保证含有被除数 7 和除数 4。导出不定方程:式(3)$3\times7=5\times4+1$。

循此思路,找出式(4) $43\times7=5\times60+1$ 和式(5) $43\times67=48\times60+1$。

把式(5)与原不定方程 $67x=60y+1$ 比较,知:待定系数得 $x=43$,$y=48$。

8.4 罗尔的常数不变解法

8.4.1 原文

米歇尔·罗尔(Rolle,Michel,1652—1719),法国人,生于下奥弗涅的昂贝尔,仅受过初等教育,依靠自学,精通了代数和丢番图分析理论。

狄克逊介绍了参考资料[6],说:

> 米歇尔·罗尔(1652—1719)给出一个寻找一般解的法则,应用如下:对 $12z=221h+512$,较大系数 221 除以较小系数 12,商中的最大整数是 18。设 $z=18h+p$,我们得到 $12p=5h+512$。应用同样的方法[12 除以 5],$h=2p+s$,$2p=5s+512$。常数项 512 仍然保持不变。应用同样的方法,$p=2s+m$。于是,$2m=s+512$,现在我们得到一个系数为 1 的变量 s。从下列式子中消去 s 和 p:
>
> $$s=2m-512,p=2s+m,h=2p+s,z=18h+p,$$
>
> 我们得到所需的解答:
>
> $$z=221m-47104,h=12m-2560。$$

8.4.2 常数永远不变

解二元一次不定方程,两个互素的系数辗转相除,到自然余数 1 为止。所涉及的常数如何处理会构成各色各样的解法方案。

罗尔的指导思想是,坚守作为整数的常数,数值及符号保持永远不变。

本例中,两系数辗转相除应该有三步得到自然余数 1。

首先,不定方程 $12z=221h+512$ 的大系数 221,除以较小系数 12,商是 $\frac{221}{12}=18+\frac{5}{12}$。利用整数 18,引入新变量 h:"设 $z=18h+p$",代入 $12z=12(18h+p)=216h+12p=$

$221h+512$。我们得到新不定方程 $12p=5h+512$。常数 512 连加号都不变。

第二步，两个系数中，12 除以较小的 5，商中整数是 2，引入新变量 $h=2p+s$，得到新不定方程 $2p=5s+512$。同样，常数 512 前保持加号的特点。

第三步，引入新变量 $p=2s+m$，有 $2m=s+512$。

"得到一个系数为 1 的变量 s"，实质是，辗转相除出现了自然余数 1。

逐步回代：$s=2m-512$，$p=2s+m$，$h=2p+s$，$z=18h+p$。

于是，得到原不定方程的全部解：

$$z=221m-47104，h=12m-2560。$$

里面含有的 m 是整数。

8.4.3 常数不变所体现的整数解思想

我们曾经讨论过，整数解法有许多种方法。我们归纳的主要特征有两条：

1 未除尽部分形式上有别于整数

每次除法的除数，同步除以常数。因除不尽而导致的部分，在形式上是分数，实质上是整数。

2 形式分数消失以体现整数

到某一个阶段，设法使形式分数消失，体现出整数实质，进而得到一组特定数据。从而逐步回代，求出原不定方程的一组特解。

英国数学家哈代[7]（Hardy，Godfrey Harold，1877—1947）说过反证法的策略：

> 证明过程应用了反证法，欧几里得极其喜爱反证法，它现在是数学家手中最好的武器之一。这是比国际象棋任何一种让子开局法都更为精彩的让子开局法，棋手可以弃掉一只卒，甚至弃掉一只主力棋子，数学家却是满盘皆弃。

我们以为，整数解思想中也有类似的策略：常数参与辗转相除，暂时放弃整数形式，成为形式上的分数。再想法让形式分数消失，赢回来，恢复整数实质。

现在我们看到，罗尔的这个解法，连这一步"暂时"都没有，坚守常数，数值符号都不变。因此，说这个解法体现整数解思想是绝对没有问题的。

罗尔的这个法则对未知数 z 和 h 代入其他未知数，这在数学史上具有深远的意义，已经是 1770 年欧拉采用引入新变量的降系数过程的前奏曲。

西方数学用字母代表数。文字表示法的引进和发展，通常归之于 16 世纪和 17 世纪的法国数学家韦达和笛卡尔[8]。从这时起，代数学就成为各种数量（用文字来代表）以至多项式计算的理论。罗尔这个法则对未知数 z 和 h 代入其他未知数，在数学史上具有深远的意义。

狄克逊在《数论史》中介绍欧拉的变量分析时写道："欧拉用了总是以较小数为除数的方法，本质上是紧随着罗尔。"近一个世纪后，正是欧拉充分发扬了罗尔的整数解思想。

8.5 数论的特点

在评点费马定理和欧拉定理之前，我们先简单介绍一下数论这门学科的特点。

在古代希腊、印度、中国的数学史上，都有许多数论的明珠在闪光。进入 17 世纪后，几何学已由笛卡尔在方法上的革命，走上了一条新的道路。数论却还停留在一些分散的、孤立的问题和成果上，由于缺乏普遍有力的方法，只能凭借个人的才智和技巧，一个一个地解决问题。但是其成果的丰富、内容的深刻、问题的难度、技术的高超，却是前人所不能比拟的。

对业余爱好者来讲，数论或许是最值得研究、研究人员最多的数学分支之一。

原因当然是多方面的。

首先，数论是一门将远古时代人类的思想，与他们今天的儿孙们的思想融合贯穿的数学分支。数论中研究的许多问题起源于公元前，这些问题的解决像一根环环紧扣的链条，延续到现今。生活在公元前 3、4 世纪交接时期的欧几里得，在其巨著《几何原本》中使用的概念和方法，仍为现今研究数论，特别是研究初等数论时所效仿、使用。

其次，数论是一门雅俗共赏的数学分支。对一般人来说，可能看不懂一些定理的证明，但是，所有定理的含义都是容易明白的。而这些含义明白的数论命题，即便专业人员论证起来也相当困难。因此，无论对学者还是业余爱好者，数论都有着巨大的吸引力。

再者，数论中存在着许许多多没有解决的问题，其猜想之多可能是所有数学分支中独一无二的。这些问题可以从数值上找到大量的证据，说明其合理性，但是其真实性又似乎并不是那样不证自明。这些神秘、有趣的问题向爱好它的人们招手，为他们留下了施展聪明才智的广阔天地。

最后，数论也许是一门最纯粹的数学分支了，这也是许多人热心研究它的根源之一。但是，数论尽管很纯粹，在现实世界中还是有着广泛用途的。已经发现数论在通信密码编译等许多方面有着重要的应用。

初等数论号称有四大定理：威尔逊定理、欧拉定理、孙子剩余定理和高斯剩余定理、费马小定理。我们这里重点关注欧拉定理和费马小定理。

8.6 费马定理

从 17 世纪到 18 世纪，对数论贡献最大的，先是费马，然后是欧拉。在 18 世纪末，数论研究中的零乱散碎的局面，由于拉格朗日的工作而有了新的变化。

费马对数论的研究是从阅读丢番图的著作《算术》一书开始的。1640 年，费马在给梅森的一封信中提出了三个定理，并宣称说，这三个定理是他关于数的性质的研究基础。这三个定理是：

(1) 若 n 是合数，则 2^n-1 是合数。

(2) 若 n 是素数，则 2^n-2 可被 $2n$ 除尽。

(3) 若 n 是素数，则除了 $2kn+1$ 这种形式的数外，2^n-1 不能被其他素数除尽。例如，$2\times11-1=2047$，其因数为 23 与 89 或 $2\times11+1$ 与 $8\times11+1$。

然而，以费马命名的定理，却是费马小定理和费马大定理。

费马大定理是出现在丢番图《算术》一书的页边注解中的一个猜想：$x^n+y^n=z^n$，当 $n>2$ 时，没有整数解。他写道："与此相对照的是，不可能将一个立方数分拆成两个立方数，一个四方数分拆成两个四方数。一般地说，任何次数大于二的高次方数都不能分拆成两个幂次相同的数。我已找到这一定理的绝妙证明，可惜这里空白太小，写不下。"

1736 年，欧拉首先突破费马小定理的证明。他先后发表过三个证明，并做了两个推广。第一个推广是，如果 $e=p^{n-1}(p-1)$ 且 p 是素数，则 a^e 被 p 除的余数为 0 或 1。当 $n=1$ 时，就是费马小定理。第二，他引起了欧拉函数 πN 的概念，即 πN 表示所有不大于 N 且与 N 互素的正整数的个数。后来，高斯采用 $\varphi(N)$ 表示，譬如 $\varphi(5)=4$，$\varphi(6)=2$。在欧拉函数的基础上，欧拉提出了著名的欧拉定理："若 $(a,N)=1$，那么 $a^{\varphi(N)}-1$ 能被 N 整除。"注意，当 N 是素数时，$\varphi(p)=p-1$，所以欧拉定理就是费马小定理。

比较一下这两个推广很有意义。第一个推广，确乎仅仅是推广，并没有脱出本来的基调。第二个推广创造了新的概念 $\varphi(N)$，定理的内容由此发生了一个飞跃。新概念成为数论研究中的重要工具，"推广"成了导向新天地的边衢。

费马定理(1640) 如果 p 是素数，则对于所有整数 a，$a^p\equiv a \pmod p$。

证明 如果 a 是 p 的倍数，显然 $a^p\equiv0\equiv a\pmod p$。所以我们只需考虑 $a \bmod p\neq0$ 的情况。因为 p 是一个素数，这意味着 a 与 p 互素。考虑数

$$0 \bmod p, a \bmod p, 2a \bmod p, \cdots, (p-1)a \bmod p, \tag{1}$$

这 p 个数都是不同的，因为如果 $ax \bmod p=ay \bmod p$，则由定义 $ax\equiv by\pmod p$。因此 $x\equiv y\pmod p$。

由于(1)给出 p 个不同的数，所有这些数还都非负和小于 p，我们看出，头一个数是零，而剩下的是在某个顺序下的整数 $1,2,\cdots,p-1$。因此，

$$(a)(2a)\cdots((p-1)a)\equiv1\times2\times\cdots\times(p-1)a\pmod p, \tag{2}$$

用 a 来乘这个同余式的每边，我们得到

$$a^p(1\times2\times\cdots\times(p-1))\equiv a(1\times2\times\cdots\times(p-1))\pmod p。\tag{3}$$

这就证明了定理，因为因式 $1\times2\times\cdots\times(p-1)$ 的每一个因数都同 p 互素，故可将其删去。

8.7 欧拉定理

欧拉函数 $\varphi(m)$ 设 m 是正整数，$0,1,2,\cdots,m$ 中与 m 互素的数的个数，记作 $\varphi(m)$，

称为欧拉函数。

当 a 本身是素数 p 时，$\varphi(p)=p-1$，例如，$\varphi(13)=12$。

如果 a 可分解成不同素因数的乘积，$a=p_1^{e_1}p_2^{e_2}\cdots p_s^{e_s}$，$\varphi(a)=a\left(1-\frac{1}{p_1}\right)\cdots\left(1-\frac{1}{p_s}\right)$。

对一般的 p，则须先分解成素因数再求出 $\varphi(p)$，例如，

$$p=225600=2^6\times3\times5^2\times47,$$

故

$$\begin{aligned}\varphi(225600)&=2^6\times3\times5^2\times47\times\frac{1}{2}\times\frac{2}{3}\times\frac{4}{5}\times\frac{46}{47}\\&=58880。\end{aligned}$$[9]

在古历会积题中，出现了

$$奇数=9253，定母=225600。$$

按大衍求一术计算，易从

$$k\cdot9253\equiv1(\mathrm{mod}\ 225600)$$

算得 $k=172717$。

若依西法，则须计算 $N=9253^{\varphi(225600)}=9253^{58880}$，即使一台现代化的计算机，要完成这一计算任务也是不容易的。

欧拉函数解法

这里我们用欧拉函数解 $60x\equiv1(\mathrm{mod}\ 13)$ 这个数例。

解　$m=13$，素数，欧拉函数为 $\varphi(m)=12$。

$$x=60^{12-1}=60^{11}=362797056000000000000。$$

可以核算：$60\times362797056000000000000\equiv1(\mathrm{mod}\ 13)$。

证明费马定理的方法也可用来证明以下费马定理的推广，这个推广叫作欧拉定理。

欧拉定理[10]　设 m 为正整数，a 为整数，当 a 与 m 互素时，则 $a^{\varphi(m)}\equiv1(\mathrm{mod}\ m)$。

证明

$$\begin{aligned}ax&\equiv a\times a^{\varphi(m)-1}b\quad(x\equiv a^{\varphi(m)-1}b(\mathrm{mod}\ m)\text{两端乘上 }a)\\&\equiv a^{\varphi(m)}b\quad(\text{由}(a,m)=1\text{，据欧拉定理，}a^{\varphi(m)}\equiv1(\mathrm{mod}\ m))\\&\equiv1\times b\\&\equiv b(\mathrm{mod}\ m)。\end{aligned}$$

作为欧拉定理的应用，有个系：设 $(a,m)=1$，则同余方程 $ax\equiv b(\mathrm{mod}\ m)$ 的解为

$$x\equiv a^{\varphi(m)-1}b(\mathrm{mod}\ m)。$$

在系中，取 $a=G_i$，$m=a_i$，$x=k_i$，并取 $b=1$，这个系改写成：

设 $(G_i,a_i)=1$，则同余方程 $G_ik_i\equiv1(\mathrm{mod}\ a_i)$ 的解为 $k_i\equiv G_i^{\varphi(a_i)-1}(\mathrm{mod}\ a_i)$。

参考文献

[1] Libbrecht U. *Chinese Mathematics in the Thirteenth Century*[M]. London: The MIT Press, 1973:256—260.

[2] 白尚恕.大衍术与欧洲的不定分析[C]//吴文俊.秦九韶与数书九章.北京:北京师范大学出版社,1987:209—313.

[3] Bachet C-G. *Problemes Plaisans et Delectables*, *Qui se font par les Nombres*[Z]. ed. 1, Lyon, 1612, Prob. 5; ed. 2, Lyon, 1624, ed. 3, Paris, 1874, 227—233; ed. 4, 1879; ed. 5,1884; abrodged ed., 1905.

[4] 同[3].

[5] Dickson L E. *History of the Theory of Numbers*[M]. New York: Chelsea Publishing Company, 1952: 42.

[6] d'Algebre T. *Ou Prieripes Generaus pour Resoudre les Questions de Mathematique*[Z]. Bk. 1. Ch. 7 (eviter les fractione),Paris, 1690: 60—78.

[7] 哈代.一个数学家的自白[Z].王翼勋,译.自然科学史研究所.科学史译丛.1987:72—79.

[8] 大百科全书(数学卷):代数学条[M].北京:中国大百科全书出版社,1988.

[9] 吴文俊.从数书九章看中国传统数学构造性与机械化的特色[C]//吴文俊.秦九韶与数书九章.北京:北京师范大学出版社,1987:73—88.

[10] 潘承洞,潘承彪.初等数论[M].北京:北京大学出版社,1992:144.

第九章 欧拉的整数解思想

欧拉开辟了我们今天熟知的对 x,y 代入其他未知数的处理不定方程方法。欧拉整数解思想的精华是“形式分数值取 0 而消失”和“形式分数因分母整值 1 而消失”。

9.1 欧拉其人

欧拉，瑞士数学家，生于巴塞尔，卒于彼得堡。

欧拉从 19 岁起开始发表著作，直到 76 岁，半个多世纪中，写下的书籍和论文浩如烟海。欧拉深湛渊博的知识、无穷无尽的创作精力和空前丰富的著作，都是令人吃惊的。

至今几乎每一个数学分支都可以看到欧拉的名字。从初等几何的欧拉线（三角形外心、垂心、重心、九点圆心共线），多面体的欧拉定理（$E+2=V+F$，E,V,F 分别是简单多面体的棱、顶点与面的个数），立体解析几何的欧拉变换公式，四次方程的欧拉解法，到数论中的欧拉函数，微分方程的欧拉方程，级数论的欧拉常数，变分学的欧拉方程，复变函数论的欧拉公式，等等。

9.2 形式分数的值取 0

1734 年，欧拉在“*Comm. Acad.*（*Petrop.* 7，1734，46－66；*Comm. Arith. Coll. I*，11－20）”（原始文献所列原格式抄录）研究了不定方程和一次同余式组的解法。这是不定分析史上的里程碑。

1801 年，高斯在《算术研究》28 节中盛赞欧拉 1734 年的论文：“欧拉第一个给出了这种类型（*Comm. Acad.*（*Petrop.* 1，1734－35，1740，46））（原格式抄录）的不定方程的全部解。他所使用的方法是对 x,y 代入其他未知数，这是今天熟知的方法。”

欧拉在欧几里得算法基础上，利用一系列余数，巧妙地构作出两个级数，解出不定方程和一次同余式组，并用同余概念表示一次同余式组解法，即后世所称的高斯剩余定理。

这些成果发表在同一篇文章中。

9.2.1 形如 $ma+v=nb$ 的不定方程

狄克逊的《数论史》中这样记录：

欧拉给出了一个寻找整数 m 的过程，使得 $(ma+v)/b$ 是一个整数，这里 $v>0$。设 $a=\alpha b+c$，于是 $A=(mc+v)/b$ 必须是个整数，从而有 $m=(Ab-v)/c$。

首先，如果 v 可被 c 整除，我们取 $A=0$，得到一个解。其次，如果 v 不能被 c 整除，设 $b=\beta c+d$。那么如果 $(Ab-v)/c$ 是个整数，m 会是个整数。这样我们设 $c=\gamma d+e$，等等。

欧拉给了一个注，称这个过程是寻找 a，b 最大公因数的过程，继续进行，直到得到一个能整除 v 的余数。他解 $ma+v=nb$ 的公式等价于

$$n=av\left(\frac{1}{ab}-\frac{1}{bc}+\frac{1}{cd}-\frac{1}{de}+\cdots\right),m=-bv\left(\frac{1}{bc}-\frac{1}{cd}+\frac{1}{de}-\cdots\right)。$$

这个级数继续进行，直到找到一个能整除 v 的余数。

欧拉解形如 $ma+v=nb$ 的不定方程，m 和 n 是两个变量，a 和 b 分别是 m 和 n 的系数，v 是常量，不失一般性，要求 $v>0$。

把 a，b 辗转相除，求出一系列余数 c，d，e，f，…，直到余数 f 能整除常量 v 为止。直接得到不定方程的一组解 m 和 n：

$$n=av\left(\frac{1}{ab}-\frac{1}{bc}+\frac{1}{cd}-\frac{1}{de}+\frac{1}{ef}\right),m=-bv\left(\frac{1}{bc}-\frac{1}{cd}+\frac{1}{de}-\frac{1}{ef}\right)。$$

括号中均是级数，两级数的最后一项 $\pm\frac{1}{ef}$ 取决于能整除 v 的余数 f。

我们分析整个过程：

如果原不定方程有整数解 m 和 n，则因整数 $n=\frac{ma+v}{b}$，就有 $\frac{ma+v}{b}$ 为整数。设有除法 $a=\alpha b+c$，α 是商数，c 是余数。代入 $\frac{ma+v}{b}$，得 $\frac{m(\alpha b+c)+v}{b}=m\alpha+\frac{mc+v}{b}$。形式分数部分 $\frac{mc+v}{b}$ 记为 A，实质为整数，则有 $m=\frac{Ab-v}{c}$。因 m 是整数，$\frac{Ab-v}{c}$ 应该是整数。

这就是说，原不定方程能否有整数解，取决于 v 与 c 整除与不整除两种可能。

整除 如果 v 可被余数 c 整除，取 $A=\frac{mc+v}{b}=0$，得到

$$m=-v/c。$$

于是，前述的 $n=\frac{ma+v}{b}=\frac{(-v/c)a+v}{b}=\frac{-va+cv}{bc}=av\ \frac{-a+c}{abc}=av\left(\frac{1}{ab}-\frac{1}{bc}\right)$。

这是找到了能整除 v 的余数 c，就会出现表示 m 和 n 的两个级数。这就是说，如果 v 可被余数 c 整除，则形式分数 $A=\frac{mc+v}{b}=0$，体现出实质上的整数。

不整除　如果 v 不被余数 c 整除，设除法 $b=\beta c+d$，β 是商数，d 是余数。记 B 为 $\frac{Ab-v}{c}=\frac{A(\beta c+d)-v}{c}=A\beta+\frac{Ad-v}{c}$。如果 $B=\frac{Ad-v}{c}$ 为整数，可知 $A=\frac{Bc+v}{d}$ 为整数。

到这一层里，原不定方程能否有整数解，取决于 v 与 d 之间整除不整除两种可能。

整除　现在设 v 能被 d 整除。取 $B=\frac{Ab-v}{c}=0$，$A=v/d$。有

$$m=\frac{Ab-v}{c}=\frac{(v/d)b-v}{c}=\frac{vb-vd}{cd}=bv\frac{b-d}{bcd}=-bv\left(\frac{1}{bc}-\frac{1}{cd}\right),$$

$$n=\frac{ma+v}{b}=\frac{-bv\left(\frac{1}{bc}-\frac{1}{cd}\right)a+v}{b}=av\frac{-ab\left(\frac{1}{bc}-\frac{1}{cd}\right)+1}{ab}=av\left(\frac{1}{ab}-\frac{1}{bc}+\frac{1}{cd}\right)。$$

不整除　如果 v 不能被 d 整除，再进行类似上述的计算。

由此可知，a，b 辗转相除，求出余数 $c,d,e,f,\cdots$。假设某个余数 f 能整除常量 v，可得不定方程的一组解 m 和 n：

$$n=av\left(\frac{1}{ab}-\frac{1}{bc}+\frac{1}{cd}-\frac{1}{de}+\frac{1}{ef}\right),m=-bv\left(\frac{1}{bc}-\frac{1}{cd}+\frac{1}{de}-\frac{1}{ef}\right)。$$

9.2.2　解形如 $Z=ma+p=nb+q$ 的一次同余式组

在此基础上，利用两系数"被 a 和 b 除所得的余数分别是 p 和 q，这里 $a>b$"，欧拉发展成为解形如 $Z=ma+p=nb+q$ 的一次同余式组。

> 欧拉处理这样一个问题，求一个整数 Z，被 a 和 b 除所得的余数分别是 p 和 q，这里 $a>b$，即有 $Z=ma+p=nb+q$。欧拉从第二个方程解，采取了求 a，b 最大公因数的方法，把 a，b 辗转相除，求出一系列余数 $c,d,e,\cdots$，直到某一个余数能整除 $v=p-q$ 为止。从而，欧拉可得
>
> $$Z=q+abv\left(\frac{1}{ab}-\frac{1}{bc}+\frac{1}{cd}-\frac{1}{de}+\cdots\right)。$$
>
> 括号中是一个级数，级数的最后一项取决于能整除 v 的余数。

可能是狄克逊摘录时有所脱漏，作为一个普遍适用的解法，还要两个十分明显的条件：$0<v<[a,b]$ 和当 Z 为负值时，用若干个 $[a,b]$ 减去 Z。$[a,b]$ 表示 a，b 的最小公倍数。

在前面形如 $ma+v=nb$ 的不定方程中，令 $v=p-q$，就得到 $ma+p=nb+q$，可以成为 $Z=ma+p=nb+q$。我们证明如下：

把 $v=p-q$ 和 $n=av\left(\frac{1}{ab}-\frac{1}{bc}+\frac{1}{cd}-\frac{1}{de}+\frac{1}{ef}\right)$ 代入不定方程 $ma+v=nb$，得到

$$ma+p-q=abv\left(\frac{1}{ab}-\frac{1}{bc}+\frac{1}{cd}-\frac{1}{de}+\frac{1}{ef}\right)。$$

记 $Z=ma+p=nb+q$，有

$$Z=q+abv\left(\frac{1}{ab}-\frac{1}{bc}+\frac{1}{cd}-\frac{1}{de}+\frac{1}{ef}\right)。$$

为简化叙述，采用两个数字例子来介绍欧拉的解法。

数例一　为利于比较，选用黄宗宪演算过的秦九韶“推计土功”题，从衍数 3800 和甲定 27 得到乘率 23 的两个互素模 $a=3800, b=27$，即有 $a>b$，$[a,b]=102600$。再任取一数 56789 作 Z 来核算。$56789=14\times3800+3589=2103\times27+8$，于是 $p=3589, q=8$，$v=p-q=3589-8=3581$。用求 a,b 最大公因数的方法，把 a,b 辗转相除，求余数序列：$a\div b=3800\div27$，余 20，令 $c=20$；$b\div c=27\div20$，余 7，令 $d=7$；$c\div d=20\div7$，余 6，令 $e=6$；$d\div e=7\div6$，余 1，令 $f=1$。检查知，余数序列 $c,d,e,f,\cdots$ 中，只有 $f=1$ 能整除 $v=3581$，因此，括号中取 5 项，

$$\begin{aligned}Z&=q+abv\left(\frac{1}{ab}-\frac{1}{bc}+\frac{1}{cd}-\frac{1}{de}+\frac{1}{ef}\right)\\&=8+3800\times27\times3581\left(\frac{1}{3800\times27}-\frac{1}{27\times20}+\frac{1}{20\times7}-\frac{1}{7\times6}+\frac{1}{6\times1}\right)\\&=54434789,\end{aligned}$$

a,b 的最小公倍数是 102600，$54434789-102600\times530=56789$，正是所设的 Z。

数例二　取有公因数 4 的两个模 $a=16, b=12$，即有 $a>b$，$[a,b]=48$。再任取一数 89 作 Z，$89=5\times16+9=6\times12+5$，$p=9, q=5, v=p-q=9-5=4$。把 a,b 辗转相除，求余数序列：$a\div b=16\div12$，余 4；令 $c=4$。检查知，余数序列 c 就能整除 $v=4$，因此，括号中取二项，

$$\begin{aligned}Z&=q+abv\left(\frac{1}{ab}-\frac{1}{bc}\right)\\&=5+16\times12\times4\left(\frac{1}{16\times12}-\frac{1}{12\times4}\right)\\&=-7,\end{aligned}$$

a,b 的最小公倍数是 48，$48\times2-7=89$，正是所设的 Z。此法需要考察 $v=4$ 的整除，说明注意到同余式组的可解条件问题[1]。

9.2.3　两两互素模一次同余式组

文章最后，欧拉用同余概念给出一次同余式组，给出一个法则：

求一个整数，被两两互素的 a,b,c,d,e 除所得的余数分别是 p,q,r,s,t。

答案是 $Ap+Bq+Cr+Ds+Et+Mabcde$。这里

$$A\equiv 0(\mathrm{mod}\ bcde),A\equiv 1(\mathrm{mod}\ a);$$
$$B\equiv 0(\mathrm{mod}\ acde),B\equiv 1(\mathrm{mod}\ b);$$
$$\cdots$$
$$E\equiv 0(\mathrm{mod}\ abcd),E\equiv 1(\mathrm{mod}\ e)。$$

欧拉采用了一般化的表达形式,明确地涉及同余的概念,但模还只停留在两两互素上。

狄克逊根据文献“*Demonstraitive Rechnenkunst*, 132, §1366, §1493”指出,人们一般把这个结果归功于高斯。

我们归纳,1734 年,欧拉以“如果 v 可被 c 整除,我们取 $A=0$,得到一个解”为特征,提出了一个“形式分数的值取 0”方案。

9.3 形式分数的分母值取 1

当前中学教材中采用未知数代换的不定方程整数解法,公认源于 1770 年欧拉的通俗教本《代数》。我们称之为 1770 年欧拉的“形式分数的分母值取 1”方案。

欧拉把原不定方程常数,同步参与两系数的辗转相除,引入新变量,出现形式上的分数,实质上的整数。整理新变量,可以得降系数不定方程。等到出现自然余数 1,形式分数就因分母取 1 而体现整数值,从而体现了整数解。

鉴于狄克逊《数论史》的表述夹叙夹议,我们直接引用文献“*Algebra*, 2, 1770, §4—23;*French Transl.*, *Lyon*, 2, 1774: 5—29; *Opera Omnia*, (1), I: 326—339”(原书所列文献,原格式抄录),但数例记作 $5x=7y+3$。

为全书统一,我们采用“大系数项 ax”约定,先行交换未知数字母,成为 $5y=7x+3$。后继字母,采用带脚注的 x_1, y_1 等替换文中的 z, u 等。这种做法不会影响理解欧拉原意,将来可适用于印度库达卡的研究。

欧拉用了总是以较小数为除数的方法,本质上是紧随着罗尔。对于 $5y=7x+3$,有

$$y=x+\frac{2x+3}{5}。$$

分子必然是 5 的倍数,这样有 $2x+3=5y_1$,

$$x=2y_1+\frac{y_1-3}{2},y_1-3=2x_1。$$

因而,$x=5x_1+6$, $y=7x_1+9$。他表明,这个过程等价于求 5 和 7 最大公约数的过程:

$$7=1\times5+2,\qquad x=1\times y+y_1,$$
$$5=2\times2+1,\qquad y=2\times y_1+x_1,$$
$$2=2\times1+0,\qquad y_1=2\times x_1+3。$$

这个过程等价于求 5 和 7 最大公约数的过程,求出自然余数 1 和余数 0(表 9.1)。这里着重分析引入新变量的作用。

表 9.1　$5y=7x+3$ 的变量分析

辗转相除	商	引入新变量与回代	新变量
$7=5\times1+2$	1	$y=1\times x+\dfrac{2x+3}{5}=x+y_1==(5x_1+6)+(2x_1+3)=7x_1+9$	$y_1=\dfrac{2x+3}{5}$
$5=2\times2+1$	2	$x=2y_1+\dfrac{y_1-3}{2}=2y_1+x_1==2(2x_1+3)+x_1=5x_1+6$	$x_1=\dfrac{y_1-3}{2}$
$2=1\times2+0$	2	$y_1=\dfrac{2x_1+3}{1}=2x_1+3$	

"分子$(2x+3)$必然是 5 的倍数"一语,描述的是形式分数,所说倍数值是 y_1,整数。引入新变量 $y_1(z)$,$y_1=\dfrac{2x+3}{5}$,整理得 $2x+3=5y_1$。

第二次除法 $5=2\times2+1$,得自然余数 1,

$$x=2y_1+\frac{y_1-3}{2}=2y_1+x_1(u),x_1(u)=\frac{y_1-3}{2}。$$

最后余数 0 除法的除数 1,成为形式分数 $y_1=\dfrac{2x_1+3}{1}$的分母,形式分数消失,为整数 $2x_1+3$。

变量分析表中,回代用双等号区分。

以最后引入变量 x_1 作任意整数,得到 $x=5x_1+6$,$y=7x_1+9$,就是 $5y=7x+3$ 的一般解。

9.4　整数解思想

原不定方程的常数,只要随着两系数的辗转相除,除以某一个除数,到某一步,总会出现常数小于除数的情况。

1690 年,罗尔在辗转相除中提出:"用了总是以较小数为除数的方法。"44 年后欧拉沿用此法,"本质上是紧随着罗尔"。

1734 年，欧拉引入新变量，表示形式上的分数，实质上的整数。局部式的形式分数值取 0，导出公式解，这是整数解思想“形式分数值取 0 而消失”方案。

1770 年欧拉把原不定方程常数，同步参与辗转相除，这就出现形式上的分数，实质上的整数，从而引入新变量，帮助推演。两互素系数辗转相除得余数 0 时，局部式的形式分数因分母取余数 0 除法的除数 1，蜕化体现整数，从而体现整数解。这是“形式分数因分母整值 1 而消失”方案。

两套方案的实质是相通的，都建立在余数为 0 的现代辗转相除法基础上。

参考文献

[1] 王翼勋.一次同余式组的欧拉解法和黄宗宪反乘率新术[J].自然科学史研究，1996，15(1)：40—47.

第十章 剩余定理

1881 年，德国学者马蒂生首先指出，4 世纪《孙子算经》物不知数问题的解法和高斯方法一致。此后西方著作中就将上述解法称作中国剩余定理。

我们根据史料记载和内在数理性质，把中国剩余定理划分成以乘率为特征的孙子剩余定理和以伴随数为特征的高斯剩余定理。

最后，我们分析了秦九韶重新独立发现孙子剩余定理的思路。

10.1 起源的探索

人类文明的进展，尤其在古代，是相当重复而不协调的。同一概念或思想可以有分散的发现，也可以有各自的发展。文明不同，研究出发点不同，认识程度不同，描述说法不同，思维重点也会有所不同。要追求历史的真相，只有仔细考核原文、原术、原意。

同余理论是西方文艺复兴之后的产物。哈代[1]说："同余式的理论首先是由高斯系统发展出来的，虽然其中主要的结果已经为像费马和欧拉这样的更早期的数学家已知。"

同余理论传入中国之后，为中国历法史、中国数学史研究提供了锐利的武器。

物不知数题用同余符号表示，上升表述为孙子定理，完全正确。但不能就此而认为 4 世纪的中国人就是利用类似现代同余概念，轻松简捷地导出物不知数题的，因为数字史料不免产生多种解释。

同余理论是把双刃剑，在带给中国历法史、中国数学史研究极大便利的同时，也可能掩盖原始思路[2]。

可以肯定，中国古代没有现代意义的同余式概念。从刘歆直到郭守敬以前，中国历法家并没有用同余理论去推演计算上元积年。与《孙子算经》同一时代的《续汉书・律历志下》向我们提供了满去式的史料，也提供了历法周期齐同的史料。

因此，为避免与现代数论的同余方程概念相混淆，我们提出含有未知数的满去式。求出未知数，就是求解满去式。

前面说过，中国人观察天体运行，以太阳一日行一度，积累数据，形成历数。以太阳一岁行一圈为天度圈。公元前 104 年太初历，落下闳应用了密近简化算法。公元前 7 年的三统历，刘歆计算了上元积年。

公元 4 世纪时物不知数题是试算还是另有算法，我们目前确实缺乏直接史料，只能说其数理环境肯定含有乘率。

剩余定理在不定分析史上占有极重要的地位，相关解法的原则反映在插入理论、代数理论及算子理论（泛函分析）之中，在计算器的设计中也有重要的应用。

天象观测呼唤数学，推动数学。可能以乘率为特征的孙子剩余定理和以伴随数为特征的高斯剩余定理，都受历法编制的刺激而产生，在各自的文明背景中成长，却是同一个数学现象单一同余式上的奇葩和硕果，都能反过来深化人们对天象的认识。

10.2 高斯剩余定理

同余理论是文艺复兴时期的产物。1801 年高斯《算术研究》系统发展同余理论，其中一些主要的结果，已经为像费马和欧拉这样更早期的数学家所知。

10.2.1　剩余定理的背景

西方在 16 世纪以前采用的儒略历，由古罗马统治者儒略・西泽采纳天文学家索西琴尼的意见，制定于公元前 46 年。西泽的侄子奥古斯都，在公元前 8 年又做了调整。16 世纪后期，罗马教皇格雷果里十三世加以修订，于 1582 年颁行，形成今天全世界通用的公历。

高斯文中提到的儒略年与儒略历不同，另指儒略日计日法，现代天文学用来计算年代相隔久远或不同历法的两事件之间所隔的日数。1583 年，法国学者 Scaliger，Joseph Justus (1540—1609)创立计日法，取名儒略，是为了纪念其父亲——意大利学者 Scaliger，Julius Caesar (1484—1558)。

儒略日起点，规定在公元前 4713 年（天文学上记为 −4712 年）1 月 1 日格林威治时间平午（世界时 12:00）。每天一个唯一序数，顺数而下。例如：1996 年 1 月 1 日 12:00:00 的儒略日是 2450084。

高斯所提到的年序学观察示意图（图 10.1），以小纪（A）、黄金数（B）和太阳循环周期（C）三个周期，分别度量起点到观察者测点的总时间段。三个周期的乘积 $15\times19\times28=7980$ 年为儒略周期。

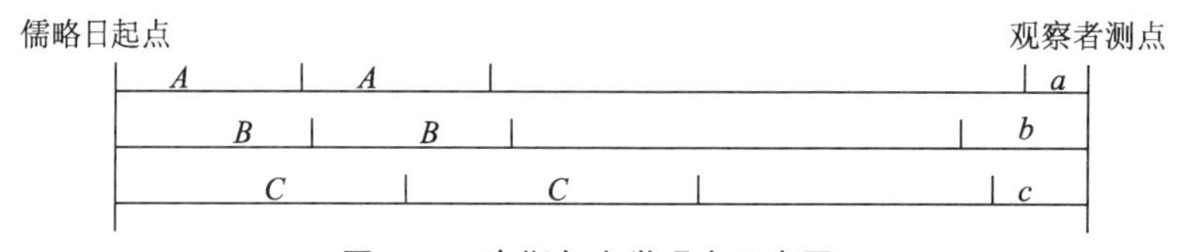

图 10.1 高斯年序学观察示意图

小纪(indiction cycle)15 年(A):古罗马皇帝君士坦丁一世(Constantine, Ⅰ)颁布,每 15 年评定财产价值以供课税,成为古罗马用的一个纪元单位。

黄金数(golden number)19 年(B),太阴周期,或称默冬章(Metonic cycle):经过一太阴周期 19 年,阴历月年的日序重复,就是 235 朔望月=19 回归年。

太阳循环周期(solar cycle)28 年(C):经过一太阳循环周期 28 年,星期的序与年的日序重复,就是 365.25 日×28=10227 日=7×1461 日,有 1461 个星期。

年序学观测中,保持小纪 15(A)、黄金数 19(B)和太阳循环周期 28(C)三周期固定不变,对儒略日起点到观察者所测某点的时间段(z)进行不同次观测,得到的余数 a, b, c 值不同,有 $z \equiv a \pmod A \equiv b \pmod B \equiv c \pmod C$。因模 15,19 和 28 固定,两两互素,直接相乘得固定总模 7980。后续一系列 α, β, γ 值等,也都固定。如同高斯所说:“α 就是 6916。采用同样方法,我们求得 β 为 4200,γ 为 4845,我们所求的数是 $6916a+4200b+4845c$ 的最小余数。”这样,每次计算不必从头开始,只需把余数 a, b, c 填入 $6916a+4200b+4845c$,再对总模 7980 取余数,就解出最小正整数解了。

这就极大地减轻了历法家的计算,高斯称之为“模板”。

一次同余式组问题中,非两两互素模的处理是个极大的难题。注意,模 15,19 和 28 只有两两互素,才能直接相乘得总模。

10.2.2 式演化思想

没有伴随数就无法组织总余数,还只是表面现象。深层次的原因是,伴随数需要照顾从条件同余式到结论同余式的整体演化,源于与同解方程、同解不等式思想一脉相承的式整体演化的大背景。

《算术研究》处理同余式,有三条作用极重要的性质,都显示式演化的思想。

第 29 节涉及整除性质,当系数 a 为模 δ 的倍数时,同余式左侧乘积项与 0 同余:

因 δ 整除 a,$ax \equiv 0 \pmod \delta$。

第 31 节第 2 条性质,论述同余式约去三项的最大公约数:

$b\delta x \equiv a\delta \pmod{c\delta}$ 和 $bx \equiv a \pmod c$ 等价。

第 31 节第 3 条性质,论述约去系数和常数两项的最大公约数,是需要条件的:

当 k 和 c 互素时,$bkx \equiv ak \pmod c$ 和 $bx \equiv a \pmod c$ 等价。

《算术研究》第 32 节提出模不互素的一次同余式组,“求出所有的数,它们对于任何数量的已知模具有已知余数”。从模不互素(双式)子同余式组的解法,推广到多式解法。

指导思想是，任取两个同余式，组成同余式组，解出值。再吸纳第三个同余式，组成新的模不互素（双式）子同余式组。经过 $n-1$ 次处理，组成 n 个同余式的一次同余式组。最后一次（双、多式）子同余式组的解，就是整个同余式组的解。高斯指出，这个过程中，要求模两两互素，问题就能方便解决。

第 33 节预言，模两两互素，可以产生更令人满意和一流的方法，指第 36 节剩余定理。

经过大量准备工作，到第 36 节中，高斯十分欣赏得到的剩余定理，书中再次强调："当所有的模 A,B,C,D 等两两互素时，使用下列方法通常更为优越。"在计算数 α 需要"用 BCD 等所乘"之后，高斯又补充一个注："参见第 32 节"，强调各模必须两两互素，以便用最小公倍数就求出总模。

10.2.3 剩余定理的原文

《算术研究》第 36 节针对单个原模 A，论述数 α 的定义。以 B,C,D 等字样，表示论及其他模。涉及年序学的数例则只提三个模，我们不再处处说明了。原文是：

> 当所有的模 A,B,C,D 等两两互素时，使用下列方法通常更为优越。确定一个数 α，相对于模 A 与 1 同余，相对于其他模的乘积与 0 同余。这就是说，α 是由式子 $1/BCD$ 等 $(\mathrm{mod}\ A)$ 的一个值（最好是最小值），用 BCD 等所乘（参见第 32 节）。类似地，令 $\beta\equiv1(\mathrm{mod}\ B)$ 和 $\equiv0(\mathrm{mod}\ ACD\ \text{etc.})$，$\gamma\equiv1(\mathrm{mod}\ C)$ 和 $\equiv0(\mathrm{mod}\ ABD\ \text{etc.})$，等等。于是，如果我们要寻找 z，它与分别相对于模 A,B,C,D 等的余数 a,b,c,d 等同余，我们能够记作
>
> $$z\equiv\alpha a+\beta b+\gamma c+\delta d\ \text{etc.}\ (\mathrm{mod}\ ABCD\ \text{etc.})。$$
>
> 显然，$\alpha a\equiv a(\mathrm{mod}\ A)$，并且其余的 $\beta b,\gamma c$ 等都 $\equiv0(\mathrm{mod}\ A)$，所以 $z\equiv a(\mathrm{mod}\ A)$。同样的论证对其他模也成立。当我们要解更多的同类型问题，对模值不变的 A,B,C,D 等，值 α,β,γ 等具有恒值时，这种解作为模板是个首选。这个用法起源于年序学问题，在确定儒略年时的小纪、黄金数和太阳循环周期为已知。这里 $A=15,B=19,C=28$，所以，因式子 $1/(19\times28)(\mathrm{mod}\ 15)$ 或 $1/532(\mathrm{mod}\ 15)$ 的值是 13，α 就是 6916。采用同样方法，我们求得 β 为 4200，γ 为 4845，我们所求的数是 $6916a+4200b+4845c$ 的最小余数。这里 A 是小纪，B 是黄金数，C 是太阳循环周期。

第 36 节的要点是，一个数 z 与分别相对于模 A,B,C,D 等的余数 a,b,c,d 等同余。需要对每个原余数 a,b,c,d 等各伴随一个特殊的数 $\alpha,\beta,\gamma,\delta$ 等，相加成形如 $\alpha a+\beta b+\gamma c+\delta d$ 的总余数。这样，所寻找的 z，与相对于原模 A,B,C,D 的各余数 a,b,c,d 同余，也与相对于总模 $ABCD$ 的总余数 $\alpha a+\beta b+\gamma c+\delta d$ 同余。而原模 A,B,C,D 两两互素，保证直接相乘得到总模 $ABCD$。

我们称 α,β 等特殊数为伴随数，从而称之为以伴随数为特征的剩余定理。

依照现代数论教科书习惯，可表达如下：

剩余定理 寻找 z，它与分别相对于两两互素模 A,B,C,D 等的余数 a,b,c,d 等同余，即有一次同余式组

$$z\equiv a \pmod A\equiv b \pmod B\equiv c \pmod C\equiv d \pmod D。$$

如果有如下数：

$$\alpha\equiv 1 \pmod A\equiv 0 \pmod B\equiv 0 \pmod C\equiv 0 \pmod D,$$

$$\beta\equiv 0 \pmod A\equiv 1 \pmod B\equiv 0 \pmod C\equiv 0 \pmod D,$$

$$\gamma\equiv 0 \pmod A\equiv 0 \pmod B\equiv 1 \pmod C\equiv 0 \pmod D,$$

$$\delta\equiv 0 \pmod A\equiv 0 \pmod B\equiv 0 \pmod C\equiv 1 \pmod D,$$

其中 α 的值是由相关同余式

$$(BCD\text{ 等})x\equiv 1 \pmod A$$

的一个解（最好是最小值），再用 BCD 等所乘得。我们有

$$z\equiv \alpha a+\beta b+\gamma c+\delta d\text{ 等}(\bmod ABCD\text{ 等})。$$

我们关注的重点在于：高斯对剩余定理究竟说了些什么，并且是怎样说的。

第 36 节叙述篇幅不长，内容丰富。大量准备工作则安排在 36 节之前。

《算术研究》第 31 节中介绍了一种同余式根的标识方法：

> 以方程 $ax=b$ 的解能够表示为 b/a，同样，我们会用 b/a 指明同余式 $ax\equiv b$ 的根，并把它与同余的模放在一起加以标识。这样，例如，$19/17 \pmod{12}$ 记任何数 $\equiv 11 \pmod{12}$。

在讨论一元一次方程 $17x=19$ 的根时，可以不解出具体值，只标识相关数据，如记 $x=19/17$，就能指出这个根了。在讨论同余式的根时，也就不具体解出值，只标识系数、常数，连同相关模就可以了。

例如，同余式 $17x\equiv 19 \pmod{12}$ 的解，标识成 $19/17 \pmod{12}$。当然，真正的值还是要另行计算的。

在第 36 节中，用到三次根标识，列表以供对照（表 10.1）：

表 10.1 根标识对照表

根的标识方法	$1/BCD \pmod A$	$1/(19\times 28) \pmod{15}$	$1/532 \pmod{15}$
同余式的记法	$BCDx\equiv 1 \pmod A$	$(19\times 28)x\equiv 1 \pmod{15}$	$532x\equiv 1 \pmod{15}$

10.2.4 伴随数论证

论证过程中，以单个原模 A 为代表。透彻分析后，再推广到 B,C,D 等原模。

伴随数 α 的定义：假定 A 为本模，“确定一个数 α，相对于模 A 与 1 同余，相对于其他模的乘积与 0 同余”，可表示为：

$$\alpha \equiv 1 \pmod A \equiv 0 \pmod B \equiv 0 \pmod C \equiv 0 \pmod D。$$

伴随数的值"α 是由式子 $1/BCD$ 等(mod A)的一个值(最好是最小值),用 BCD 等所乘"。式子 $1/BCD$ 等(mod A)相当于现今我们熟悉的同余式:

$$(BCD\ 等)x \equiv 1 \pmod A。$$

满足这个同余式的任何"一个值",都使左侧的(BCD 等)x,对于模 A,与 1 同余。这些值中,当然"最好是最小值"。

再看所乘的项"BCD 等",保证伴随数 α 内含所有因子,能整除 B,C,D 等中任一个,与 0 同余,符合定义所说"相对于其他模的乘积与 0 同余",即:

$$\alpha \equiv 0 \pmod B \equiv 0 \pmod C \equiv 0 \pmod D。$$

最后看两项的乘积。构成的乘积 α 是新同余式

$$(BCD\ 等)x \equiv BCD\ 等 \pmod A$$

的解,即系数(BCD 等)与模 A 互素,新同余式约去系数和常数的最大公约数(BCD 等):

$$\alpha \equiv 1 \pmod A,$$

对原模 A,伴随数 α 满足:

$$\alpha \equiv 1 \pmod A \equiv 0 \pmod B \equiv 0 \pmod C \equiv 0 \pmod D。$$

最后,推广到 B,C,D 等一般情况,"同样的论证对其他模也成立"。

10.2.5　同余式求解

文中提到"式子 $1/BCD$ 等(mod A)的一个值",即 $1/(19\times 28)$(mod 15)或 $1/532$(mod 15),相当于现今熟悉的同余式$(19\times 28)x \equiv 1 \pmod{15}$或 $532x \equiv 1 \pmod{15}$。

它的求解,应用《算术研究》第 30 节介绍过的同余性质解法。

(ⅰ)**整除性质**　拆分系数成带余除法:$(35\times 15+7)x \equiv 1 \pmod{15}$。根据第 29 节整除性质,删除 $35\times 15x \equiv 0 \pmod{15}$,留下 $7x \equiv 1 \pmod{15}$。

(ⅱ)**寻找系数的倍数**　在相对于模 15,而与 1 同余的诸多数…,1,16,31,46,61,76,91,…中,找到系数 7 的 13 倍数 91,$7x \equiv 91 \pmod{15}$。

(ⅲ)**系数与常数的约简**　根据第 31 节同余性质 3,因 7 与 15 互素,同余号两边 7 和 91 可同时除以 7,得 $x \equiv 13 \pmod{15}$。

所以有"式子 $1/(19\times 28)$(mod 15)或 $1/532$(mod 15)的值是 13"。

最后交代一句,"α 是由式子 $1/BCD$ 等(mod A)的一个值(最好是最小值),用 BCD 等所乘(参见第 32 节)"中,所谓"参见第 32 节"的含义。我们观察第 32 节结尾的英译文:

> 我们观察到 AB/δ,ABC/δ 分别是数 A,B 和 A,B,C 的最小公倍数,容易确立,不管多少模,如 A,B,C 等,如果它们的最小公倍数是 M,全部解就具有形式 $z \equiv r \pmod M$。但当辅助同余式中没有一个可解时,我们的结论是这个问题含有不可能性。但显然当数 A,B,C 等两两互素时,这不可能发生。

此外,第 32 节中还暴露出,相对于不同原模的不同余数是很难处理的。

因此,这一条注仅仅意味着,为了使“用 *BCD* 等所乘”有意义,必须要求模 *BCD* 两两互素,以便用最小公倍数就求出总模。

10.3 孙子剩余定理

10.3.1 物不知数题原文

公元 4 世纪《孙子算经》的物不知数题,原文是:

> 今有物不知其数,三三数之剩二,五五数之剩三,七七数之剩二。问物几何?
>
> 答曰:二十三。
>
> 术曰:三三数之剩二,置一百四十;五五数之剩三,置六十三;七七数之剩二,置三十。并之,得二百三十三,以二百一十减之,即得。凡三三数之剩一,则置七十;五五数之剩一,则置二十一;七七数之剩一,则置十五。一百六以上,以一百五减之,即得。

由此而提炼归纳出的定理,一般称作孙子剩余定理,世称中国剩余定理[3]。

古代民间长期流传着类似的数学游戏,名称很多,如隔墙算、翦管术、秦王暗点兵、韩信点兵、鬼谷算等。

1592 年,明代数学家程大位《算法统宗》一书所载孙子歌,远渡重洋,输入日本,以口诀形式介绍了 70,21 和 15 三个数字的妙用:

> 三人同行七十稀,五树梅花廿一枝,七子团圆正月半,除百令五便得知。

1881 年,德国学者马蒂生首先指出,4 世纪《孙子算经》物不知数问题的解法和高斯方法一致。此后西方著作中就将上述解法称作中国剩余定理。

10.3.2 物不知数题在西方的历程

中国不定分析史料在西方的历程是数学史上一个重要的课题[4]。

李俨[5]最早简略提及马蒂生、康托、三上义夫和赫师慎的工作。

近年,杨琼茹[6]详尽收集东西方相关史料,增加了朝鲜数学家庆善征(1616—?)、黄胤锡(1729—1791)的内容,有力地推动了这个课题的研究。

在欧洲,和秦九韶同时代的意大利数学家斐波那契[7],在《计算之书》(1202 年)中给出了两个一次同余问题,从形式到数据,都和物不知数题相仿。

1734 年,欧拉研究了不定方程和一次同余式组的解法。

1801 年,高斯写下《算术研究》,完善了同余理论。

秦九韶解一次同余式组的大衍求一术为西方学者所理解,并不是一件容易的事。

19 世纪上半叶以前,西方学者对中国数学知之甚少。

法国著名数学史家蒙图克拉(Montucla,J. E., 1725—1799),在其数学史经典著作《数学史》第一卷第二部分第四章,专论中国数学史。蒙图克拉所能见到的,只有18世纪来华耶稣会士宋君荣(Gaubil,A.,1689—1759)等关于中国天文学的著述。此章虽名为"中国数学史",实际上主要是对中国天文学的介绍。此后半个世纪,蒙图克拉的著作以及耶稣会士的有关著述,成了西方学者了解中国数学的主要文献。

1839年3月毕瓯(Biot,E.,1803—1850)在《亚洲杂志》(*Journal Asiatique*)上发表了十二卷本《算法统宗全书总目》。在卷五最后,毕瓯介绍了《孙子算经》的物不知数题,但没有给出解法。

1852年英国传教士伟烈亚力[8](Wylie,A., 1815—1887)为纠正西方学者的错误看法,在上海英文周报《北华捷报》上发表中国数学科学札记,用秦九韶大衍术介绍《孙子算经》物不知数题解法(表10.2),但未能具体介绍求乘率的求一术。

表10.2　解物不知数题

定数 a_i	3	5	7
衍母 M	$3\times5\times7$		
衍数 G_i	35	21	15
奇数 g_i	2	1	1
乘率 k_i	2	1	1
用数 k_iG_i	70	21	15
余数 R_i	2	3	2
所求数	$N=70\times2+21\times3+15\times2-3\times5\times7\times2=23$		

解法中,两个奇都是1,直接取乘率。另一个奇为2,伟烈亚力只介绍说:"然后将这个大于1的奇用于一个称作'求一'的辅助过程:衍母和奇辗转相除,直到余数化为1。本例中得数为2,即为乘率。"但根本没有说清乘率是怎样求得的。

伟烈亚力又全文翻译了《数书九章》大衍类第1题蓍卦发微的解法,不过同样没有交代求乘率的方法。除翻译古历会积、余米推数两题题文外,泛泛介绍了其他题目。

此外,伟烈亚力误认为,一行最早应用大衍术于《大衍历》,导致谬种流传。

德国学者毕尔那茨基(Biernatzki,K. L.)在柏林偶然看到了伟烈亚力的论文,将其译为德文,但做了许多改动,于1856年以中国之算术为题发表。

1874年,德国数学家马蒂生[9](Mathiessen,L.,1830—1906)在给康托的一封信里,纠正了毕尔那茨基的错误,并证明:中国的大衍术与德国大数学家高斯的解法是等价的。

1881年,马蒂生又撰文论述大衍术,以现代记号表示剩余问题的解法(表10.3)。马蒂生给出高斯解法,说明它与中国解法的一致性,并指出其中的α,β和γ,即为秦九韶的

"用数"。

文中介绍了物不知数题(表 10.3)。

表 10.3 物不知数题解法

定母	余数	除法	乘率	用数
$m_1=3$	$r_1=2$	$5\times7\times k_1\equiv1 \pmod 3$	$k_1=2$	$5\times7\times k_1=70$
$m_2=5$	$r_2=3$	$3\times7\times k_2\equiv1 \pmod 5$	$k_2=1$	$3\times7\times k_2=21$
$m_3=7$	$r_3=2$	$3\times5\times k_3\equiv1 \pmod 7$	$k_3=1$	$3\times5\times k_3=15$

$$N=2\times2\times5\times7+3\times1\times3\times7+2\times1\times3\times5-3\times5\times7n=233-105n。$$

由于马蒂生只看过毕尔那茨基的译文,而无任何其他文献可依,因此,他错误地把秦九韶当成是公元 4 世纪《孙子算经》和唐开元十七年(公元 729 年)《大衍历》的注者。

一个德国学者马蒂生,在他那个年代,利用 1801 年的高斯《算术研究》,分析 1247 年的秦九韶大衍总数术,求解 4 世纪《孙子算经》的物不知数题,时空跨度巨大。这位东西方不定分析史研究的先驱,开垦草莽,居功至伟,更鞭策今天的人们研究秦九韶、高斯原文、原术、原意,挖掘历法史料,深入东西方比较数学史的广阔领域中去。

10.3.4 以奇入算

同余理论是由高斯在 1801 年《算术研究》中系统发展出来的。

现代数论教科书[10]上有这样的评论,讲述同余式 $a\equiv c \pmod b$ 与带余除法 $a=mb+c$ 的等价关系,能帮助我们在现代数论背景下理解中国古代的以奇入算。现摘录如下:

> 同余按其词意来说,就是余数相同。我们知道,若带余除法 $a=mb+c$ 成立,那么在讨论一个 a 的多项式被 b 去除的问题时,c 与 a 是一样的,即 a 可用 c 代替,而其中的部分商 m 不起作用。同余式符号 $a\equiv c \pmod b$ 正是抓住了这一关键,在上面的除法算式中去掉了 m,保留了 c,突出了 c 与 a 在讨论被整除的问题中两者起的相同作用。

所以说,以奇入算在传统历法整数论中的地位,无论怎样评价都不会为过。

以解 $19x\equiv1 \pmod 2$ 为例。系数 19 关于模 2 取余数得 1:$(2\times9+1)x\equiv1 \pmod 2$。

高斯的解释是,拆成两个关于模 2 的同余式。其中一个,当系数 a 为模 δ 的倍数时,由整除性质,"因 δ 整除 a,$ax\equiv0 \pmod \delta$",有 $2\times9x\equiv0 \pmod 2$。于是留下另一个同余式 $x\equiv1 \pmod 2$。

如果用中国传统不定分析处理这个具体数例,直接关注系数 19 除以 2 的余数 1,得到 $x\equiv1 \pmod 2$。这就是以奇余代原数入算的原理。

秦九韶大衍求一术的预备性操作,"诸衍数,各满定母去之,不满曰奇。以奇与定,用大衍求一入之,以求乘率",就是一种以奇入算。

东西方数学家从不同的角度观察同一个数学现象，所提出的两个处理说法在数理上是等价的。

10.4　秦九韶的重新发现

10.4.1　用数计算

沿着1881年马蒂生走过的路，我们分别用1801年高斯和1247年秦九韶的方法，试算公元4世纪的物不知数题，观察所出现的伴随数与用数，加深理解。

用高斯剩余定理，写成一次同余式组：

$$z\equiv 2(\bmod 3)\equiv 3(\bmod 5)\equiv 2(\bmod 7)。$$

关键一步，就是轮流以$A=3$，$B=5$，$C=7$为模，构造常数1同余式，以"(BCD等)$x\equiv 1(\bmod A)$的一个解(最好是最小值)"，再用BCD等其他模所乘，求出相应伴随数：

构造$5\times 7x_1\equiv 1(\bmod 3)$，解出$x_1=2$。再乘以$5\times 7$，$\alpha$就是70。

构造$3\times 7x_2\equiv 1(\bmod 5)$，解出$x_2=1$。再乘以$3\times 7$，$\beta$就是21。

构造$3\times 5x_3\equiv 1(\bmod 7)$，解出$x_3=1$。再乘以$3\times 5$，$\gamma$就是15。

求总模$3\times 5\times 7=105$后，才用余数$a=2$，$b=3$，$c=2$代入$z\equiv\alpha a+\beta b+\gamma c+\delta d$等($\bmod ABCD$等)，有

$$z=70(\alpha)\times 2(\text{余数})+21(\beta)\times 3(\text{余数})+15(\gamma)\times 2(\text{余数})=233，$$

$$z=233-2\times 105=23。$$

于是，物不知数题可表示成表10.4。

大衍总数术一般处理非两两互素模题。解物不知数题，相当于解两两互素模的余米推数题。以表格形式表达，三项称为甲、乙、丙。所附数学史界通用字母符号，仅供检索。其中，衍数记$G_i=\dfrac{M}{a_i}$，以p记任意整数，最小正整数解为$N=\sum\limits_{i=1}^{n}R_ik_i\dfrac{M}{a_i}-pM$。

表10.4　大衍总数术解物不知数题

秦九韶大衍总数术原文	量的演化	甲	乙	丙
	定数a_i	3	5	7
	余数R_i	2	3	2
以定相乘为衍母	衍母M	105		
以各定约衍母，各得衍数	衍数G_i	35	21	15
诸衍数，各满定母去之，不满曰奇	奇数g_i	2	1	1
以奇与定，用大衍求一入之，以求乘率	乘率k_i	2	1	1

续表

秦九韶大衍总数术原文	量的演化	甲	乙	丙
置各乘率,对乘衍数,得用	用数 k_iG_i	$2\times35=70$	$1\times21=21$	$1\times15=15$
其余各乘正用,为各总	各总 $k_iG_iR_i$	$2\times70=140$	$3\times21=63$	$2\times15=30$
并总	总数 $\sum_{i=1}^{n}k_iG_iR_i$	$140+63+30=233$		
满衍母去之,不满为所求率数	解 N	$233-2\times105=23$		

乙、丙项奇数为1,乘率径自为1。甲乘率的计算,以衍数 $5\times7=35$ 和定数3先求出奇数2,再与定数3入大衍求一术。下面算图(图10.2)右上得1时,检视左上2,就是乘率。

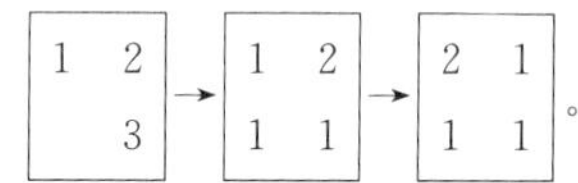

图10.2 大衍求一术算乘率示意图

同样的数值70,21,15,到高斯解法中体现 α,β 和 γ 伴随数概念,到秦九韶大衍总数术导致"用数"概念,到明代孙子歌中成了口诀:"三人同行七十稀,五树梅花廿一枝,七子团圆正月半,除百令五便得知。"

10.4.2 依赖关系与乘率

借助人们比较熟悉的常数1不定方程,能够简捷明了地观察常数1同余式的种子作用。

假定形如 $ak-bj=1$ 的常数1不定方程,符合可解条件,约定 a 不小于 b。未知数特记为 k 和 j,解为 $k=x_0$ 和 $j=y_0$。

常数1不定方程乘正整数 c,得 $c\times ak-c\times bj=c\times1$。与之比较,其他项完全相同的、常数 c 非1不定方程 $ax-by=c$,解为 $x=ck=cx_0$ 和 $y=cj=cy_0$。

符合可解条件的,系数与模完全相同、仅仅常数值不同的所有一次同余式中,只有一个的常数,能取单位1。在理论分析与计算实践中具有极重要作用,特命名为单一同余式。

单一同余式未知数特地用 k,记作 $ak\equiv1(\bmod b)$,约定 a 不小于 b。

其他项完全相同的常数 c 非1的同余式,记作 $ax\equiv c(\bmod b)$。

同余式 $ak\equiv1(\bmod b)$ 等价于常数1不定方程 $ak-bj=1$。立即可知,非单位1同余式 $ax\equiv c(\bmod b)$ 的解就是 $x=ck$,源于单一同余式 $ak\equiv1(\bmod b)$ 解出的 k 乘常数 c。

单一同余式这个茎秆一枝,会引出东西方不定分析史上花开两朵的并蒂莲。

高斯在《算术研究》第27节中,关注解 k 的来源式,描述为对单一同余式的依赖:

现在需要增加解同余式方法的细节。我们首先观察形如 $ax+t\equiv u$ 的同余式，这个同余式是依赖于 $ax\equiv\pm 1$ 的，这里假定它的模对于 a 互素，因为如果 $x\equiv r$ 满足后者，则有 $x\equiv\pm(u-t)r$ 会满足前者。

这里，高斯以正负号照顾到 t，u 的大小。

中国传统数学关注单一同余式的解 k，因后续要用来乘，命名这个特定量为乘率。当然，这里只是理论上的分析说明，中国古代没有现代意义的一次同余式概念。

10.4.3　剩余定理的重新独立发现

一次同余式组，由若干个同余式组合发展而成。原模两两互素，是最简单的一种情况。这些原模需要综合处理，方案之一就是轮流作当前模，恰当地组织单一同余式。

我们在前面演算基础上，挖掘物不知数题中两两互素模 3，5，7 的作用。

例如，以 3 作当前模，$5\times 7=35$ 作系数，可组织单一同余式，35 与 3 互素，35 不小于 3：

$$35x_1\equiv 1(\mathrm{mod}\ 3),\tag{1}$$

最小正整数解 $x_1=2$。系数与模完全相同，常数改取非单位 1 的 $c=5\times 7=35$，形成同余式：

$$35x_2\equiv c(\mathrm{mod}\ 3)。\tag{2}$$

非单位 1 同余式(2)的解就是 $x_2=x_1c=2c=2\times 5\times 7=70$。

伴随数的计算，利用式(2)对式(1)的依赖关系，所引出伴随数 $\alpha=2c=70$，由两项所乘：单一同余式 $35x_1\equiv 1(\mathrm{mod}\ 3)$ 最小正整数解 2，“用 BCD 等(5×7)所乘”。伴随数定义着眼于条件式到结论式的整体演化：

$$z\equiv a(\mathrm{mod}\ A)\equiv b(\mathrm{mod}\ B)\equiv c(\mathrm{mod}\ C)\equiv d(\mathrm{mod}\ D),$$

$$z\equiv\alpha a+\beta b+\gamma c+\delta d\ 等(\mathrm{mod}\ ABCD\ 等)。$$

前面分析过，伴随数在思维上有很高的要求。

如果说，高斯轮流利用两两互素原模构造单一同余式，再找到各个伴随数，费尽周折，曲径通幽，觅得剩余定理的话，那么，就解余米推数题这类两两互素模题而言，秦九韶十分幸运，走上了通幽快捷方式。

单一同余式一枝茎秆上的两朵奇葩，结出了两枚等价的硕果。

大衍总数术按照量的逐级演化思想，把各个单独模齐同得总模，称衍母。约定“诸衍数，各满定母去之，不满曰奇”，先以衍数 35 满去定数 3，求奇数 2。再“以奇与定，用大衍求一入之”，求乘率 2。算用数：2(乘率)×35(衍数)=70(用数)。再算各总：70(用数)×2(余数)=140(各总)。

就在考虑总余数这个高斯煞费苦心的环节上，554 年前的秦九韶竟会毫无障碍地把各总相加，“并总”已经得到解。再“满衍母去之，不满为所求率数”，得到最小正整数解。

我们不能不感慨：存在乘率概念的数理环境中，量的逐级演化思想，可能导致秦九韶重新独立发现剩余定理。

近百年来,中国数学史界一直思索:为什么《数书九章》中只提到《九章算术》,从来不提《孙子算经》?我们以为,有可能就是这个原因。

10.5 剩余定理新证明

对两两互素模的中国剩余定理,高德纳给出两个新证明[11],转录如下:

定理(中国剩余定理) 设 $m_1,m_2,\cdots,m_r$ 是两两互素的正整数,即

$$m_j \text{ 与 } m_k \text{ 互素,当 } j\neq k \text{ 时。} \tag{1}$$

设 $m=m_1m_2\cdots m_r$,并设 $a,u_1,u_2,\cdots,u_r$ 是整数。于是恰有一个整数 u,它满足

$$a\leqslant u<a+m,\text{及 } u\equiv u_j(\bmod m_j),\text{对于 } 1\leqslant j\leqslant r\text{。} \tag{2}$$

证明 如果对于 $1\leqslant j\leqslant r$,$u\equiv v$,则对于所有 j,$u-v$ 是 m_j 的倍数,所以(1)意味着 $u-v$是 $m=m_1m_2\cdots m_r$ 的倍数。这证明了(2)至多有一个解。为完成证明,我们还须证明至少有一个解,而这可以用两个简单方法得出:

方法("非构造性"证明) 当 u 跑遍 m 个不同值 $a\leqslant u<a+m$ 时,r 元组($u \bmod m_1,\cdots,u \bmod m_r$)必然也跑遍 m 个不同的值,因为(2)至多有一个解。但恰巧有 $m_1m_2\cdots m_r$ 种可能的 r 元组($v_1v_2\cdots v_r$)使得 $0\leqslant v_j<m_j$。因此每个 r 元组恰出现一次,而且必然有 n 的某值使($u \bmod m_1,\cdots,u \bmod m_r$)=($u_1,\cdots,u_r$)。

方法 2("构造性"的证明) 我们可能找数 $m_j\equiv 0$,使得

$$m_j\equiv 1(\bmod m_j)\text{和 } m_j\equiv 0(\bmod m_k),\text{对于 } k\neq j\text{。} \tag{3}$$

这是由于(1)意味着 m_j 与 m/m_j 互素而得出的,所以欧拉定理可以取

$$M_j=(m/m_j)^{\varphi(m_j)}\text{。} \tag{4}$$

现在数

$$u=a+(u_1M_1+u_2M_2+\cdots+u_rM_r-a)(\bmod m) \tag{5}$$

满足(2)的所有条件。

第一个证明是经典的,它仅仅依赖于一些非常简单的概念,即以下的事实:

(ⅰ)任何 $m_1,m_2,\cdots$ 和 m_r 的倍数的数,当诸 m_j 两两互素时,必是 $m_1m_2\cdots m_r$ 的倍数;

(ⅱ)如果 m 只鸽子放入 m 个鸽巢当中而且没有两只鸽子同在一个鸽巢中,则在每个鸽巢中必然有一只鸽子。

按照数学的美学传统思想,这毫无疑问是中国剩余定理最漂亮的证明。但从计算观点看,它是毫无价值的!这等于说,"试验 $u=a,a+1,\cdots$ 直到你发现一个值,使得 $u\equiv u_1(\bmod m_1)$,$\cdots,u\equiv u_r(\bmod m_r)$"。

中国剩余定理的第二个证明是更为明显的,它说明怎样计算 r 个新的常数 $M_1,\cdots,$

M_r，并且借助于这些常数通过公式(5)而得到解。这个证明使用了更复杂的一些概念(如欧拉定理)，但从计算的观点看，它是更为令人满意的，仅仅需要确定一次。另一方面，通过等式(4)确定 M_j 肯定不是轻而易举的，因为一般来说，欧拉 φ 函数的计算要求把 M_j 分解成素因子的乘方。比起使用(4)，有好得多的方法来计算 M_j。在这方面我们可以再次看到数学的优美性和计算的有效性之间的区别。但即使我们通过最好的方法来求得 M_j，我们仍然受阻于这样一个事实，即 M_j 是巨大的数 m/m_j 的一个倍数。因此，(5)迫使我们进行大量高精度的计算，而这样的计算恰恰是我们首先希望通过模算术来加以避免的。

参考文献

[1] 哈代，赖特.数论导引[M].张明尧，张凡，译.北京：人民邮电出版社，2008:62.

[2] 王翼勋.开禧历上元积年的计算[J].天文学报，2007(1):93—105.

[3] 李文林，袁向东.中国剩余定理[C]//自然科学史研究所.中国古代科技成就.北京：中国青年出版社，1978.

[4] 白尚恕.大衍术与欧洲的不定分析[C]//吴文俊.秦九韶与数书九章.北京：北京师范大学出版社，1987:209—313.

[5] 李俨.大衍求一术之过去与未来[C]//李俨.中算史论丛(一).北京：科学出版社，1955:60—121.

[6] 杨琼茹.中国剩余定理[J].HPM通讯，2000,4(1):2—10.

[7] Libbrecht U. *Chinese Mathematics in the Thirteenth Century*[M]. London: The MIT Press, 1973: 268—271, 310—328.

[8] 汪晓勤.大衍求一术在西方的历程[J].自然科学史研究，1999,18(3):222—233.

[9] Matthiessen L. *Ueber das sogenannte Restproblem in den chinesischen Werken Swanking von Suntsze und Tayen lei schu von Yihhing*[J]. Journal fur die Reine und Angewandte Mathematik, 1881, 91: 254—261.

[10] 潘承洞，潘承彪.初等数论[M].北京：北京大学出版社，1992:97—102.

[11] 高德纳.计算机程序设计艺术：半数值算法[M].3版.苏运霖，译.北京：国防工业出版社，2002:303.

第十一章 整数对现象

两个整数辗转相除，除数个数的累积统计值构成整数对现象。

受天象观察、历法研究的刺激，一代代数学家深掘整数对现象宝藏，设计算法。出于文明的不同、研究出发点的不同、认识程度的不同、演算工具的不同，会有多种叙述形式。

不定方程、同余式、连分数这三棵"参天大树"都扎根在整数对现象的肥沃土壤之中。

11.1 整数对

两个正整数 a，b，不必互素，a 不小于 b。两个正整数含有商数损一调节举措的辗转相除部分，加上除数个数累积统计部分，组成整数对现象。

整数对现象中，辗转相除各量错综，序列值计算繁杂，却都属于整数范畴。

11.1.1 辗转相除定义

辗转相除讲的是两个整数 a 和 b，a，b 是正数，不妨假定 a 不小于 b。

原始欧几里得辗转相除法以整除结束辗转相除。

以余数为零结束的辗转相除称为现代辗转相除法。

定义如下：

$$a=bq_1+r_1(0<r_1<b),$$
$$b=r_1q_2+r_2(0<r_2<r_1),$$
$$r_1=r_2q_3+r_3(0<r_3<r_2),$$
$$\vdots$$
$$r_{n-3}=r_{n-2}q_{n-1}+r_{n-1}(0<r_{n-1}<r_{n-2}),$$
$$r_{n-2}=r_{n-1}q_n+0(r_n=0)。$$

这里，余数为 0 的辗转相除法，记 $r_n=0$，n 为除法总序数，k 为一般除法序数。

11.1.2　自然余数及两大类整数对

辗转相除所得一系列余数中，最后一个非零余数称为自然余数。例如，6172608 和 16900 的一系列余数 4108，468，364，104，52，0 中，52 是自然余数。

按自然余数除法序数的奇、偶，一切整数对分成两大类：奇序整数对和偶序整数对。

例如，自然余数 52 的除法序数 5 属奇数，6172608 和 16900 为奇序整数对。约去 52 的 118704 和 365，自然余数 1 的除法序数 5，属奇数，也是奇序整数对。

整数对 120365856000 和 499067 为偶序整数对，因自然余数 1(r_{10})除法序数 10，属偶数。

11.1.3　商数损一调节举措

自然余数之后的除法，得余数 0，如 104＝52×2＋0，除法序数记 n＝6，商是 2。自然余数连同余数 0，组成自然余数分支。商总个数 n＝6，即余数 0 相关的除法序数。

此时，把商 2 减去 1，把第 6 次除法 104＝52×2＋0 改成 104＝52×1＋52，产生的新余数 52 等于除数 52。新余数 52 称为调节余数。

微减称之为损，这个操作就称作商数损一调节举措。

调节余数 0 除法的除法序数，也记 n，n＝7。调节余数连同余数 0，组成调节余数分支。

商数损一调节举措下，整数对现象有两个余数分支，两个余数 0 除法序数 n，值相差 1。

11.1.4　古代中国的等数

古代中国人用筹计算。

公元前 1 世纪《九章算术》方田章的约分术中，对两个正整数组成的分数，有：

> 约分术曰：可半者半之。不可半者，副置分母、子之数，以小减多，更相减损，求其等也。以等数约之。

更相减损是求等数的减法形式。更相减损至两数相等，合称等数，这是两个相等余数的合称。用以约分的是等数的值。

等数值是两个正整数的最大公约数。两个正整数的最大公约数却不是等数，因为等数由两个相等余数组成。

必须指出，等数这个概念如果与现今的最大公约数相混，是会干扰数学史研究的。

11.2　不定分析式的解

11.2.1　解法分类

不定方程与同余式等价合称不定分析式。

介绍不定分析式解分类之前，先划分一下数的范畴和式的范畴。

1 数的范畴

整数对 a，b，属于数的范畴。

整数对现象中，辗转相除各量错综，序列值计算繁杂，都属于整数范畴。

两个整数，前一除法的除数、余数，转换为后一除法的被除数、除数，形成迭代。

反复进行迭代，形成辗转相除。迭代是辗转相除法的灵魂。

随着辗转相除的进行，带余除法的商(q)的含义也会逐渐变化，从除数(b)的倍数、除数(b)个数的统计值，直到前除数(b)对后除数(r_1)的近似折算率。

迭代过程中除数个数的累积统计值，称作序列。

序列的本原，是二除法的除数 1。中国人称为天元一。

2 式的范畴

以整数对 a，b 作系数，添加上常数 c，形成二元一次不定方程，相关的一次同余式，都属于式的范畴。

辗转相除过程中，被除数和除数，连同参与辗转相除的常数、所引入的新变量，可整理成一系列不定方程。系数随着辗转相除而逐步缩小，即系数不断下降，形成一系列降系数不定方程。

可以这样定义：迭代后形成的不定方程是迭代前不定方程的降系数不定方程。

这些降系数不定方程之间，常数前正负号交替，常数的绝对值不变。

3 解法分类

最有趣的解法是杜德利(Dudley，U.)《基础数论》中的原路折返解法。从辗转相除所得最大公约数出发，回过头来，直接用各个辗转相除的数据，一步步消去。最后，形成最大公约数，与原整数对 x，y 乘积之差。再与原最大公约数式子比较，就得到 x 值和 y 值。

求解法主要分成两大类。

第一大类，限定常数为 1，利用两系数的序列值解法，再利用解的依赖性，扩展到一般不定分析式。

传统历法流行千年的大衍求乘率术，和 1801 年高斯的不定分析序列值解法，都属于序列值解法。

1247 年的大衍求一术，直接限定常数为 1。

第二大类，把两系数与常数一并考虑，分成三个阶段。

第一阶段，依靠辗转相除。第二阶段，到某个式子，我们称取解式，求出一个初步的解，称初解。第三阶段，把初解回代，得到原不定方程的解。

6 世纪印度婆罗摩笈多的恒值粉碎机解法实行两次辗转相除，保证得到自然余数 1。约定不定方程附加数的表达，利用余数 1 除法，构造取解式。所得附加数为 1 的不定方程的解，称恒值粉碎机。再利用依赖性，求出附加数非 1 的不定方程的解。

1208 年开禧历“闰赢，却与闰缩、朔率、元闰，列号甲乙丙丁四位，除乘消减，谓之方程”，所列算图中，闰赢存在的理由就是帮助朔率在筹算板上占位，形成等式多行，以便让筹算板起到运算中的代换变量符号作用。因此，属于未知数代换的不定方程整数解法。

1624 年，巴歇提出：求不定方程 $Ax=By+J$ 的解，依赖于 $Ax=By+1$ 的解，这里 A 和 B 是任何互素的整数。

原文第一句“[即，要解 $Ax=By+J$]，只要解出 $Ax=By+1$ 就可以了”，就强调了解的依赖性。巴歇解法也分成三段。两系数辗转相除出现带余除法 $4=3\times1+1$ 时，巴歇设计了一个转换公式：“$a=mb+1$，那么 $ab+l-a$ 是 b 的最小倍数，比 a 的倍数多 1”，得到 $3\times3=2\times4+1$。以此为基础，从辗转相除式中，反向消去余数 3，4，7，要避免负数。因此，此题属于第二大类。见本书 8.3“巴歇的转换公式解法”。

罗尔的解法：辗转相除过程中引入新变量，回代过程中，坚守作为整数的常数、数值及符号保持不变。罗尔的解法构思精巧，详见本书 8.4“罗尔的常数不变解法”。

1770 年欧拉的不定方程整数解法：利用未知数代换，得到一系列降系数不定方程。最后一个降系数不定方程依赖于余数为 0 的除法。取得初解后，回代得到通解。这个方法被当前中学教材所采纳，成为不定方程主流解法。

本书 18.2.1“降系数不定方程来源”中，所介绍达生、辛格两位学者的降系数不定方程解法，实质上是从 1770 年欧拉的“形式分数的分母值取 1”方案延伸而来的。因此，我们不列作单独的解法。

11.2.2　原路折返解法

有关初等数论的教材中展示辗转相除后，一般会附上一个推论：

若 a，b 是任意两个不全为零的正整数，则存在两个整数 s，t 使得

$$as+bt=d。$$

如果 a，b 互素，可记作 $(a,b)=d=1$。

杜德利在《基础数论》[1] 中举了个例子，对 5767，4453 实施欧几里得算法，有最大公约数：$(5767,4453)=73$。解法的核心是“利用一系列带余除法公式原路折返，就能解出 $ax+by=d$ 型的不定方程”。

把 5767 和 4453 辗转相除，$5767-4453=1314$，$4453-3\times1314=511$，$1314-2\times511=292$，$511-292=219$，$292-219=73$，可记为 $(5767,4453)=73$。原路折返，将欧几里得算法倒推上去，则有 $x=17$ 和 $y=22$，使 $17\times5767-22\times4453=73$。

《基础数论》原文照录如下：

定理 4　若 $(a,b)=d$，则有 x 和 y 使 $ax+by=d$。

证明　其想法是：将欧几里得算法倒推上去。以 $(5767,4453)=73$ 这一计

算为例，算法中最后一个给出

$$73=292-219。$$

我们用它前面一个式子，将73表为511和292的一个组合：

$$73=292-(511-292)=2\times292-511。$$

再用更前面一个式子来消去292：

$$73=2\times(1314-511\times2)-511=2\times1314-5\times511。$$

依次类推，有

$$73=2\times1314-5(4453-3\times1314)=17\times1314-5\times4453。$$

最后，我们可把1314用4453和5767表出，从而求得所要之表达式：

$$73=17\times(5767-4453)-5\times4453=17\times5767-22\times4453。$$

于是，若(5767,4453)=73，则有 $x=17$ 和 $y=22$，使 $17\times5767-22\times4453=73$，即 $ax+by=d$。

我们称此法为二元一次不定方程的原路折返解法。从辗转相除所得最大公约数出发，回过头来，维持最大公约数不变，利用辗转相除各式一步步消去，形成最大公约数等于整数对与 x，y 乘积之差。再与原最大公约数式子比较，就得到一个 x 值和一个 y 值。

11.2.3 降系数不定方程分析

我们在本书9.3节“形式分数的分母值取1”中，已经初步分析欧拉整数解思想。现在进一步列出降系数不定方程分析表，为研究印度数学史打下基础。

在表11.1降系数不定方程中，用“添”字标记新增添的各项。

先看列。第三列为商5，2，1。第五列引入的新变量 $y_1=\dfrac{2x+3}{5}$，$x_1=\dfrac{y_1-3}{2}$，都是形式上的分数、实质上的整数。整理新变量得第六列，为降系数不定方程 $2x+3=5y_1$，$y_1-3=2x_1$。第六列的降系数不定方程 $2x=5y_1-3$，$y_1=2x_1+3$，演变成第一列。

再看行。第一行出现新变量 y_1，第二行出现 x_1。第三行 $y_1=2\times x_1+3$ 是降系数不定方程，3不再是变量，此处与余数0相关联。

表11.1 降系数不定方程

降系数不定方程	辗转相除	商	引入新变量	新变量	降系数不定方程
	$7=1\times5+2$	5[添]	$y=1\times x+y_1$	$y_1=\dfrac{2x+3}{5}$[添]	$2x+3=5y_1$[添]
$2x=5y_1-3$[添]	$5=2\times2+1$	2[添]	$x=2\times y_1+x_1$	$x_1=\dfrac{y_1-3}{2}$[添]	$y_1-3=2x_1$[添]
$y_1=2x_1+3$[添]	$2=2\times1+0$	1[添]	$y_1=2\times x_1+3$		

欧拉求的是通解，带有一个参数 x_1，表示了不定方程的全部解。

余数为 0，有降系数不定方程 $y_1=2x_1+3$。取 x_1 作任意整数，转入回代，得通解：$x=5x_1+6$，$y=7x_1+9$。

通解求出来，给出参数，就是特解。

我们取 $x_1=1$，有 $y_1=5$。逐步回代，$x=11$ 和 $y=16$ 是不定方程 $5y=7x+3$ 的一组特解。

降系数不定方程的背景是余数为 0 的现代辗转相除法。

11.2.4　两种取解式、初解

一系列降系数不定方程中，任何一步，只要能取得整数解，就可称为取解式。

取解式的整数解，不是原不定方程的解，只是初解，即初步的解。经过回代，最后才得到原不定方程的通解或特解。

上一节中提到，余数为 0 的除法 $2=2\times1+0$，相关于降系数不定方程 $y_1=2x_1+3$，这里没有新变量，只能取 $x_1=1$，则 $y_1=5$。

因而，还存在另一种取解式——整除式。背景是原始辗转相除法。

我们看表 11.1 中，原不定方程 $5y=7x+3$ 的常数 3，参与 7 和 5 的辗转相除。

余数为 1 的除法 $5=2\times2+1$，相关于新变量 $x_1=\dfrac{y_1-3}{2}$。如果要求 y_1-3 是 2 的倍数，或者要求新变量 $x_1=\dfrac{y_1-3}{2}$ 为整数，这个整除式，也是取解式。取 $y_1=5$，则 $x_1=1$，满足的是整除式。

这就是说，辗转相除得到余数 1，就可以导出整除式了，用不到求出余数 0。

11.3　除数个数的统计

从辗转相除的大背景讲，除数个数的累积统计值只有与原来整数对相关，分成 a 属性、b 属性，才能间隔相加。

在本书 13.9.2“筹算操作分析”中，我们观察了 1208 年开禧历大衍图。我们的古人借助于筹算的上下布图，就能达到与原来整数对相关，间隔相加，导出归数和乘率。

11.3.1　迭代

前一除法的除数、余数，转换为后一除法的被除数、除数，形成迭代。

反复进行迭代，形成辗转相除。迭代是辗转相除法的灵魂。

随着迭代的进行，商的含义也会逐渐丰富起来，从除数(b)的倍数、除数(b)个数的统计值，直到前除数($b=325$)对后除数($r_1=79$)的近似折算率。参见 11.3.3“除数个数的累积统计”。

例如，一除法 6172608(a)=16900(b)×365(q_1)+4108(r_1)中，商 365(q_1)可以说成是除数 16900(b)的倍数，也可以说成是除数(b)个数的统计值。

在二除法 325(b)=4(q_2)×79(r_1)+9(r_2)中，以 a 属除数 79(r_1)作统计基准，略去二余数 9(r_2)，商 4(q_2)变为前除数(b=325)对后除数(r_1=79)的近似折算率。

11.3.2 *ab* 属性

除余数 0 之外，迭代过程中的任一个被除数、除数或余数，或者源于 a，或者源于 b，简称 ab 属性。

余数 0 只表示除尽。余数没有 ab 属性，0 不源于 a，也不源于 b。余数为 0 时的统计量，也就没有 ab 属性。

商数没有 ab 属性。

首除法 118704(a)=365(q_1)×325(b)+79(r_1)中，首除数 325(b)直接称 b 属除数。反映出 365(q_1)个 b 属除数 325 的统计值 $P_1=q_1=365$，则带 b 属性。

首余数 79(r_1)为 a 的剩余部分，称 a 属余数。迭代到二除法 325(b)=4(q_2)×79(r_1)+9(r_2)后，79(r_1)则是 a 属除数。

互素整数对 118704 和 325 的 P 序列演算表(表 11.2)中，我们注明各量的 ab 属性。

表 11.2 互素整数对辗转相除中 *P* 序列各量 *ab* 属性

辗转相除	除数	余数	商数	除数个数的累积统计
118704(a)=365(q_1)×325(b)+79(r_1)	325(b)(b 属)	79(r_1)(a 属)	365(q_1)无	$P_1=q_1=365$(b 属)
325(b)=4(q_2)×79(r_1)+9(r_2)	79(r_1)(a 属)	9(r_2)(b 属)	4(q_2)无	$P_2=q_2P_1+1=1461$(a 属)
79(r_1)=8(q_3)×9(r_2)+7(r_3)	9(r_2)(b 属)	7(r_3)(a 属)	8(q_3)无	$P_3=q_3P_2+P_1=12053$(b 属)
9(r_2)=1(q_4)×7(r_3)+2(r_4)	7(r_3)(a 属)	2(r_4)(b 属)	1(q_4)无	$P_4=q_4P_3+P_2=13514$(a 属)
7(r_3)=3(q_5)×2(r_4)+1(r_5)	2(r_4)(b 属)	1(r_5)(a 属)	3(q_5)无	$P_5=q_5P_4+P_3=52595$(b 属)
2(r_4)=2(q_6)×1(r_5)+0(r_6)	1(r_5)(a 属)	0(r_6) 无	2(q_6)无	$P_6=q_6P_5+P_4=118704$(a 属)

11.3.3 除数个数的累积统计

前三个循环的除数个数累积统计公式，各以当前除数作基准，但形式有所不同。

第一循环，首除法为单个除法，b 属除数 325 作统计基准，商($q_1=365$)是除数的倍数，365 个 b 属除数，统计值 b 属。或者说，是除数个数(325b 属)的统计值($P_1=q_1=365$)，b 属。

第二循环，二除法 325(b)=4(q_2)×79(r_1)+9(r_2)，以 a 属除数 79(r_1)作统计基准，略去二余数 9(r_2)，商 4(q_2)变为前除数(b=325)对后除数(r_1=79)的近似折算率。于是前 b 属统计值(P_1)折算成后 a 属统计值(P_2)的乘积项($q_2P_1=4\times365=1460$ 个)。

特别要注意，二除法的这一个 a 属除数 79，必须考虑在第二循环累积统计值之内，从而成为两部分之和：$P_2=q_2P_1+1=1461$ 个 a 属除数 $79(r_1)$。

第三循环三除法 $79(r_1)=8(q_3)\times 9(r_2)+7(r_3)$ 中，舍弃三余数 7，以近似折算率商 $8(q_3)$，把第二循环 a 属累积统计值 $P_2=1461$，折算成 $8(q_3)\times 1461(P_2)=11688$ 个 b 属除数 $9(r_2)$。

此时的 b 属累积统计值，以 b 属除数 $9(r_2)$ 为统计基准，再加入前面 b 属统计值 $P_1=365$：$P_3=q_3P_2+P_1=11688+365=12053$ 个 b 属除数 $9(r_2)$。

此后各循环公式的形式与第三循环情况类似，我们不再逐一分析。

由此可见，序列是迭代过程中除数个数的累积统计值。

序列的本原是二除法的除数 1。中国人称为天元一。

11.3.4　天元一

天元一在传统数学中的意义，怎样评价都不会过高。

天元一最早出现于 1208 年开禧历大衍术筹算图，即下段中钱宝琮引文中所说(1)图，载于 1247 年秦九韶的《数书九章》。

1966 年，钱宝琮在《秦九韶数书九章研究》[2] 一文中，谈到天元一的数学实质时，似乎也一时难确定。

> 秦九韶没有说明在(1)图里左上角的“天元一”代表什么。清焦循《天元一释》认为这个“天元一”就是一。我于《中国算学史》(1931)中说它代表剩余 R。事实上，(1)图左上的 1 只是单位 1，术文中“天元”二字是虚设的，说它代表剩余 R 是不合适的。

现在我们终于可以确认：天元一的数学实质是二除法的除数 1，是序列的本原。

传统数学中，天元一有好几个含义，罗列如下：

1　乘法占位符

秦九韶在蓍卦发微题的算图中(见本书后面 14.3.2 算图 4)，天元一只作乘法占位符。

算图 2 中，天元一只是起乘法占位符的作用，以 1,2,3,4 四个数构成互乘法，“互乘左行异子一，弗乘对位本子”。$2\times 3\times 4=24$，$1\times 4\times 3=12$，$1\times 2\times 4=8$，$1\times 2\times 3=6$，“各得衍数” 24,12,8,6。图 3“以左行并之得五十”，达到“大衍之数五十”。

2　未知数

1248 年李冶在《测圆海镜》中的天元术，天元一起未知数的作用。

宋元数学家朱世杰(1249—1314)，字汉卿，号松庭，汉族，燕山(今北京)人氏，元代数学家、教育家，主要著作是《算学启蒙》与《四元玉鉴》。朱世杰在当时天元术的基础上发展出四元术，也就是列出四元高次多项式方程组及消元求解的方法。

3 借根方解

清代数学家梅文鼎之孙梅瑴成(1681—1763),于1761年以前写成《赤水遗珍》一书,附于《梅氏丛书辑要》(1761)之后发表。梅瑴成提出"天元一即借根方解"。他说:

> 尝读授时历草,求弦矢之法,先立天元一为矢。而元学士李冶所著《测圆海镜》,亦用天元一立算。传写鲁鱼,算式讹舛,殊不易读。……后供奉内廷,蒙圣祖仁皇帝授以借根方法,且谕曰:西洋人名此书为阿尔热八达,译言东来法也。敬受而读之,其法神妙,诚算法之指南,而窃疑天元一之术,颇与相似。复取《授时历草》观之,乃涣如冰释,殆名异而实同,非徒曰似之已也。

梅瑴成发现,西洋借根方法在我国古代早已有之,这是有贡献的,但是他对这两种方法研究不够。康熙、梅瑴成关于借根方法导源于中国的天元术的说法显然是错误的[3]。

我们看到,1280年的《授时历草》经复原的这一段文字[4],用天元一代表未知数,应用沈括的会圆术,利用全弧背来推导出割圆求矢术。

11.3.5 入算数重现时的累积统计值

入算数重现现象是个普遍现象,我们这里只讨论互素的整数对。

互素整数对辗转相除,除数逐个变小,直至1。余数也逐个变小,直至0。除数个数累积统计值越来越大。余数为0,无余数。最后一个累积统计值等于入算数。

六除法 $2(r_4)=2(q_6)\times1(r_5)+0(r_6)$,余数为0,无余数,形成精确折算率商 $2(q_6)$:1个五除数 $2(r_4)$ 直接等于 $2(q_6)$ 个六除数 $1(r_5)$。于是,$q_6P_5=2(q_6)\times52595=105190$ 个六除数 $1(r_5)$。

以六除法 a 属除数 $1(r_5)$ 作统计基准,需纳入前面第四循环的 a 属统计值 $P_4=13514$,$P_6=q_6P_5+P_4=118704$,为第六循环 a 属累积统计值。

此时,余数为0,即没有余数的这个循环中,没有进行任何舍弃。序列值等于入算数 $118704(a)$,我们称之为入算数的重现。

1247年秦九韶所说"蔀数即朔数",就是高斯1801年刻画的入算数重现现象。

采用商数损一调节举措后,整数对现象有两个余数分支,各带一个余数0除法,各造成入算原系数重现。

入算数重现推论 当 $r_n=0$ 时(自然余数分支或调节余数分支),有 $P_n=a,Q_n=b$。

证明 余数为0的除法序数,记作 n,即 $r_n=0,k=n$。于是

$$Q_ka-P_kb=(-1)^{k-1}r_k,k=1,2,\cdots,n,$$

成为

$$Q_na-P_nb=0。$$

因 a,b 互素,有 $P_n=a,Q_n=b$,不管是自然余数分支还是调节余数分支。

在序列计算表的实际计算过程中,我们一般计算到余数为0这一步,因为最后一组序

列值等于入算数。如果入算整数对有最大公约数，这组序列值就等于约简的入算数。

入算数重现现象能保证我们在繁杂的序列值计算过程中避免失误。

本书第十七章讨论密近简化法的应用中，我们每次都计算到余数为 0，就是为了利用入算数重现现象，避免失误。

11.3.6 双轨统计

现代数论教科书中，记 P,Q 两个序列为：$P_0=1, P_1=q_1, P_k=q_kP_{k-1}+P_{k-2}, k=2,3,\cdots,n$。$Q_0=0, Q_1=1, Q_k=q_kQ_{k-1}+Q_{k-2}, k=2,3,\cdots,n$。

高斯统一描述成一个序列：

> 如果量 A,B,C,D,E 等以下列形式依赖于 α,β,γ,δ 等，这样，$A=\alpha$，$B=\beta A+1$，$C=\gamma B+A$，$D=\delta C+B$，$E=\varepsilon D+C$ 等。

至于体现 P 序列还是 Q 序列，取决于首项 A 取首商(q_1)还是次商(q_2)。我们取后面表 11.7"118704 和 325 序列值计算表的起首部分"，形成下表 11.3，加以说明。

表 11.3 118704 和 325 序列值计算表的起首部分

商数	P 序列	Q 序列
	令 $P_0=1$	令 $Q_0=0$
365(q_1)	(A) $P_1=q_1=365$	令 $Q_1=1$
4(q_2)	(B) $P_2=q_2P_1+1=1461$	(A) $Q_2=q_2Q_1+Q_0=4\times1+0=4$
8(q_3)	(C) $P_3=q_3P_2+P_1=12053$	(B) $Q_3=q_3Q_2+Q_1=8\times4+1=q_3Q_2+1=33$

首项 A 取首商(q_1)。因令 $P_0=1$，$P_1=q_1=365$ 这项对应于(q_1)，记 A。其后，代入 $P_0=1$ 后的第二项 $P_2=q_2P_1+P_0=q_2P_1+1$，记 B。第二项中出现加 1。

再看 Q 序列。令 $Q_0=0$，对应于(q_1)这项，又令 $Q_1=1$。对应于(q_2)的第二项 $Q_2=q_2Q_1+Q_0=q_2Q_1+0=4$，这是($A$)。要对应于($q_3$)第三项：$Q_2=q_3Q_2+Q_1=q_3Q_2+1$ 中，出现加 1，这是(B)。

P 序列与 Q 序列同时出现，为整数对现象的双轨统计。

公元前 104 年，落下闳把 $29\dfrac{499}{940}$日作源，算出太初历的 $29\dfrac{43}{81}$日，肯定采用双轨统计。

公元前 7 年，刘歆把太阳与岁星 6136091496 年 5621200000 见，密近简化成 1728 年 1583 见，也是用双轨统计。

在计算上元积年时，刘歆首创只用单个 Q 序列求乘率，解出满去式：多少个 669465，满去 1728，不满为 135?

自此，中国历法家沿用单个 Q 序列求乘率，求上元积年用了 1500 多年。

11.4 序列线性组合定理

若 a 和 b 是不定方程 $ax=by\pm1$ 的两个系数，a,b 是正整数，a 不小于 b。由可解条件，a 与 b 互素。于是，互素整数对所求出的自然余数与调节余数，均为 1。

现在，我们单独讨论序列线性组合定理，不采用商数损一调节举措。

序列线性组合定理[5]

$$Q_k a-P_k b=(-1)^{k-1}r_k,k=1,2,\cdots,n。\quad (*)$$

其中，

$$P_0=1,P_1=q_1,P_k=q_kP_{k-1}+P_{k-2},k=2,\cdots,n,$$
$$Q_0=0,Q_1=1,Q_k=q_kQ_{k-1}+Q_{k-2},k=2,\cdots,n。\quad (**)$$

证明 我们把序列组合用余数表示，再用归纳法进行证明。

(1) 当 $k=1$ 时，$(*)$式为 $Q_1a-P_1b=(-1)^0r_1=r_1$。

由初始值 $Q_1=1,P_1=q_1$，有 $a-q_1b=r_1$，即第一步除法 $a=q_1b+r_1$，$(*)$式成立。

(2) 当 $k=2$ 时，由初始值 $P_0=1,P_1=q_1$ 和 $Q_0=0,Q_1=1$，有 $P_k=q_kP_{k-1}+P_{k-2}$ 成为 $P_2=q_2P_1+P_0=q_2q_1+1$，$Q_k=q_kQ_{k-1}+Q_{k-2}$ 成为 $Q_2=q_2Q_1+Q_0=q_2\times1+0$。

代入$(*)$式，有

$$\begin{aligned}Q_2a-P_2b&=(q_2\times1+0)a-(q_2q_1+1)b=q_2a-(q_2q_1+1)b=aq_2-b-bq_1q_2\\&=q_2(a-bq_1)-b=q_2r_1-b=-r_2=(-1)^{2-1}r_2。\end{aligned}$$

其中，第五个等号利用第一次除法 $r_1=a-q_1b$，第六个等号利用第二次除法 $r_2=b-q_2r_1$。

下面应用归纳法。

假定式$(*)$和$(**)$对 $k>2$ 的正整数 k 成立，考察 $k-1,k,k+1$ 三种情况：

对 $k-1$，式$(*)$有 $Q_{k-1}a-P_{k-1}b=(-1)^{k-1-1}r_{k-1}=(-1)^{k-2}r_{k-1}$，即 $(-1)^{k-2}\cdot(Q_{k-1}a-P_{k-1}b)=r_{k-1}$。

对 k，式$(*)$有 $Q_ka-P_kb=(-1)^{k-1}r_k$，即 $(-1)^{k-1}(Q_ka-P_kb)=r_k$。

对 $k+1$，式$(**)$有 $P_{k+1}=q_{k+1}P_k+P_{k-1}$ 和 $Q_{k+1}=q_{k+1}Q_k+Q_{k-1}$。

现需证 $Q_{k+1}a-P_{k+1}b=(-1)^{k-1+1}r_{k+1}$。

对 $k+1$，把辗转相除第 k 步

$$r_{k-1}=r_kq_{k+1}+r_{k+1}$$

移项，再两边乘 $(-1)^k$，有

$$\begin{aligned}(-1)^kr_{k+1}&=(-1)^k(r_{k-1}-q_{k+1}r_k)\\&=(-1)^k[(-1)^{k-2}(Q_{k-1}a-P_{k-1}b)-q_{k+1}(-1)^{k-1}(Q_ka-P_kb)]\\&=(-1)^{2k-2}(Q_{k-1}a-P_{k-1}b)-q_{k+1}(-1)^{2k-1}(Q_ka-P_kb)\end{aligned}$$

$$=(Q_{k-1}a-P_{k-1}b)+(-1)(-1)q_{k+1}(Q_ka-P_kb)$$
$$=(Q_{k-1}a-P_{k-1}b)+q_{k+1}(Q_ka-P_kb)$$
$$=(q_{k+1}Q_k+Q_{k-1})a-(q_{k+1}P_k+P_{k-1})b$$
$$=Q_{k+1}a-P_{k+1}b。$$

其中,第二步的代入,根据两个归纳假定。第三步演算$(-1)^{2k-2}=1$,第四步演算$(-1)^2=1$。最后一步,依据$P_{k+1}=q_{k+1}P_k+P_{k-1}$和$Q_{k+1}=q_{k+1}Q_k+Q_{k-1}$。

由归纳法,定理成立。

采用了商数损一调节举措的辗转相除过程,有如下规定(表 11.4):

表 11.4　商数损一调节举措

除法序数	辗转相除过程及余数	
1	$a=q_1b+r_1$	$0<r_1<b$
2	$b=q_2r_1+r_2$	$0<r_2<r_1$
3	$r_1=q_3r_2+r_3$	$0<r_3<r_2$
4	$r_2=q_4r_3+r_4$	$0<r_4<r_3$
…	…	…
$k-1$	$r_{k-1}=q_{k+1}r_k+r_{k+1}$	$0<r_{k+1}<r_k$
k	$r_k=q_{k+2}r_{k+1}+r_{k+2}$	$0<r_{k+2}<r_{k+1}$
…	…	…
	自然余数分支	
(自然余数分支)$n-1$	$r_{n-3}=q_{n-1}r_{n-2}+1$(自然余数)	$1=r_{n-1}<r_{n-2}$
(自然余数分支)n	$r_{n-2}=q_n\times1+0$	$0=r_n$
	调节余数分支	
(调节余数分支)$n-2$	$r_{n-4}=q_{n-2}r_{n-3}+1$(自然余数)	$1=r_{n-2}$
(调节余数分支)$n-1$	$r_{n-3}=q_{n-1}\times1+1$(调节余数)	$1=r_{n-1}$
(调节余数分支)n	$r_{n-2}=1\times1+0$	$0=r_n$

表 11.4 中,调节余数分支中的自然余数为 1,就是自然余数分支中的自然余数为 1。

11.5 计算演示

1208 年开禧历求乘率原图的数据,与 1247 年秦九韶自编求乘率图的数据,刚好分别为奇序整数对和偶序整数对，又因商数损一调节举措产生两个余数分支，从而组合成四种情况。

我们这里完整地列出筹算图与序列值计算图。必须说明，这些图及其中部分，在本书各处，作为解释、说明用图，曾引用过。

11.5.1 奇序整数对数例

非互素整数对 6172608 和 16900，及约简的整数对 118704 和 325，最后一个非零余数 52 及约简的 1 称自然余数。其除法序数第 5 次属奇数，为奇序整数对。

如果整数对 a，b 源于常数 1 不定方程 $ax=by\pm1$，由不定方程可解条件，a 与 b 互素。

本书中，除 6172608 和 16900 这个典型数例外，我们主要研究互素整数对。

11.5.2 奇序整数对序列示意图

按照 1842 年宜稼本，用方框（图 11.1）表示 1208 年开禧历求乘率筹算原图（图 13.4）。

我们在图左侧编号加上注标明筹算操作。又为图中相应重点计算对象加上字母。

首除法 6172608（岁率）＝16900（日法）×365＋4108（斗分）的 4108（斗分）为 r_1，置首图右上。

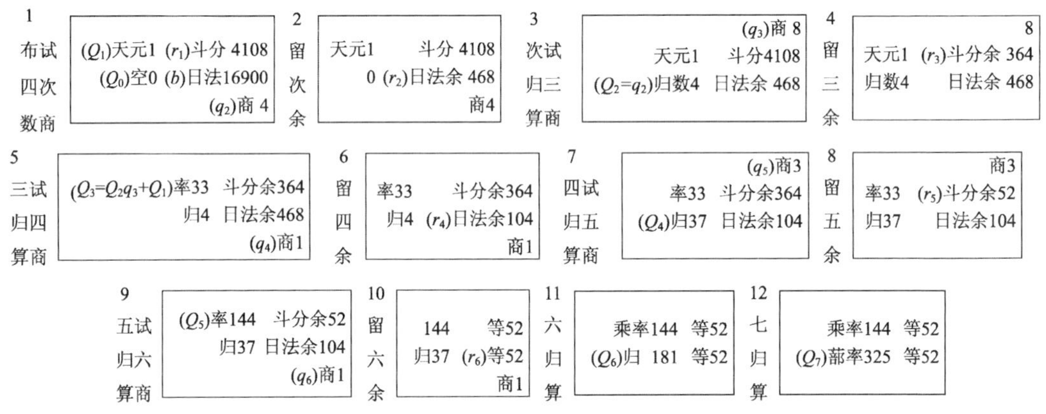

图 11.1 1208 年开禧历大衍图示意图

从自然余数派生出调节余数后，两个相等余数合称为等数。等数自然值在先，等数调节值在后。这是属于整数范畴。

上下等数 52 标记左上 144 为乘率，已经超出了整数范畴，属于不定分析范畴。

11.5.3　奇序整数对序列的计算

表 11.4　奇序整数对 6172608 和 16900 序列值计算表

	右列数据约去 52	开禧历数据			
k	辗转相除(余数的筹算图位置)	辗转相除(筹算图中余数所在位置)	商值	Q 序列	P 序列
				令 $Q_0=0$	令 $P_0=1$
1	118704＝325×365＋79(右上位)	6172608＝16900(b)×365＋4108(r_1)	$q_1=365$	令 $Q_1=1$	$P_1=365$
2	325＝79×4＋9(右下位)	16900＝4108×4(q_2)＋468(右下位)	$q_2=4$	$Q_2=4$	$P_2=1461$
3	79＝9×8＋7(右上位)	4108＝468×8＋364(右上位)	$q_3=8$	$Q_3=33$	$P_3=12053$
4	9＝7×1＋2(右下位)	468＝364×1＋104(右下位)	$q_4=1$	$Q_4=37$	$P_4=13514$
5	7＝2×3＋1(r_5)(右上位)	364＝104×3＋52(r_5)(右上位)	$q_5=3$	$Q_5=144$	$P_5=52595$
r_5 自然余数 1(52)，r_6 最后 0					
6	2＝1×2＋0	104＝52×2＋0	$q_6=2$	$Q_6=325$	$P_6=118704$
r_6 调节余数 1(52)，r_7 最后 0					
6	2＝1×1＋1(r_6)(右下位)	104＝52×1＋52(r_6)(右下位)	$q_6=1$	$Q_6=181$	$P_6=66109$
7	1＝1×1＋0	52＝52×1＋0	$q_7=1$	$Q_7=325$	$P_7=118704$

表 11.4 中左起纵一列是约简后的互素整数对。左起纵二列，才是采用的开禧历原数据。

再看横行。利用带余除法求出商，再以商算出 Q 和 P 序列。两式合成一个循环。

在筹算图中，各个余数的右上或右下，供研究乘率标志时参考，十分重要。

11.5.4　偶序整数对序列示意图

类似地，我们为 1247 年秦九韶自行设计的改良图，补入 120365856000，形成 120365856000＝499067×241181＋377873，即 120365856000 和 499067 互素，参见下图(图 11.2)。

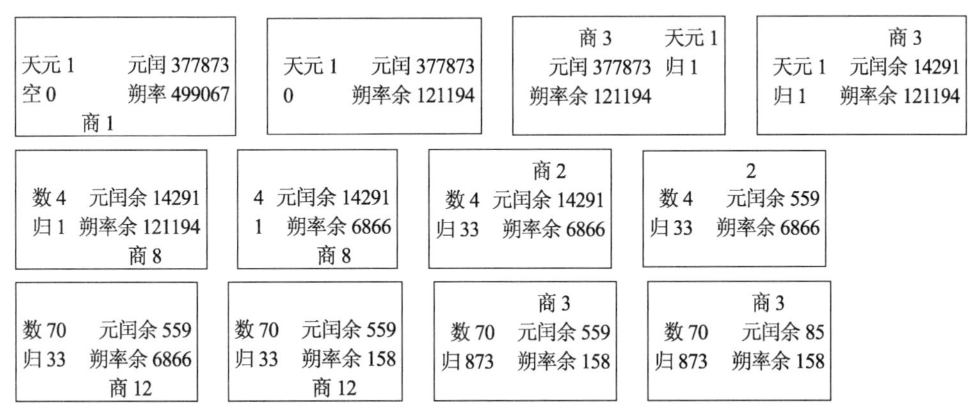

图 11.2 1247 年秦九韶改良的大衍图

为节省篇幅，序列值计算表（表 11.5）中略去七次除法。

表 11.5 120365856000 和 499067 序列值计算表

k	辗转相除（筹算图余数所在位置）	商值	Q 序列	P 序列
			令 $Q_0=0$	令 $P_0=1$
1	120365856000＝499067×241181＋377873（右上位）	$q_1=241181$	令 $Q_1=1$	$P_1=241181$
2	499067＝377873×1＋121194（右下位）	$q_2=1$	$Q_2=q_2=1$	$P_2=241182$
…	…	…	…	…
10	73＝12×6＋1（r_{10}）（右下位）	$q_{10}=6$	$Q_{10}=41068$	$P_{10}=9904852403$
r_{10} 自然余数 1，r_{11} 最后 0				
11	12＝1×12＋0	$q_{11}=12$	$Q_{11}=499067$	$P_{11}=120365856000$
r_{11} 调节余数 1，r_{12} 最后 0				
11	12＝1×11＋1（r_{11}）（右上位）	$q_{11}=11$	$Q_{11}=457999$	$P_{11}=110461003597$
12	1＝1×1＋0	$q_{12}=1$	$Q_{12}=499067$	$P_{12}=120365856000$

自然余数 1（r_{10}）除法序数 10 是偶数，因此，120365856000 和 499067 是偶序整数对。

11.6 两种范畴的关联

11.6.1 关联

整数对现象属于数的范畴。

整数对的入算整数对 a,b 是不定方程 $ax=by\pm1$ 的两个系数，a,b 是正整数，a 不小于 b。由可解条件，a,b 互素，余数是 1。

按自然余数除法序数的奇、偶，一切整数对分成两大类：奇序整数对和偶序整数对。

每个整数对使用商数损一调节举措，形成自然余数和调节余数两个余数分支。

序列值计算表中，除法序数(商个数)、各序列值、各余数值(包括自然余数、调节余数和 0)，是整数对现象的三大类值，属于整数范畴，共同构成完整严密的整体。

依某种信念，认定某一个特征作标志，关联另一个特征，可以导出所需结论。

关联思想是剖析复杂算法的有效途径之一。

有关初等数论教材中展示序列值线性组合定理后，一般会附上一个推论：

若 a,b 是任意两个不全为零的正整数，则存在两个整数 s,t 使得

$$as+bt=(a,b)。$$

如果 a,b 互素，可记作 $(a,b)=1$。

这个 1 属于整数范畴，$(a,b)=1$ 表示互素。

如果这个 1 表示不定方程序列值线性组合定理的 $Q_ka-P_kb=(-1)^{k-1}r_k$ 中的常数 $r_k=1$，那么 $(a,b)=1$ 就反映了整数范畴与不定分析范畴的关联。

囿于史料，我们无法确切地知晓前人是怎样跨过这关键性一步的。

11.6.2　奇偶配置

余数为 1 的商个数的奇、偶和不定方程 $ax=by\pm1$ 中常数 1 的正、负，会出现四种并列的情况，标识成[奇正]、[偶负]、[奇负]和[偶正]。参见表 11.6。

表 11.6　奇、偶序整数对与四种不定方程的可能解配置

整数的范畴				标识	不定分析式的范畴		
整数对	除法序数	余数 1	Q,P 序列值		常数	不定方程	一组特解
118704 和 325	奇序整数对	$r_5=1$ 奇	144,52595	[奇正]	正 1	$118704x=325y+1$	$x=144,y=52595$
		$r_6=1$ 偶	181,66109	[偶负]	负 1	$118704x=325y-1$	$x=181,y=66109$
120365-856000 和 499067	偶序整数对	$r_{10}=1$ 偶	41068,9904852403	[奇负]	负 1	$120365856000x=499067y-1$	$x=41068$, $y=9904852403$
		$r_{11}=1$ 奇	457999, 110461003597	[偶正]	正 1	$120365856000x=499067y+1$	$x=457999$, $y=110461003597$

传统历法只关心常数正值的满去式，相当于[奇正][偶正]的两组关联。

不定方程与一次同余式等价，还可进一步推衍到传统数学的满去式。

辗转相除过程的一般项以字母 k 标记，形成自然数数列。由 k 奇偶交替，$(-1)^k$ 值正负交替，奇偶分析法能够分析交替出现的性质。

鉴于除法次数(商个数)的非奇即偶，自然余数除数序数的非奇即偶，常数 1 的非正即

负,筹算位的非上即下、非左即右,我们可以依据一方的研究,推测到另一方的结论。

高斯抓住余数为0时的商总个数 n,称为项的个数,建立配置法则:

当 $[\alpha,\beta,\gamma,\cdots,\mu,n]$ 项的个数是偶数时,我们有 $ax=by+1$;当 $[\alpha,\beta,\gamma,\cdots,\mu,n]$ 项的个数是奇数时,我们有 $ax=by-1$。

我们则抓住自然余数的商个数,比余数0的商总个数 n 少1。

于是,高斯配置法则可修改成:自然余数的商个数 $n-1$ 是奇数时,即商总个数"是偶数时,我们有 $ax=by+1$"。自然余数的商个数 $n-1$ 是偶数时,即商总个数"是奇数时,我们有 $ax=by-1$"。

11.6.3 商总个数的奇偶配置

以不定方程的常数1正负为指标,配置商总个数 n 的奇偶,按高斯配置法则,有

配置法则推论1

当不定方程为 $ax=by+1$ 时,商总个数 n 为偶数。

当不定方程为 $ax=by-1$ 时,商总个数 n 为奇数。

证明 把不定方程 $ax=by+1$ 与

$$Q_ka-P_kb=(-1)^{k-1}r_k,k=1,2,\cdots,n$$

比较,得到 $(-1)^{k-1}r_k=1$,即 $r_k=1$ 时,有 $(-1)^{k-1}=1$,于是 $k-1$ 为偶数,k 为奇数。

同理,当不定方程为 $ax=by-1$ 时,商总个数 n 为奇数。

11.6.4 乘率的条件

为大衍求一术"须使右上末后奇一而止。乃验左上所得,以为乘率"一句作铺垫,我们把大衍求一术的1,相当于常数为1的同余式,等价于不定方程 $ax=by+1$。

筹算图中,奇序整数对 a,b 的自然余数1在右上;偶序整数对 a,b 的调节余数1还是在右上。由此,有

配置法则推论2

对 $ax=by+1$,右上位余数1是判定左上位序列值为乘率的充分且必要条件。

11.6.5 等数只是标志乘率的充分条件

我们再分析,中国历法史上沿用了1000多年的等数标志乘率的方法。

等数是商数损一调节举措所产生的两个余数,先有等数自然值,后有等数调节值。

根据配置法则推论,奇序整数对的等数自然值、偶序整数对的等数调节值,这两个中的任一个才是标志乘率的充分必要条件。

等数只是标志乘率的充分条件。

然而,传统历法的求乘率术,以等数检测乘率,直观简单。适用于一切整数对,都能求出乘率,足以支撑中华文明千年传统历法的辉煌[6]。

11.6.6　一般性求解思路

我们以 $6172608x \equiv 156 \pmod{16900}$ 为例，展示解一般同余式的思路。

先约三项最大公约数 52，得到 $118704x \equiv 3 \pmod{325}$。这个同余式依赖于 $118704x \equiv 1 \pmod{325}$，也就是依赖于不定方程 $118704x = 325y + 1$。

以 118704 和 325 计算，与余数 1 相关的有两组序列值：$(Q_5)144$，$(P_5)52595$ 和 $(Q_6)181$，$(P_6)66109$。因 $118704x = 325y + 1$ 中常数是 $+1$，可确定 $x = 144$ 和 $y = 52595$ 是其一组特解。

由同余式与不定方程的等价性，144 是 $118704x \equiv 1 \pmod{325}$ 的一个特解。

再由依赖性，用 3 乘：$432(=144\times 3)$ 是 $118704x \equiv 3(=1\times 3) \pmod{325}$ 的一个特解。432 除以 325，余数是 107。所以 $118704x \equiv 3 \pmod{325}$ 的最小正整数解是 107。

最后代入同余式 $6172608x \equiv 156 \pmod{16900}$，$107 \times 6172608 = 660469056$，$660469056 - 156 = 660468900$，$660468900 = 16900 \times 39081$，相符。

可见，107 确实是一般同余式的解。

11.7　序列字母的确认

本书核心的序列线性组合定理，以高斯"若 a 和 b 是不定方程 $ax = by \pm 1$ 的两个系数，a，b 是正整数，a 不小于 b"为基础，采用 P，Q 两序列。

中国数学史研究中，思路是完整的，证明是正确的，但字母表示略有不同。

一般以 Q_1 表示天元一。证明序列往往用 $c_1 = q_1$，$c_2 = q_2c_1 + 1$，$c_3 = q_3c_2 + c_3$，…，$c_n = q_nc_{n-1} + c_{n-2}$，所得到 c_n 就是 k 值。另一个单序列是 $l_2 = q_2$，$l_3 = q_3l_2 + 1$，$l_4 = q_4l_3 + l_3$，…，$l_n = q_nl_{n-1} + l_{n-2}$。

大衍总数术中，字母为：定数 a_i、衍母 M、奇数 g_i、乘率 k_i、用数 k_iG_i、余数 R_i、各总 $k_iG_iR_i$、解 N 等。

为方便引用中国数学史研究成果，特写本节"序列字母的确认"，这样可以与本书字母体系互相参照，不至于引起混乱。

11.7.1　奇序整数对

在开禧历求乘率原图中，我们约去 52，取奇序整数对 118704，325，用序列值解法（表 11.7）。

表 11.7　118704 和 325 序列值计算表

k	辗转相除(余数的筹算图位置)	商值	Q 序列	P 序列
			令 $Q_0=0$	令 $P_0=1$
1	118704＝325×365＋79(右上位)	$q_1=365$	令 $Q_1=1$	$P_1=365$
2	325＝79×4＋9(右下位)	$q_2=4$	$Q_2=4$	$P_2=1461$
3	79＝9×8＋7(右上位)	$q_3=8$	$Q_3=33$	$P_3=12053$
4	9＝7×1＋2(右下位)	$q_4=1$	$Q_4=37$	$P_4=13514$
5	7＝2×3＋1(r_5)(右上位)	$q_5=3$	$Q_5=144$	$P_5=52595$
r_5 自然余数 1(52)，r_6 最后 0				
6	2＝1×2＋0	$q_6=2$	$Q_6=325$	$P_6=118704$
r_6 调节余数 1(52)，r_7 最后 0				
6	2＝1×1＋1(r_6)(右下位)	$q_6=1$	$Q_6=181$	$P_6=66109$
7	1＝1×1＋0	$q_7=1$	$Q_7=325$	$P_7=118704$

自然余数 1(r_5)在右上位，所对应的序列值是 $Q_5=144$，$P_5=52595$。知 $x=144$ 和 $y=52595$ 为常数 1 不定方程 $118704x=325y+1$ 的一组特解。144 是同余式 $118704x\equiv 1 \pmod{325}$ 的特解。核算：118704×144＝325×52595＋1(表 11.8)。

开禧历将 144 称为乘率。可解出满去式：多少个 6172608，满去 16900，不满为 62?

调节余数 1(r_6)在右下位，所对应的序列值是 $Q_6=181$，$P_5=66109$。知 $x=181$ 和 $y=66109$，为常数 1 不定方程 $118704x=325y-1$ 的一组特解。181 是同余式 $118704x\equiv -1 \pmod{325}$ 的特解。核算：118704×181＝325×66109－1(表 11.8)。

表 11.8　奇序整数对与两种不定方程的可能解

整数的范畴				标识	不定分析式的范畴		
整数对	除法序数	余数 1	Q,P 序列值		常数	不定方程	一组特解
118704 和 325	奇序整数对	$r_5=1$ 奇	144、52595	［奇正］	正 1	$118704x=325y+1$	$x=144,y=52595$
		$r_6=1$ 偶	181、66109	［偶负］	负 1	$118704x=325y-1$	$x=181,y=66109$

1874 年，黄宗宪称 144 为整数对 118704 和 325 的乘率，将 181 称为整数对 118704 和 325 的反乘率。我们可以验算，144 是乘率：118704×144－325×52595＝1；181 是反乘率：118704×181－325×66109＝－1。

11.7.2　偶序整数对

秦九韶 1247 年的偶序整数对数例，数值太大。

我们另选推计土功题数据，解 $k\times3800\equiv1(\mathrm{mod}\ 27)$ 或不定方程 $3800x=27y+1$，即对 $G=3800$ 和 $a=27$，求乘率 $k=23$。

以偶序整数对 3800 和 27，进行序列值计算(表 11.9)。

表 11.9　3800 和 27 的序列值计算

k	辗转相除(筹算图余数位置)	商值	Q 序列	P 序列
			令 $Q_0=0$	令 $P_0=1$
1	$3800=27\times140+20$	$q_1=140$	令 $Q_1=1$	$P_1=q_1=140$
2	$27=20\times1+7$	$q_2=1$	$Q_2=q_2=1$	$P_2=1+q_2P_1=141$
3	$20=7\times2+6$	$q_3=2$	$Q_3=q_3Q_2+Q_1=3$	$P_3=P_1+q_3P_2=422$
4	$7=6\times1+1$(自然余数)	$q_4=1$	$Q_4=q_4Q_3+Q_2=4$	$P_4=P_2+q_4P_3=563$
r_4 自然余数 1，r_5 最后 0				
5	$6=1\times6+0$	$q_5=6$	$Q_5=q_5Q_4+Q_3=27$	$P_5=P_3+q_5P_4=3800$
r_5 调节余数 1，r_6 最后 0				
5	$6=1\times5+1$(调节余数)	$q_5=5$	$Q_5=q_5Q_4+Q_3=23$	$P_5=P_3+q_5P_4=3237$
6	$1=1\times1+0$	$q_6=1$	$Q_6=q_6Q_5+Q_4=27$	$P_6=P_4+q_6P_5=3800$

因 3800 满 27 去之，不满 20 为奇，27 为定。我们用大衍求一术演算(图 11.3)：

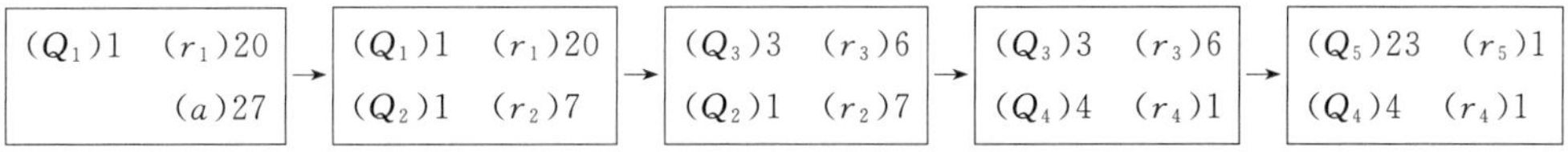

$(Q_1)1$　$(r_1)20$ 　　　$(a)27$	→	$(Q_1)1$　$(r_1)20$ $(Q_2)1$　$(r_2)7$	→	$(Q_3)3$　$(r_3)6$ $(Q_2)1$　$(r_2)7$	→	$(Q_3)3$　$(r_3)6$ $(Q_4)4$　$(r_4)1$	→	$(Q_5)23$　$(r_5)1$ $(Q_4)4$　$(r_4)1$

图 11.3　偶序整数对大衍求一术示意图

表 11.9 中，右下位的调节余数 $1(r_5)$，所对应的序列值是 $Q_5=23$，$P_5=3237$。知 $x=23$ 和 $y=3237$ 为常数为 1 的不定方程 $3800x=27y+1$ 的一组特解。23 是同余式 $3800x\equiv1(\mathrm{mod}\ 27)$的特解。核算：$3800\times23=27\times3237+1$。

这个 23 称为对于整数对 3800 和 27 的乘率。这样，我们就能列出偶序整数对 3800 和 27 的两种不定方程可能解，见表 11.10。

表 11.10　偶序整数对与两种不定方程的可能解

整数的范畴				标识	不定分析式的范畴		
整数对	除法序数	余数 1	Q,P 序列值		常数	不定方程	一组特解
3800 和 27	偶序整数对	$r_4=1$ 偶	4,563	[奇负]	负 1	$3800\times4=27\times563-1$	$x=4,y=563$
		$r_5=1$ 奇	23,3237	[偶正]	正 1	$3800\times23=27\times3237+1$	$x=23,y=3237$

再讲反乘率。以 $g=20$ 和 $a=27$ 代入黄宗宪设立的算法:“至衍数余一即止,视左角上寄数为乘率[若求反乘率,至定母余一即止,视右角上寄数为反乘率]”。

自然余数 $1(r_4)$ 所对应的序列值是 $Q_4=4$,$P_4=563$。知 $x=4$ 和 $y=563$ 为常数为 1 的不定方程 $3800x=27y-1$ 的一组特解。4 是 $3800x\equiv-1(\bmod 27)$ 的特解。核算:$3800\times4=27\times563-1$。

这个 4 称为对于整数对 3800 和 27 的反乘率。

11.7.3 经典研究中的原字母

1921 年 8 月,钱宝琮写《求一术源流考》一文,1925 年写《商余求原法》[7]一文,1966 年再写《秦九韶数书九章研究》[8]一文。在中国数学史研究上,钱宝琮第一个系统、完整研究了大衍求一术的数学证明,作出了不可磨灭的贡献,成为后世学者的楷模。

这些经典研究中,大衍总数术的符号:定数 a_i、衍母 M、奇数 g_i、乘率 k_i、用数 k_iG_i、余数 R_i、各总 $k_iG_iR_i$、解 N 等,始终保持不变。仅序列字母前后略异。

有必要把“秦九韶数书九章研究”一文的原文、原字母,照录如下:

如果 $G>a$,设 $G\equiv g(\bmod a)$,$0<g<a$,则同余式 $kg\equiv1(\bmod a)$(2)式与 $kG\equiv1(\bmod a)$(1)式等价。式内的 g 称为奇数。

大衍求一术云,置奇右上,定居右下,立天元一于左上。先以右上除右下,所得商数,与左上一相生,入左下。然后乃以右行上下,以少除多,递互除之,所得商数,随即递互累乘,归左行上下。须使右上末后奇一而止。乃验左上所得,以为乘率。

用代数符号说明大衍求一术如下:

以 g,a 二数辗转相除,得到一连串的商数 $q_1,q_2,\cdots,q_n$,到第 n 次的余数 $r_n=1$ 而止,但 n 必须是个偶数。如果 r_n 已经等于 1,那么以 1 除 r_{n-1} 得商 $q_n=r_{n-2}-1$,余数 r_n 还是 1。与辗转相除同时,按照一定的程序,依次计算 c_1,$c_2,\cdots,c_n$:

$$a=gq_1+r_1,c_1=q_1,$$
$$g=r_1q_2+r_2,c_2=q_2c_1+1,$$
$$r_1=r_2q_3+r_3,c_3=q_3c_2+c_1,$$
$$\vdots$$
$$r_{n-2}=r_{n-1}q_n+r_n,c_n=q_nc_{n-1}+c_{n-2}。$$

最后得到的 c_n 就是 k 值。我们可以证明这个方法的正确性。设 $l_2=q_2$,$l_3=q_3l_2+1$,$l_4=q_4l_3+l_3$,$\cdots$,$l_n=q_nl_{n-1}+l_{n-2}$,从上面(3)式里,我们有

$r_1=a-gq_1=a-c_1g$，

$r_2=g-r_1q_2=g-(a-c_1g)q_2=(1+c_1q_2)g-aq_2=c_2g-l_2a$，

$r_3=r_1-r_2q_3=(a-c_1g)-(c_2g-l_2a)q_3=(1+l_2q_3)a-(c_1+l_2q_3)g=l_3a-c_3g$，

⋮

$r_{n-1}=l_{n-1}a-c_{n-1}g$，

$r_n=(-1)^n(c_ng-l_na)$。

也就是

$$c_ng\equiv(-1)^nr_n(\text{mod } a)。$$

当 $r_n=1$ 时，$k=c_n$。我们有 $kg\equiv1(\text{mod } a)$。

上面求 k 值的方法和初等数学书中解一次不定方程 $gx=ay+1$ 的方法差不多，只是 $k=c_n$ 是从 q_1 顺次算到 q_n 止所得的，而 x 是从 q_n 算起逆推到 q_1 止所得的结果。$x=k(\text{mod } a)$是可以证明的。

例如，在推计地功题的演算过程中，需要计算满足同余式 $3800k\equiv1(\text{mod } 27)$的 k 倍。因 $3800\equiv20(\text{mod } 27)$，故以 20 为奇数，27 为定数，以奇与定入大衍求一术求乘率如下：

天元一	20
	27

1	20
c_1 1	$7q_1=1$

c_2　3	6　$q_2=2$
1	7

3	6
c_3　4	1　$q_3=1$

c_4　23	5　$q_4=1$
4	1

因得 $3800\times23\equiv1(\text{mod } 27)$。

这里顺便作一个注。介绍求一术时，"作十字号以界之"[9]。李俨先生认为乃是比利时来华传教士赫师慎(Van Hee L.，1873—1951)的发明，又认为他对大衍求一术的介绍比三上义夫更为详细。汪晓勤[10]则认为："这是不符合事实的。"

注意，此处使用的单序列 $c_1=q_1$，$c_2=q_2c_1+1$，$c_3=q_3c_2+c_3$，…，$c_n=q_nc_{n-1}+c_{n-2}$，所得到 c_n 就是 k 值。证明中设了另一单序列 $l_2=q_2$，$l_3=q_3l_2+1$，$l_4=q_4l_3+l_2$，…，$l_n=q_nl_{n-1}+l_{n-2}$。

这种 c 序列、l 序列与 Q 序列、P 序列的关系，用具体数字例子即可查明。

现在按"奇定处大衍求一术"，定 $a=gq_1+r_1$，$c_1=q_1$，奇 $g=r_1q_2+r_2$，$c_2=q_2c_1+1$，…，用 27 和 20 的序列值计算(表 11.11)。

表 11.11　27 和 20 的序列值计算

k	辗转相除(筹算图余数位置)	商值	Q 序列	P 序列
			令 $Q_0=0$	令 $P_0=1$
1	$27=20\times1+7$	$q_1=1$	令 $Q_1=1$	$P_1=q_1=1$

续表

k	辗转相除(筹算图余数位置)	商值	Q 序列	P 序列
2	$20=7\times2+6$	$q_2=2$	$Q_2=q_2=2$	$P_2=q_2P_1+1=3$
3	$7=6\times1+1$(自然余数)	$q_3=1$	$Q_3=q_3Q_2+Q_1=3$	$P_3=q_3P_2+P_1=4$
r_3 自然余数 1,r_4 最后 0				
4	$6=1\times6+0$	$q_4=6$	$Q_4=q_4Q_3+Q_2=20$	$P_4=q_4P_3+P_2=27$
r_5 调节余数 1,r_6 最后 0				
4	$6=1\times5+1$(调节余数)	$q_4=5$	$Q_4=q_4Q_3+Q_2=17$	$P_4=q_4P_3+P_2=23$
5	$1=1\times1+0$	$q_5=1$	$Q_5=q_5Q_4+Q_3=20$	$P_5=q_5P_4+P_3=27$

自然余数 1(q_3)对应的序列值 3(Q_3)和 4(P_4),$x=3$ 和 $y=4$ 是 $27x=20y+1$ 的一组解。核算:$27\times3-20\times4=1$。

调节余数 1(q_4)对应的序列值 17(Q_4)和 23(P_4),$x=17$ 和 $y=23$ 是 $27x=20y-1$ 的一组解。核算:$27\times17-20\times23=-1$。

注意,调节余数 1(q_4)对应的 23(P_4),除法序数 4 正是偶数,符合"以 g,a 二数辗转相除,得到一连串的商数 $q_1,q_2,\cdots,q_n$,到第 n 次的余数 $r_n=1$ 而止,但 n 必须是个偶数"。

可见此处,大衍求一术中用单个 P 序列表示为 c_n,不是 Q 序列。天元一是 P_1。列出的大衍求一图应当如图 11.4 所示。

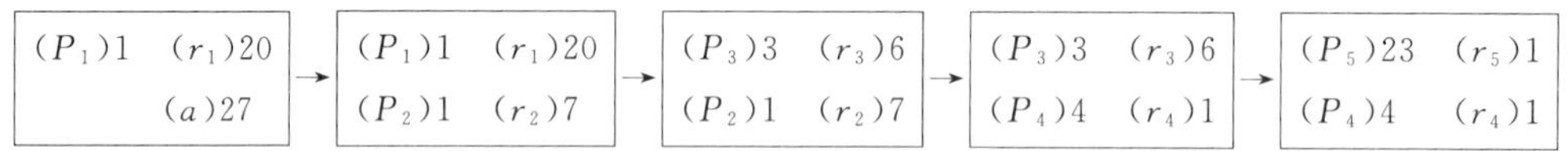

图 11.4 偶序整数对的大衍求一图

至于这一句:"上面求 k 值的方法和初等数学书中解一次不定方程 $gx=ay+1$ 的方法差不多,只是 $k=c_n$ 是从 q_1 顺次算到 q_n 止所得的,而 x 是从 q_n 算起逆推到 q_1 止所得的结果。$x=k(\mathrm{mod}\ a)$是可以证明的。"我们只需要确认一下,"顺次"指上面的方法,而"逆推"则指解不定方程 $gx=ay+1$ 的回代方法。

11.8 连分数概述

本章一开始我们就强调,不定方程、同余式、连分数等领域,都扎根在整数对现象的基础之上。因此,我们把连分数及史料安排在此节。

整数对现象中,同一商数对应的 P,Q 两个序列构成连分数。一系列相互关联的连分数构成渐近分数系列,逐渐逼近某一个有理数。

如果就以这一点作为连分数的精华，我们看到，东西方连分数的起因迥然不同。

古代中国人以大周概念为核心，寻找密近简化算法。而奥尔德斯认为连分数与分数相近，可以直接与辗转相除法挂钩。

11.8.1　连分数的引入

辗转相除式

$$a=bq_1+r_1(0<r_1<b),$$
$$b=r_1q_2+r_2(0<r_2<r_1),$$
$$r_1=r_2q_3+r_3(0<r_3<r_2),$$
$$\vdots$$
$$r_{n-3}=r_{n-2}q_{n-1}+r_{n-1}(0<r_{n-1}<r_{n-2}),$$
$$r_{n-2}=r_{n-1}q_n+0(r_n=0)。$$

在有限 n 次除法之后，以余数 $r_n=0$ 的除法结束辗转相除。

由辗转相除式，我们有

$$\frac{a}{b}=q_1+\frac{r_1}{b}=q_1+\frac{1}{\dfrac{b}{r_1}}=q_1+\frac{1}{q_2+\dfrac{r_1}{r_2}},$$

利用第三个除式$\dfrac{r_1}{r_2}=q_3+\dfrac{r_3}{r_2}$，以 $q_3+\dfrac{1}{\dfrac{r_2}{r_3}}$代替$\dfrac{r_1}{r_2}$，如此继续，得出表达式

$$\frac{a}{b}=q_1+\frac{1}{q_2}+\frac{1}{q_3}+\cdots+\frac{1}{q_n}=[q_1,q_2,q_3,\cdots,q_n]\ 。$$

我们看到，连分数同样涉及商数损一调节举措。

定理 1.1　任一有限简单连分式表示一个有理数。反过来，任一有理数$\dfrac{p}{q}$也都能表示为一个有限简单连分式，除开下面例外，表达式或展式是唯一的。

由 a_i 的计算方法就可推出表达式的唯一性，但是这个论断必须附加一个说明：表达式一经得到，我们总可以修改最后一项 a_n，使得表达式中所含的项是奇的或者是偶的，依我们的选择而定。为了弄明白这一点，当 a_n 比 1 大时，我们可以写出

$$\frac{1}{a_n}=\frac{1}{(a_n-1)+1}。$$

所以$\dfrac{p}{q}=[a_1,a_2,a_3,\cdots,a_n]$可由$\dfrac{p}{q}=[a_1,a_2,\cdots,a_{n-1},a_n-1,1]$来替代。

另一方面，由 $a_n=1$ 时，$\dfrac{1}{a_n}=\dfrac{1}{a_n-1+1}$，所以$\dfrac{p}{q}=[a_1,a_2,a_3,\cdots,a_n]$变为$\dfrac{p}{q}=[a_1,a_2,\cdots,a_{n-2},a_{n-1}+1]$。

定理 1.2 任一有理数$\dfrac{p}{q}$都能展为有限简单连分式，并可对展式的最后一项做修改，使得展式中的项数或者是奇数或者是偶数。

有理数展成连分数，入算两数并不要求互素。$\dfrac{201}{87}$与$\dfrac{67}{29}$展式相同。

化简连分数是其反向操作，形成既约分数。《连分数》[11]说："我们一定回到$\dfrac{67}{29}$，而不是$\dfrac{201}{87}$。这样所得到的有理分数$\dfrac{p}{q}$总是既约分数。"

11.8.2 渐近分数序列

任何有理分数$\dfrac{a}{b}$都可展为有限简单连分数

$$\frac{a}{b}=[q_1,q_2,\cdots,q_{n-1},q_n]。$$

这里 q_1 是正的，或者负的，或者是零，而 $q_2,q_3,\cdots,q_n$ 都是正整数。我们把数 q_1，$q_2,\cdots,q_n$ 叫作连分数的部分商或连分数的商。我们可以利用它们构成分数

$$c_1=\frac{q_1}{1},c_2=q_1+\frac{1}{q_2},c_3=q_1+\frac{1}{q_2}+\frac{1}{q_3},\cdots。$$

它们分别由原连分数在第一、第二、第三……处切断而得到。这些分数分别叫作连分数的第一个、第二个、第三个……渐近分数，第 n 个渐近分数

$$c_n=q_1+\frac{1}{q_2}+\frac{1}{q_3}+\cdots+\frac{1}{q_n}=[q_1,q_2,q_3,\cdots,q_n]$$

等于连分数自己。

计算这些渐近分数的方法。我们写 $c_1=\dfrac{a_1}{1}=\dfrac{p_1}{q_1}$，这里 $p_1=a_1,q_1=1$。接着，我们写 $c_2=a_1+\dfrac{1}{a_2}=\dfrac{a_1a_2+1}{a_2}=\dfrac{p_2}{q_2}$，这里 $p_2=a_1a_2+1$，$q_2=a_2$。然后，$c_3=a_1+\dfrac{1}{a_2}+\dfrac{1}{a_3}=\dfrac{a_1a_2a_3+a_1+a_3}{a_2a_3+1}=\dfrac{p_3}{q_3}$，$c_4=a_1+\dfrac{1}{a_2}+\dfrac{1}{a_3}+\dfrac{1}{a_4}=\dfrac{a_1a_2a_3a_4+a_1a_2+a_1a_4+a_3a_4+1}{a_2a_3a_4+a_2+a_4}=\dfrac{p_4}{q_4}$，如此等等。我们更仔细观察，注意到 $c_3=\dfrac{a_3(a_1a_2+1)+a_1}{a_3(a_2)+1}=\dfrac{a_3p_2+p_1}{a_3q_2+q_1}=\dfrac{p_3}{q_3}$，所以 $p_3=a_3p_2+p_1,q_3=a_3q_2+q_1$。

在一般情况下，对于 $i=3,4,5,\cdots,n$，

$$c_i=[a_1,a_2,\cdots,a_i]=\frac{p_i}{q_i},$$

其中，$p_i=a_ip_{i-1}+p_{i-2}$，$q_i=a_iq_{i-1}+q_{i-2}$。即有

$$\frac{a}{b}=q_1+\frac{1}{q_2}+\frac{1}{q_3}+\cdots+\frac{1}{q_n}=[q_1,q_2,q_3,\cdots,q_n]\text{。}$$

11.8.3 连分数简史

奥尔德斯认为，连分数思想最早期的线索是不甚明了的，因为许多古代的数学结果只是对这种分数的一种启发，当时并不存在这一课题的系统发展。

因此，奥尔德斯关于“连分数”起源的提法有这样三条。

求两个数最大公约数的欧几里得辗转相除法，在本质上就是把一个分数化为连分数的方法。这或许是连分数发展的最早的(公元前300年)重要一步。

第二条涉及印度数学家阿耶波多一世前文出现过的著作，出现过最早用连分数求线性不定方程一般解的尝试。

第三条，连分数一般概念的进一步线索，是偶然地在阿拉伯和希腊的著作中发现的。

我们则认定连分数只是整数对现象一个分支，特征是渐近分数。

数学史研究只能根据史料事实说话。1999年王渝生指出的“算理上的分析并不能代替对历史事实的确定，任何结论都必须有史料上的依据”，确实是至理名言。

因此，我们以公元前104年密近简化算法作为连分数的萌芽。

西方人以连分数逐次删除尾部，形成渐近分数系列。其实，只要算出同一个商的两个序列值，就组成与两原整数之比近似的分数了。

早在公元前104年，落下闳把古六历的$\frac{499}{940}$密近简化计算为$\frac{43}{81}$，求出太初历的日法81。

中国人的密近简化算法是上元积年计算法的基础。如果没有发现以岁星岁数为代表的大周概念，我们真不知道怎样跨越1208年开禧历之前1200多年的漫长时光，去证明公元之初历法家已经知晓密近简化算法。

公元前7年，刘歆利用岁星纪年法12岁作小周，刻意凑合岁星岁数的基础数据，应用密近简化算法研究木星大周，挂靠周易“乾坤之策”，独创岁星超辰。

公元5世纪的祖冲之发扬密近简化算法，大胆提出了391年144闰的闰周新数据。祖冲之可能利用刘徽割圆术的“差幂”，实行补缀衔接，应用密近简化法，简捷明快求出朒数、盈数。再用密近简化法，求出圆周率的约率和密率。

早期西方数学家只是孤立地研究连分数的表达形式，逼近已知根号、已知分数等。

大多数权威认为，连分数的近代理论开始于蓬贝利。

这位意大利数学家生于波伦亚。1551年开始从事水利设计工作，参与基亚纳河谷沼泽地的开垦。1556年到1560年，他利用开垦间断时间撰写了《代数学》，在1572年出版了前3卷。后2卷手稿是1923年才被发现，1929年出版。该书从基本定义和符号入手，

系统地总结了16世纪的代数方程理论，讨论了多种二、三、四次方程的求解，特别是解决了三次方程不可约的情况，并为此建立了虚数的运算法则。他还采用了若干较先进的代数符号，首次用连分数逼近平方根的值。例如，用现代符号来写$\sqrt{13}=3+\frac{4}{6}+\frac{4}{6}+\cdots$。

他的工作受到斯蒂文(Stevin，Simon，1548—1620)、莱布尼茨(Leibniz，Gottfried Wilhelm，1646—1716)等后继数学家的高度赞誉，影响很大。

西方第二个考虑连分数的是卡塔尔迪(Gataldi，Pietrn Antonio，1552—1626)，也是波伦亚人。在一篇关于根理论的论文中，为了印刷方便，写成$\sqrt{18}=4.+\frac{2}{8}.\&\frac{2}{8}.\&\frac{2}{8}..$。

第三个西方作者是施温特(Schwenter，Damiel，1585—1636)，法国阿尔特道夫大学教授，在不同的时间教过希伯来语、东方语和数学。在《实用几何》(*Geometrica Practica*)中求177和233的最大公约数，发现了求$\frac{177}{233}$的近似值的方法。通过计算，他定出了渐近分数$\frac{79}{104}$，$\frac{19}{25}$，$\frac{3}{4}$，$\frac{1}{1}$和$\frac{0}{1}$。

另一个使用连分数的卓越数学家是布龙克尔(Brouncker，William，1620—1684)，他是皇家协会的第一任会长。他把英国数学家瓦里斯(Wallis，John，1616—1703)所发现的有趣的无穷乘积

$$\frac{4}{\pi}=\frac{3\cdot3\cdot5\cdot5\cdot7\cdot7\cdot9\cdot9\cdot\cdots}{2\cdot4\cdot4\cdot6\cdot6\cdot8\cdot9\cdot10\cdot\cdots}$$

转化为连分数

$$\frac{4}{\pi}=1+\frac{1^2}{2}+\frac{3^2}{2}+\frac{5^2}{2}+\frac{7^2}{2}+\cdots,$$

但是他没有给出这些分数的进一步应用。

在瓦里斯发表于1655年的《无穷小算术》(*Arithmetica Infinitorum*)一书中，讨论了布龙克尔的连分数，叙述了一般连分数的渐近分数的许多初等性质，其中包括它们的构成法则。他第一次使用了“连分数”这一术语。

伟大的荷兰数学家、力学家、天文学家和物理学家惠更斯(Huygens，Christiaan，1629—1695)，为了给出天文馆齿轮的正确设计的一个好的近似，使用了连分数，并把此写进了论文《自动描述天象仪》(*Descriptio Automati Planetarii*)中，这篇论文在他去世后于1698年发表。

由此开始，像欧拉(Euler，1707—1783)、兰伯特(Lambert，1728—1777)、拉格朗日(Lagrange，1736—1813)等大数学家，以及其他数学家发展了我们今天所知道的理论。欧拉的重要论文《连分数》(1737年)为连分数的现代理论奠定了基础。

参考文献

[1] 杜德利.基础数论[M].周仲良，译.上海：上海科学技术出版社，1980.

[2] 钱宝琮.秦九韶数书九章研究[C]//钱宝琮等.宋元数学史论文集.北京：科学出版社，1966.

[3] 钱宝琮.授时历法略论[C]//自然科学史研究所.钱宝琮科学史论文选集.北京：科学出版社，1983：352.

[4] 王翼勋.授时历草立天元一求矢术复原[J].苏州大学学报(自然科学版)，1998(4)：9—15.

[5] 闵嗣鹤，严士健.初等数论[M].3版.北京：高等教育出版社，2003：10.

[6] 王翼勋.传统数学的千年等数和乘率之谜[J].数学传播，2012，36(4)：69—82.

[7] 徐震池.商余求原法[J].科学，1925(2).

[8] 同[2]

[9] 李俨.大衍求一术之过去与未来[C]//李俨.中算史论丛(一).北京：科学出版社，1954：60—121.

[10] 汪晓勤.大衍求一术在西方的历程[J].自然科学史研究，1999，18(3)：222—233.

[11] 奥尔德斯.连分数[M].张顺燕，译.北京：北京大学出版社，1985：15—43.

第十二章 线性同余式组

本章观摩1801年高斯在《算术研究》中，处理线性同余式组时的原文、原术、原意，可以加强对整数对现象的起源和发展的认识。

12.1 高斯与《算术研究》

1801年，高斯的《算术研究》问世，开创了数论发展史上的一个新纪元。

高斯是德国18世纪末到19世纪伟大的数学家、天文学家和物理学家，与阿基米德、牛顿同享盛名。克莱因(Klein,Felix,1849—1925)说过："如果我们把18世纪的数学家想象为一系列的高山峻岭，那么最后一个使人肃然起敬的峰巅便是高斯——那样一个在广大丰富的领域里充满了生命的新元素。"

高斯在数学上的贡献遍及纯粹数学和应用数学的各个领域，而他最钟爱的却是数论。高斯曾说过："数学是科学的女皇，数论则是数学的女皇。"

《算术研究》是一部划时代的作品，它结束了19世纪以前数论的无系统状态。在《算术研究》中，高斯对前人在数论方面的一切杰出而又零星的成果予以系统的整理，并积极加以推广，给出了标准化的记号。

这部伟大的著作包含三个核心理论是：同余的理论、代数数的引进，以及作为丢番图分析指导思想的型的理论。

同余是数论研究中的基本课题，虽然这一概念的提出出现于欧拉、拉格朗日和勒让德的著作中，可是高斯给它引入了现代的符号，并予以系统的研究。基本思想是简单的：当a和b被m整除时有相同的余数，那么$a \equiv b$ modulo m，modulo这个词现在简记为mod。

高斯用同余式的术语给出了费马小定理的一个证明。费马小定理用同余式的术语叙述就是：若p是素数而a不是p的倍数，则$a^{p-1} \equiv 1$ modulo p。这个定理是高斯从对高次同余式

$$x^n \equiv a \text{ modulo } m$$

的研究中推出的。

我们关注的重点，则是伟大的数学家高斯，在24岁那年对一般一次同余式组理论进行详细研究时，究竟说了些什么，并且是怎样说的。

12.2　同余的定义与性质

12.2.1　现代的同余式概念

同余一词，按中文译名词意来说，就是“余数相同”[1]。

现代数论上的同余类概念定义为：

由于 $a\equiv b(\mathrm{mod}\ m)$，于是有 $a+k\cdot m\equiv b(\mathrm{mod}\ m)$，这时 k 为整数。

高斯在《算术研究》第1节，列出的同余定义是：

如果数 a 整除 b 和 c 之差，我们就说 b 和 c 相对于 a 同余；如果不能整除，则 b 和 c 不同余。

显然，中国的传统历法观念上，并没有出现这种现代意义上的同余概念，只有以奇入算。

12.2.2　同余的和、差、积

第5节到第8节，叙述同余性质解同余式的基础。

5. 建立了这些概念之后，我们据此而建立起性质：

相对于一个合数模同余的数，也相对于这个模的任何因数同余。

如果相对于同一个模，许多数与同一个数同余，那么它们彼此(相对于同一个模)同余。

模的这种特性也可理解如下：

同余的许多数具有同一个最小剩余，非同余数的最小剩余不同。

6. 已知 A,B,C 等和其他数 a,b,c 等，相对于无论哪一个模，彼此同余，即有 $A\equiv a,B\equiv b$ 等，那么 $A+B+C+$ 等 $\equiv a+b+c+$ 等。

如果 $A\equiv a,B\equiv b$ 等，于是 $A-B\equiv a-b$。

7. 如果 $A\equiv a$，那么也有 $kA\equiv ka$。

如果 k 是个正数，那么这只是前面小节(第6小节)令 A,B,C 等和其他数 a,b,c 等的特例。如果 k 是个负数，$-k$ 会是正的，这样 $-kA\equiv -ka$，所以 $kA\equiv ka$。

如果 $A\equiv a,B\equiv b$，那么 $AB\equiv ab$，因为 $AB\equiv Ab\equiv ba$。

8. 已知无论哪一个数，A,B,C 等和对于它们同余的其他数 a,b,c 等，有 $A\equiv a,B\equiv b$ 等，那么每一个乘积会同余，即 $ABC\equiv abc$ 等。

12.3 整数对现象的叙述

《算术研究》的第27节介绍了整数对现象。处理整数对时，分成两个环节：一是附有商数损一调节的辗转相除，二是序列计算。两者合成一个循环。以重现入算整数对表示余数为0的序列值。

在本书第十一章中，我们用现代数论角度，分析了整数对的各个环节。本节中，我们着重于理解原文、原术、原意。

12.3.1 高斯的序列计算

约定序列的计算公式，这是第一段：

> 如果量 A,B,C,D,E 等以下列形式依赖于 $\alpha,\beta,\gamma,\delta$ 等，这样，
>
> $$A=\alpha,B=\beta A+1,C=\gamma B+A,D=\delta C+B,E=\varepsilon D+C \text{ 等。}$$
>
> 为简便计，我们写成
>
> $$A=[\alpha],B=[\alpha,\beta],C=[\alpha,\beta,\gamma],D=[\alpha,\beta,\gamma,\delta]\text{等。}$$

列出方括号之内的若干商值，作为序列值的简化形式，显示出一种函数的概念。

高斯只记载了序列的一组计算公式，实际上表达了前后项递推关系相同的 P 序列、Q 序列。至于体现 P 序列还是 Q 序列，取决于首项 A，取首商(q_1)还是次商(q_2)。

12.3.2 高斯的辗转相除

约定 a 和 b 来源于 $ax+by=\pm1$，a,b 是正数，不妨假定 a 不小于 b。我们简称为大系数项 ax 约定。由可解条件知 a,b 互素，自然余数为1。

任何线性不定方程都能通过移项、字母转换等措施，满足大系数项 ax 约定。

附有商数损一调节举措的辗转相除过程，是第二段。

由商数损一调节，展示自然余数1和调节余数1，最后得到入算互素整数对重现。

> 现在我们考虑不定方程 $ax=by\ \pm1$，a,b 是正数，不妨假定 a 不小于 b。现在通过求两个数最大公约数的已知算法，用普通除法构成等式
>
> $$a=\alpha b+c,b=\beta c+d,c=\gamma d+e,\text{等等，}$$
>
> 使得 α,β,γ 等，c,d,e 等是正整数，数值递降，直到 $m=\mu n+1$，这总是可以做到的，结果会是
>
> $$a=[n,\mu,\cdots,\gamma,\beta,\alpha],b=[n,\mu,\cdots,\gamma,\beta]\text{。}$$

所谓“已知算法”，指余数为0的现代欧几里得辗转相除法。“$m=\mu n+1$，这总是可以做到的”，说的是应用商数损一调节举措，形成自然余数1和调节余数1，伴有各自的商 μ、被除数 m 和除数 n。这里的除数 n 与对应于余数0的商 n，字母相同，含义不同。

一般而言，由 $a=[n,\mu,\cdots,\alpha]$表示，商系列记 $\alpha,\cdots,\mu,n$。商 n 对应于余数0。

互素奇序整数对118704和325序列值计算如下表(表12.1)。

表12.1　互素奇序整数对118704和325序列值计算

k	辗转相除	商值	Q 序列	P 序列
			令 $Q_0=0$	令 $P_0=1$
1	$118704=325\times365+79$	$q_1=365$	令 $Q_1=1$	$P_1=365$
2	$325=79\times4+9$	$q_2=4$	$Q_2=4$	$P_2=1461$
3	$79=9\times8+7$	$q_3=8$	$Q_3=33$	$P_3=12053$
4	$9=7\times1+2$	$q_4=1$	$Q_4=37$	$P_4=13514$
5	$7=2\times3+1(r_5)$	$q_5=3$	$Q_5=144$	$P_5=52595$
r_5 自然余数1,r_6 最后0				
6	$2=1\times2+0$	$q_6=2$	$Q_6=325$	$P_6=118704$
r_6 调节余数1,r_7 最后0				
6	$2=1\times1+1(r_6)$	$q_6=1$	$Q_6=181$	$P_6=66109$
7	$1=1\times1+0$	$q_7=1$	$Q_7=325$	$P_7=118704$

表12.1中,118704与325互素,除法 $7=2\times3+1$ 产生自然余数 $1(r_5)$,商3损1为2,于是除法 $2=1\times1+1(r_6)$ 产生调节余数 $1(r_6)$。两个余数连同各自后续的0,组成两个余数分支。

余数0相关序列值“$a=[n,\mu,\cdots,\gamma,\beta,\alpha]$,$b=[n,\mu,\cdots,\gamma,\beta]$”,重现互素入算数。

表中,自然余数分支结尾,对应 $r_6=0$,$325(Q_6)=325(b)$ 和 $118704(P_6)=118704(a)$。调节余数分支结尾,对应 $r_7=0$,$325(Q_7)=325(b)$ 和 $118704(P_7)=118704(a)$。

12.3.3　高斯的配置法则

整数对一旦确定,即取定两个整数,或为奇序整数对,或为偶序整数对。

一组整数对中的商数损一调节举措,产生自然余数1、调节余数1,从而对应于常数1的不定方程。

第三段,高斯设立配置法则如下:

> 当 $[\alpha,\beta,\gamma,\cdots,\mu,n]$ 项的个数是偶数时,我们有 $ax=by+1$;当项的个数是奇数时,我们有 $ax=by-1$。

就是说:奇序整数对 a,b 作系数,辗转相除商总个数是偶,对应于 $ax=by+1$。反之,偶序整数对 a,b 作系数,辗转相除商总个数是奇,对应于 $ax=by-1$。

12.4 同余式的解

12.4.1 根的标识

同余式根的一种标识方法，与方程类似：

以方程 $ax=b$ 的解能够表示为 b/a，同样，我们会用 b/a 指明同余式 $ax\equiv b$ 的根，并把它与同余的模放在一起加以标识。这样，例如，19/17(mod 12)记任何数≡11(mod 12)。

一元一次方程 $17x=19$ 的根，只标识相关数据，如 $x=19/17$，就不必解出具体值了。同余式的根，也可以只标识系数、常数，连同相关模来表示，也不必解出具体值。

在第 36 节中，用到三次根标识，列出表 12.2：

表 12.2 根标识对照

根的标识方法	$1/BCD(\text{mod } A)$	$1/(19\times28)(\text{mod } 15)$	$1/532(\text{mod } 15)$
同余式的记法	$BCD\ x\equiv1(\text{mod } A)$	$(19\times28)\ x\equiv1(\text{mod } 15)$	$532\ x\equiv1(\text{mod } 15)$

12.4.2 解同余式常用性质

整除性质、公约数性质和三项最大公约数性质，在同余式解题中发挥了很大的作用。

整除性质载于第 29 节。当系数 a 为模 δ 的倍数时，

因 δ 整除 a，$ax\equiv0(\text{mod } \delta)$。

公约数性质，见第 31 节，有两种。

三项的最大公约数，可在同余式中同时约去：

$b\delta x\equiv a\delta(\text{mod } c\delta)$和 $bx\equiv a(\text{mod } c)$等价。

系数和常数两项的最大公约数，则在一定条件下进行约简：

当 k 和 c 互素时，$bkx\equiv ak(\text{mod } c)$和 $bx\equiv a(\text{mod } c)$等价。

12.5 乘积模的同余式解法

12.5.1 原文

第 30 节研究同余式的乘积模与因数模的关系。

当模是合数时，有时利用下面方法很有利。

设模为 mn，相关的同余式 $ax\equiv b(\text{mod } mn)$。首先，解关于模 m 的同余式。假定它得到满足，如果 $x\equiv v(\text{mod } m/\delta)$，这里 δ 是数 m 和 a 的最大公约数。显然，相对于模 mn 满足同余式 $ax\equiv b$ 的 x 的任意值，也相对于模 m 满足同余式，

从而可以用形式 $v+(m/\delta)x'$ 来表示，这里 x' 是某个任意整数。然而，反之则不成立，因为并非形如 $v+(m/\delta)x'$ 所有的数满足相对于模 mn 的同余式。确定 x' 值的事宜，使得 $v+(m/\delta)x'$ 是同余式 $ax\equiv b(\mathrm{mod}\ mn)$ 的根，能够从同余式 $(am/\delta)x'+av\equiv b(\mathrm{mod}\ mn)$ 的解或者等价的同余式 $(a/\delta)x'\equiv(b-av)/m(\mathrm{mod}\ n)$ 的解中导出。这就推出，相对于模 mn 的任何一次同余式的解，都能从两个相对于模 m 和模 n 的任何一次同余式的解中导出。显然，如果 n 又是两个因数的乘积，相对于模 n 的同余式的解依赖于两个同余式，它们的模就是这两个因数。一般地说，相对于合数模的同余式的解，取决于其他同余式的解，这些同余式的模是合数的因数。这些因数可以是素数，如果这样做方便的话。

我们采用高斯的具体数例，解释乘积模同余式的解法，较为清晰：

$$19x\equiv1(\mathrm{mod}\ 140)。$$

模 140 是四个素数 2，2，5，7 的乘积，从小到大排列。系数不变，可相对各个素数模，推导出四个同余式。各同余式的常数当然要渐次计算。

1　关于素数模 2

考虑第一个素数模 2 的同余式：

$$19x\equiv1(\mathrm{mod}\ 2)。$$

取 19 关于模 2 的余数，$19=2\times9+1$，拆成两个同余式。依整除性质，“因 δ 整除 a，$ax\equiv0(\mathrm{mod}\ \delta)$”，去除 $2\times9x\equiv0(\mathrm{mod}\ 2)$，留下同余式

$$x\equiv1(\mathrm{mod}\ 2)。$$

满足这个同余式的 x 值，都可表示成 $x=1+2x'$，x' 是任意整数。

高斯说：“显然，相对于模 mn 满足同余式 $ax\equiv b$ 的 x 的任意值，也相对于模 m 满足同余式，从而可以用形式 $v+(m/\delta)x'$ 来表示，这里 x' 是某个任意整数。”

把 $x=1+2x'$ 代入原同余式 $19x\equiv1(\mathrm{mod}\ 140)$，得

$$38x'\equiv-18(\mathrm{mod}\ 140)。$$

依三项最大公约数性质，“$b\delta x\equiv a\delta(\mathrm{mod}\ c\delta)$ 和 $bx\equiv a(\mathrm{mod}\ c)$ 等价”，约去 2 得

$$19x'\equiv-9(\mathrm{mod}\ 70)。$$

2　关于第二个素数模 2

据同余式 $19x'\equiv-9(\mathrm{mod}\ 70)$，$70=2\times5\times7$。系数不变，对第二个素数模 2 的同余式

$$19x'\equiv-9(\mathrm{mod}\ 2)。$$

因 $19=2\times9+1$，去除 $2\times9x'\equiv0(\mathrm{mod}\ 2)$。取系数 19 关于模 2 的余数 1，有

$$x'\equiv1(\mathrm{mod}\ 2)。$$

把解 x' 表示成 $x'=1+2x''$，新变量 x'' 为任意整数。代入 $19x'\equiv-9(\mathrm{mod}\ 70)$，整理得

$$38x'' \equiv -28 \pmod{70},$$

约去三项最大公约数 2,得

$$19x'' \equiv -14 \pmod{35}。$$

3　关于第三个素数模 5

根据同余式 $19x'' \equiv -14 \pmod{35}$,$35=5\times7$。考虑关于素数模 5 的同余式:

$$19x'' \equiv -14 \pmod{5}。$$

利用"如果相对于同一个模,许多数与同一个数同余,它们(相对于同一个模)彼此同余",寻找作为系数倍数的常数。

关于模 5 与余数 -14 同余的数 $-9,-4,\cdots,71,76$ 中,找到 76,是 19 的 4 倍:

$$19x'' \equiv 76 \pmod{5}。$$

在"当 k 和 c 互素时,$bkx \equiv ak \pmod{c}$ 和 $bx \equiv a \pmod{c}$ 等价"下,由系数 19 与模 5 互素,可以约去最大公约数 19,得

$$x'' \equiv 4 \pmod{5}。$$

再引入新变量 x''',x''' 是任意整数,把解 x'' 表示为 $x''=4+5x'''$。代入上式,得

$$95x' \equiv -90 \pmod{35}。$$

依三项最大公约数性质,约去 5 得

$$19x''' \equiv -18 \pmod{7}。$$

4　关于第四个素数模 7

最后一步,待解同余式 $19x''' \equiv -18 \pmod{7}$ 只有一个素数模 7。

因 $19=2\times7+5$,利用整除性质,去除 $2\times7x''' \equiv 0 \pmod{7}$,留下

$$5x''' \equiv -18 \pmod{7}。$$

在关于模 7 与余数 -18 同余的许多数 $-11,-4,3,10$ 中,找到 10,是系数 5 的 2 倍,

$$5x''' \equiv 10 \pmod{7}。$$

因系数 5 与模 7 互素,系数 5 与常数 10 可同时除以最大公约数 5,得

$$x''' \equiv 2 \pmod{7}。$$

再引入新变量 x'''',表为 $x'''=2+7x''''$,x'''' 是任意整数。

12.5.6　同余式的解

前面先后四次引入新未知数,产生首尾衔接的四个递推式:

$$x=1+2x',x'=1+2x'',x''=4+5x''',x'''=2+7x''''。$$

逐个代回,得到:$x=1+2x'=1+2(1+2x'')=3+4x''=3+4(4+5x''')=19+20x'''=19+20(2+7x'''')=19+20(2+7x'''')=59+140x''''$,即有

$$x=59+140x''''。$$

这就是说,$x\equiv59 \pmod{140}$ 是同余式的解。

12.6 模不互素(双式)同余式程序

模不互素同余式组定义:“求出所有的数,它们对于任何数量的已知模具有已知余数。”

先讲模不互素(双)同余式组程序。再讲 n 个同余式的一次同余式组,要经过 $n-1$ 次处理。最后一个(双)同余式组的解,就是整个同余式组的解。

12.6.1 高斯原文

关于求出所有的数,它们对于任何数量的已知模具有已知余数的这样一个问题,很容易从我们已经看到的过程中得到解答,并将证明在后面是非常有用的。令 A,B 为已知模。对于这些已知模 A,B,我们寻找能分别同余于 a,b 的数 z。z 的所有这些值具有形式 $Ax+a$,这里 x 是任意整数,从而使得 $Ax+a\equiv b(\mathrm{mod}\ B)$。现在如果 A,B 的最大公约数是 δ,同余式的全部解就有形式 $x\equiv v(\mathrm{mod}\ B/\delta)$,或者类似地,$x=v+(kB/\delta)$,$k$ 是任意整数。这样,公式 $Av+a+(kAB/\delta)$ 会包括所有的 z 值,即 $z\equiv Av+a(\mathrm{mod}\ AB/\delta)$ 会是问题的全部解。如果对于模 A,B,加上第三个模 C,据此模,$z\equiv c$,显然,我们以同一个过程处理,因为先前的两个条件合并成一个条件。所以,如果 $AB/\delta,C$ 的最大公因数是 e,如果同余式 $(AB/\delta)x+Av+a\equiv c(\mathrm{mod}\ C)$ 的解是 $x\equiv w(\mathrm{mod}\ C/e)$,那么问题会由同余式 $z\equiv(ABw/\delta)x+Av+a(\mathrm{mod}\ ABC/\delta e)$ 完全解决。我们观察到 $AB/\delta,ABC/\delta$ 分别是数 A,B 和 A,B,C 的最小公倍数,容易确立,不管多少模,如 A,B,C 等,如果它们的最小公倍数是 M,全部解就具有形式 $z\equiv r(\mathrm{mod}\ M)$。但当辅助同余式中没有一个可解时,我们的结论是这个问题含有不可能性。但显然当数 A,B,C 等两两互素时,这不可能发生。

例:令数 A,B,C,a,b,c 为 504,35,16,17,-4 和 33。这里两个条件 $z\equiv 17(\mathrm{mod}\ 504)$ 和 $z\equiv -4(\mathrm{mod}\ 35)$ 等价于一个条件 $z\equiv 521(\mathrm{mod}\ 2520)$;增入条件 $z\equiv 33(\mathrm{mod}\ 16)$。我们最后得到 $z\equiv 3041(\mathrm{mod}\ 5040)$。

同一个量,除以不互素多个模,得到多个余数,构成一次同余式组:

$$z\equiv 17(\mathrm{mod}\ 504)\equiv -4(\mathrm{mod}\ 35)\equiv 33(\mathrm{mod}\ 16),$$

解出 $z\equiv 3041(\mathrm{mod}\ 5040)$。

12.6.2 双式同余式组求解

两个同余式,成为一个双同余式组:

$$z\equiv 17(\mathrm{mod}\ 504)\equiv -4(\mathrm{mod}\ 35)。$$

从第一个同余式 $z\equiv 17(\mathrm{mod}\ 504)$,引入新未知数 x,得到 $z=504x+17$。代入第二

个同余式 $z\equiv -4(\bmod 35)$，得

$$504x\equiv -4-17(\bmod 35)。$$

第一个模 504 变成新未知数 x 的系数，新余数变成 $-4-17=-21$。

504 与 35 的最大公约数 7，把模 35 分成两个因数 7 和 $5=35/7$。于是导出两个同余式：$504x\equiv -4-17(\bmod 7)$ 和 $504x\equiv -4-17(\bmod 5)$。

去除 $504x\equiv -4-17(\bmod 7)$，留下同余式 $504x\equiv -4-17(\bmod 5)$，另觅字母 v 表示解。

再次引入新未知数 k，把 $x\equiv v(\bmod 5)$ 的解写成 $x=v+(5\times k)$。代入 $z=Ax+a=504(v+(5\times k))+a=504v+17+(5\times 504\times k)$。我们姑且取 $v=1$，由 $z\equiv 504v+17(\bmod 2520)$，得 $Av+a=504\times 1+17=521$，$AB/\delta=504\times 35/7=2520$，得到双式同余式组解：

$$z\equiv 521(\bmod 2520)。$$

高斯描述双式同余式组："这样，公式 $Av+a+(kAB/\delta)$ 会包括所有的 z 值，即 $z\equiv Av+a(\bmod AB/\delta)$ 会是问题的全部解。"

12.6.3 叠加双式同余式

再利用双式同余式组："如果对于模 A，B，加上第三个模 C，据此模，$z\equiv c$。显然，我们以同一个过程处理，因为先前的两个条件合并成一个条件。"

加上未处理过的 $z\equiv 33(\bmod 16)$，$z\equiv 521(\bmod 2520)$ 就形成新的双式同余式组：

$$z\equiv 521(\bmod 2520)\equiv 33(\bmod 16)。$$

套用上面方法，把前面的 $z\equiv 521(\bmod 2520)$ 代入 $z\equiv 33(\bmod 16)$，得

$$2520x+521\equiv 33(\bmod 16)。$$

由 2520，16 的最大公因数 8，分解成两个同余式 $2520x+521\equiv 33(\bmod 8)$ 和 $2520x+521\equiv 33(\bmod 2)$。前者具有整除性质，可去除；后者能够解出。高斯说："所以，如果 AB/δ，C 的最大公因数是 e，如果同余式 $(AB/\delta)x+Av+a\equiv c(\bmod C)$ 的解是 $x\equiv w(\bmod C/e)$，那么问题会由同余式 $z\equiv(ABw/\delta)x+Av+a(\bmod ABC/\delta e)$ 完全解决。"解不得不另觅字母 w 表示。于是有

$$z\equiv 3041(\bmod 5040)。$$

综上所述，同一个量除以三个模得到三个余数，构成一次同余式组。

先抽出两个同余式，得到同余式 $z\equiv 521(\bmod 2520)$。再增加一个同余式，又成了一个新的（双式）同余式组。三个同余式的组，要用两次子程序。n 个同余式的一次同余式组，共需要经过 $n-1$ 次处理。

最后一次（双式）同余式组的解，就是整个同余式组的解。

12.6.4　关于两两互素模与最小公倍数

最后，有鉴于模不互素导致的复杂性，高斯强调两两互素模的重要性，作出如下评论：

> 我们观察到 AB/δ，ABC/δ 分别是数 A，B 和 A，B，C 的最小公倍数，容易确立，不管多少模，我们有 A，B，C 等，如果它们的最小公倍数是 M，全部解就具有形式 $z\equiv r(\text{mod } M)$。但当辅助同余式中没有一个可解时，我们的结论是这个问题含有不可能性。但显然当数 A，B，C 等两两互素时，这不可能发生。

非两两互素模的最小公倍数，能够用作一次同余式组总解的总模。进一步讲，如果模 A，B，C 等两两互素时，一次同余式组问题很容易解决。

这正是在《算术研究》第 36 节中，讨论剩余定理时所要用的。

12.6.5　入手处理的对象

其实，第 32 节还暴露了一个问题，就是入手时着眼于模还是着眼于余数。

双式同余式组着眼于模，随之计算而得的余数无法整齐划一，不得不另觅字母 v，w 表示。第一次应用双式同余式组解法 $z\equiv a(\text{mod } A)\equiv b(\text{mod } B)$。导致同余式 $Ax\equiv b-a(\text{mod } B/\delta)$，必须根据具体数据得到解，用字母 v 表示，写成 $x\equiv v(\text{mod } B/\delta)$。第二次应用双式同余式组解法时，相应的特定值记为 w。

两两互素模一次同余式组的剩余定理则是相反的入手方案，在第 36 节中。先着眼于统一余数形式，得到整齐划一的余数 $\alpha a+\beta b+\gamma c+\delta d$，然后才统一总模，这是两两互素模的乘积 $ABCD$。解是

$$z\equiv\alpha a+\beta b+\gamma c+\delta d\ \text{etc.}(\text{mod } ABCD\ \text{etc.})。$$

12.7　非两两互素模同余式组

高斯讲述高斯剩余定理之前，先罗列非两两互素模同余式组的特点与缺陷。

12.7.1　原文

《算术研究》第 33 节讲述，怎样把合数模分解成两两互素模。原文是：

> 当所有的模 A，B，C 两两互素时，显然，它们的乘积就是最小公倍数。这种情况下，所有同余式 $z\equiv a(\text{mod } A)$，$z=b(\text{mod } B)$等，都等价于一个同余式 $z\equiv r(\text{mod } R)$，这里 R 是 A，B，C 等的乘积。反过来，可见单一同余式 $z\equiv r(\text{mod } R)$能分解成许多同余式，也就是说，如果 R 可以以多种方式分解成两两互素的 A，B，C 等，那么同余式 $z\equiv r(\text{mod } A)$，$z\equiv r(\text{mod } B)$，$z\equiv r(\text{mod } C)$等穷竭这个命题。对于我们来说，这个观察不仅打开了当它存在时发现不可能性的方法，而且在计算上有更令人满意和一流的方法。

第34节说：

如前所说，令 $z \equiv a \pmod{A}$，$z \equiv b \pmod{B}$，$z \equiv c \pmod{C}$。分解所有的模成为彼此互素的因数，A 成为 A'，A''，A''' 等；B 成为 B'，B''，B''' 等；等等。按此方法，A'，A'' 等，B'，B'' 等，或者是素数，或者是素数的幂。如果这些数 A，B，C 中的任一个已经是一个素数或素数的幂，就没有必要把它分解成素数。显然，在所提出条件的地方，我们能代入下列各式：$z \equiv a \pmod{A'}$，$z \equiv a \pmod{A''}$，$z \equiv a \pmod{A'''}$，$z \equiv b \pmod{B'}$，$z \equiv b \pmod{B''}$，$z \equiv b \pmod{B'''}$。

第35节列出数例：

如果如前（第32节），$z \equiv 17 \pmod{504}$，$z \equiv -4 \pmod{35}$ 和 $z = 33 \pmod{16}$，那么这些条件能化为下列各式：$z \equiv 17 \pmod{8}$，$z \equiv 17 \pmod{9}$，$z \equiv 17 \pmod{7}$，$z \equiv -4 \pmod{5}$，$z \equiv -4 \pmod{7}$，$z \equiv 33 \pmod{16}$。

12.7.2 数例表述

非两两互素模一次同余式组是

$$z \equiv 17 \pmod{504} \equiv -4 \pmod{35} = 33 \pmod{16}。$$

模504素因数分解，拆成7，$8=2^3$ 和 $9=3^2$，保留素数最高次幂8和9，得 $504=8\times 9\times 7=2^3\times 3^2\times 7$。写出三个同余式：$z \equiv 17 \pmod{8}$，$z \equiv 17 \pmod{9}$，$z \equiv 17 \pmod{7}$。

对 $z \equiv -4 \pmod{35}$，模35分解成素数5和7。写出：$z \equiv -4 \pmod{5}$ 和 $z \equiv -4 \pmod{7}$。

对 $z = 33 \pmod{16}$，模 $16=2^4$ 已经是素数2的最高次幂。照录同余式 $z = 33 \pmod{16}$。

根据模的相等与倍数，有两种处理方案：

(1) 模相等方案：认定 $7=7$，那么 $z \equiv 17 \pmod{7}$ 与 $z \equiv -4 \pmod{7}$ 必然相同，可以删除其中一个同余式。高斯删除的是前者，保留 $z \equiv -4 \pmod{7}$。

注意："如果 $a \equiv b \pmod{A'}$ 不真，问题就不可能解决。"

(2) 模倍数方案：认定16是8的倍数，那么条件 $z \equiv 17 \pmod{8}$ 一定包含在条件 $z \equiv 33 \pmod{16}$ 中，即从 $z \equiv 33 \pmod{16}$ 导出的同余式 $z \equiv 33 \pmod{8}$，必然与 $z \equiv 17 \pmod{8}$ 相同。高斯保留了 $z \equiv 33 \pmod{16}$。

此法也有注意点："除非它与一些其他条件不一致（这样一来，问题也就无解）。"

12.7.3 数例第34节译文

当所有多余条件排除之后，从 A'，A''，A''' 等及 B'，B''，B''' 等中剩下来的所有模中，两两互素。于是我们能够确信问题的可能性，并能按上面所描述的方法操作。

于是，出现四个同余式：

$$z \equiv 17 \pmod{9} \equiv -4 \pmod{5} \equiv -4 \pmod{7} \equiv 33 \pmod{16}。$$

12.8 模的归并

这里,我们只列出模归并的原理,而把寻找异模等余数的困难程度,单独安排在下一点中,直到解出原同余式组的最后解。

12.8.1　第35节原文

显然,通常更为方便的是,从剩下的同余式中分别收集这些同余式,这是从同一个或相同的同余式中所推导得到。因为这很容易做到。例如,当同余式 $z'\equiv a \pmod{A'}$, $z\equiv a \pmod{A''}$ 等中的某一个被删除时,剩下的同余式能用 $z\equiv a$ 所代替,它所相对的模是集合 A', A'', A''' 等中所有保留模的乘积。这样在我们这个例子中,同余式 $z\equiv -4 \pmod 5$, $z\equiv -4 \pmod 7$ 由 $z\equiv -4 \pmod{35}$ 所替代。

一句话,余数相同情况下,模相乘。$z\equiv -4 \pmod 5$, $z\equiv -4 \pmod 7$,用 $z\equiv -4 \pmod{35}$。

12.8.2　相等余数的不同模

在同余式组:$z\equiv 17 \pmod 9 \equiv -4 \pmod 5 \equiv -4 \pmod 7 \equiv 33 \pmod{16}$ 列出之后,高斯只是交代了最后计算结果:

$$z\equiv 3041 \pmod{5040}。$$

第35节坦陈,要想寻找相对不同模的相等余数的两个同余式,不是件容易事。

进一步可得,只要多余的同余式被删除,涉及简化计算,这不是不可关心的。但处理这些的细节,或者别的实用技巧,不是我们的意图,通过使用学习会比规则更容易。

我们观察同余式组:

$$z\equiv 17 \pmod 9 \equiv -4 \pmod{35} \equiv 33 \pmod{16}。$$

现在试对 $z\equiv 17 \pmod 9$,把关于模9与余数17同余的许多数列出如下:

…	−19	−10	−1	8	17	26	35	44	53	62	…

同样,对 $z\equiv 33 \pmod{16}$,把关于模16与余数33同余的许多数也列出如下:

…	−31	−15	1	17	33	49	65	81	97	113	…

检视到共有的相同余数17,于是写出模不相同的两个同余式:

$$z\equiv 17 \pmod 9$$

和

$$z \equiv 17 (\bmod 16)。$$

只有达到了这一个阶段，才可以说，余数相同情况下，模相乘：$9 \times 16 = 144$，两个同余式可用一个等余数的同余式代替：

$$z \equiv 17 (\bmod 144)。$$

至此，同余式组仍然没有得到最后结果，仅仅是

$$z \equiv 17 (\bmod 144) \equiv -4 (\bmod 35)。$$

12.8.3 模的进一步归并

要想把模不同的这两个同余式也演化为余数相同，工作量肯定相当大。

我们走条捷径，直接从高斯给出的最终值 3041(mod 5040) 逆算，可以看出，$3041 = 17 + 144 \times 21$，$3041 = -4 + 35 \times 87$。可知这一次能找到 3041，真不容易。于是

$$z \equiv 3041 (\bmod 144) \equiv 3041 (\bmod 35)。$$

这才可以，余数相同的模相乘，$144 \times 35 = 5040$，两个同余式用一个同余式代替，得到

$$z \equiv 3041 (\bmod 5040)。$$

这是一次同余式组最终的解。

可能连高斯本人都觉得技巧性实在太强，他补充了一句：

> 处理这些的细节，或者别的实用技巧，不是我们的意图，通过使用学习会比规则更容易。

参考文献

[1] 张顺燕.数学的源与流[M].北京：高等教育出版社，2003：229.

第十三章 开禧历研究

1247年秦九韶《数书九章》治历演纪等三题，系统阐述1208年开禧历上元积年算法，是到1280年郭守敬废止上元积年，这1500多年间唯一流传至今的珍贵史料。

1777年四库馆臣赞曰："自秦汉以来，成法相传，未有言其立法之意者，惟此书大衍术中所载立天元一法，能举立法之意而言之。"

13.1 《数书九章》

《数书九章》历经漫漫岁月，始得流传至今，命运坎坷。

13.1.1 秦九韶与历法

秦九韶，字道古，鲁郡（今湖南范县）人，与李冶、杨辉、朱世杰并称13世纪宋元数学四大家。

据钱宝琮推断，秦九韶"当生于嘉泰二年（1202年）"。李迪[1]认为还得晚七年，才能更合乎情理些。秦九韶卒于1268年则没有争议。

秦九韶从小喜爱数学。他自己说，"尝从隐君子受数学"，他跟从太史学到了当时的历法知识。秦九韶经过多年刻苦钻研，于1247年写成了《数书九章》，记录他自己在许多领域内的创造性工作，包括具有世界意义的大衍求一术和正负开方术。

13.1.2 屠龙之技

上元积年[2-4]行用1000多年的史料，唯一流传至今的只有秦九韶《数书九章》（1247年）的治历演纪、推气治历、治历推闰三题，所以《数书九章》自然是中国古代历法史的重中之重。

到郭守敬授时历（1280年）废止上元概念后，推算上元的算法，遂成屠龙之技。

13.1.3 《数书九章》的命运

比秦九韶稍后的宋元大数学家杨辉、朱世杰，都没有提到《数书九章》。

宋元文献中，只有陈振孙和周密两条相关的记载，所提两个书名有一字之差。陈振孙（约 1190—1249）在《直斋书录解题》中提到“《数术大略》九卷”，“鲁郡秦九韶道古撰”。周密（1232—1308）《癸辛杂识续集》说，“秦九韶字道古，……或以历学荐于朝，得对。有奏稿及所述《数学大略》”。

《数书九章》[5]内容艰深，大衍术言简意赅，元、明两代的学者都没有研究过这本书。

秦九韶深邃的数学思想，远远走在同时代人的前列，只可惜走得太远了。他的著作当时没有出版，原稿又已失传，原貌如何不得而知，连书名都不确切。《数书九章》这个书名是晚至明代末年（约 1400 年）才出现的。

永乐元年到六年（1403—1408），明政府编纂《永乐大典》，收录秦九韶的书，称作《数学九章》[6]。十八卷本的出现年代目前尚未弄清，大约是在元代，最晚不会超过明初。

王应遴（1545—1620）从《永乐大典》文渊阁本中录得秦九韶著作。公元 1616 年，赵倚美（1563—1624）借得相关抄本，再转录一份。王抄本后来不见记载。赵抄本影响很大，直到清中期《永乐大典》本发掘出来后，还起着重要作用。

清代乾隆年间编修的《四库全书》（1773—1787）从《永乐大典》中辑出《数学九章》十八卷，卷数复为九卷。

到乾隆中期，考据学风兴起，出现复古思潮，学者大都埋头于古代文化遗产的发掘、整理和研究。

戴震（1724—1777）从《永乐大典》辑出《数学九章》十八卷，改为九卷，即所谓“馆本”。戴震的学生孔广森（1752—1786）最早加以研究。

李潢（1746—1812）也藏有《数学九章》。张敦仁（1754—1834）先从李潢处借得明代赵倚美的《数书九章》抄本，焦循（1763—1820）又自《四库全书》录得其中大衍类两卷，二人与李锐[7]（1768—1817）共同研究。张敦仁写成《求一算术》，焦循写成《大衍求一释》。

后来，又有骆腾凤（1770—1842）的《艺游录》（1815），以求一术解百鸡问题；时曰醇（1807—1880）的《求一术指》（1861），阐释复乘求定之理，彻底解决了非两两互素模的化约问题；黄宗宪（生卒年不详）的《求一术通解》（1874），提出了素因数分解求定数法和反乘率新术。时曰醇、黄宗宪认识到定数组可能不唯一。他们都对一次同余式理论和算法作出了进一步的贡献。

《数学九章》收入到《四库全书》，引起人们极大的兴趣，但经过半个世纪以上才被单独刊刻出版。毛岳生（1790—1831）、宋景昌和郁松年起了决定性的作用。元和沈钦裴曾得赵抄本于张敦仁家，订讹补脱，历有年所，以老病未卒业。其弟子宋景昌在李锐、毛岳生、沈钦裴等人研究的基础上，加以校勘，于 1842 年刻成宜稼堂《数书九章》18 卷（共 9 章，每章分上下两卷），并附所撰《数书九章札记》四卷。这是第一次刊印出版。

邹安鬯（1882—1916）又对《宜稼堂丛书》本校勘。“尝以郁（松年）刻秦道古《数书九章》谬讹错出，演算不易，故用力尤勤，而辩正为多，有沈（钦裴）、李（锐）、毛（岳生）诸家所未及者,窃拟编次其说,为《数书校议》一册。”光绪间,刘铎把邹校本《数书九章》连同宋景昌《数书九章札记》,收入所编石印《古今算学丛书》中,是为第二次刊印出版。

20 世纪 30 年代出版的《丛书集成初编》和《国学基本丛书》中,都收入宜稼堂本《数书九章》。台湾地区的全套《四库全书》影印版也印出《数学九章》,增加了新的本子。

于是,我们今天看到两种版本稍微不同的秦九韶著作:一种叫《数学九章》九卷,是《四库全书》的系统;另一种叫《数书九章》,是赵倚美本的系统。李迪的提法为“目前存世的本子大体可分为三大系统”,他认为《永乐大典》本的《数学九章》十八卷当自成一个系统。

13.1.4　天象观测呼唤数学

东西方古代历法家为编制反映日月星辰运行规律的历法,都认识到周期及相关余数,只是时代不同、描述角度不同。

公元 4 世纪的《孙子算经》留下一个物不知数题。钱宝琮[8]指出了物不知数题的天文背景:“《孙子算经》里物不知数问题的解法不是作者的向壁虚造,而很可能是依据当时天文学家的上元积年算法写出来的。”

西方人引出了同余概念,着眼于同一周期的不同余数,与中国人追求多个周期齐同的观念不同。

高斯《算术研究》[9]评价类似孙子剩余定理的高斯剩余定理,说到同余概念历法起源:“这个用法起源于年序学问题,在确定儒略年时的小纪、黄金数和太阳循环周期为已知。”

众所周知,1734 年,欧拉研究了不定方程和一次同余式组的解法。1801 年,高斯写下《算术研究》,完善了同余理论,分别在 1247 年秦九韶《数书九章》之后的 487 年和 554 年。显然,欧拉和高斯并不知道中国人的工作。

同余理论是把双刃剑,在带给中国历法研究极大便利的同时,也可能掩盖原始思路。《孙子算经》的物不知数题用同余符号表示,上升表述为孙子剩余定理,完全正确。但不能就此而认为,4 世纪的中国人就是利用类似现代同余概念,轻松简捷地导出物不知数题的。因为此题数字不免产生多种解释。史料可以证明,从刘歆直到郭守敬以前,中国古代历法家并没有直接用同余理论去推演计算上元积年。

1247 年的秦九韶自叹“数理精微,不易窥识,穷年致志,感于梦寐,幸而得之,谨不敢隐”。他当时究竟是怎样思考的? 何况开禧历的“除乘消减”法,居然能求出元数,其间必有奥秘。

有清以来,研究者依仗的数学基础不同,对治历演纪三题的评价也就大落大起。

1842 年,清代学者沈钦裴拘泥于传统数学的率,全盘否定治历演纪题:“气元率可以不设,下文元闰元数气等率蔀率因数朔积年皆误”,“以斗分与日法用大衍入之,与率不相通,此其所由误也。”

然而,秦九韶研究的开禧历的数学原理,经 1966 年钱宝琮先生[10]用近代数论解释,正确无误；严敦杰先生[11]用其来核算《明天历》(1064 年)，也是全合。

1983 年何绍庚先生[12]对治历演纪术语作详尽的推敲、注释，启迪我们复原开禧历历家和秦九韶的自然思路。

我们从基本测量数据、基本概念出发，原原本本展示鲍浣之开禧历上元积年的计算思路，研究上元条件“甲子岁甲子日零时冬至合朔”的合理分划，剖析气元概念和秦九韶的著名断言“将来可用入元岁便为积年”。

秦九韶未曾想到，他的治历演纪三题为探索上元积年本原留下了史上唯一的证据。后世学者要想钻研中国古代历法的真谛，要想探索上元积年的本原，也只有踏踏实实理解治历演纪三题的原文原术原意。

显然，为探索其原始思路，我们只能沿用秦九韶前段术文常用的“以岁闰乘入元岁，满朔率去之，不满，为入闰”的公式表达法，分析时无法直接使用近代同余式理论符号：岁闰×入元岁≡入闰(mod 朔率)。只有在分析完毕后，才能用同余式理论核算原始思路。

天象观测呼唤数学，推动数学，反过来，数学进步又深化了人们对天象的认识。东西方古代历法家为编制反映日月星辰运行规律的历法，都认识到周期及相关余数。

要想讲清中国历法家的自然思路，不得不仔细斟酌我们的用语，尽量接近原文、原术，以避免混淆。不能不注意，宋元著作思路、用语、表达与今天相距甚远，研究时往往可以发现，术文只是枝枝节节地报出了式子的各个组成部分，只字不提怎样从问题所给出的条件导出式子的思维过程。其中尤以秦九韶《数书九章》为突出。

有些词汇，如化成互素，有等价的词汇，称约后无等。要注意应用的场合，不宜混用。

有些词汇的内涵在历史上自行变动。如大衍术一词，秦九韶自己所用的内涵就太为广泛了。当年伟列亚力传到欧洲时，更扩大了此词的内涵。也有必要分清场合，明确不同用语。

含义不同的词汇，如《九章算术》五家共井题的方程一词，我们在叙述其原始思路，只能记为[不定]方程，以示沿用方程一词，但实质是不定方程。

秦九韶把数理上的不定方程和一次同余式混为一谈，误认为“所谓方程，正是大衍术。”在《数书九章·序》又称：“历家演法颇用之，以为方程者误也。”

在《数书九章·序》中，理解大衍术为一个可逆的过程。对原数，用蓍卦取余数：奇，抛弃众多的商。反过来，采用大衍术，就能察知隐藏的原数。

> 圣有大衍，微寓于《易》。奇余取策，群数皆捐。衍而究之，探隐知原。

描述中国传统不定分析知识时，很有必要根据文字记载中古人用语，采用满去式一词。

《数书九章》治历演纪三题中把除称为“满”，作减、除解：治历演纪题有“欲满约率三千一百二十而一”。算草有：“以所求中间年，上距前测年数，乘岁余，益入前测日刻分，满纪策去之，余为所求年气骨”。

历法概念常常用"不满"下定义:"满朔率去之,不满为入闰。满朔率去之,不满为元闰","以岁闰乘入元岁,满朔率去之,不满为入闰"。

治历演纪中最值得注意的用法是,讨论朔积年之奇分和闰缩时,数值相等,并不相同,"必满朔率所去故也",就是说,还必须相对于同一个朔率,这才可以把假想平朔时刻上的时间点移到真实平朔时刻上,移动的值才一定相等,才有"朔积年之奇分与闰缩等"。

这个用法,接近于现代的同余一词,但还略有区别。

因此,为避免与现代数论的同余方程概念相混淆,我们提出含有未知数的满去式。求解满去式,就是求未知数。

13.2 推气治历题

13.2.1 原文

推气治历

问太史测验天道。庆元四年戊午岁冬至三十九日九十二刻四十五分,绍定三年庚寅岁冬至三十二日九十四刻一十二分,欲求中间嘉泰甲子岁气骨、岁余、斗分各得几何。

答曰:气骨十一日三十八刻二十分八十一秒八十小分,岁余五日二十四刻二十九分三十秒三十小分,斗分空日二十四刻二十九分三十秒三十小分。

术曰:先距前后年数为法,置前测日刻分减后测日刻分,余为率[不足减,则加纪策]。以纪策累加之,令及天道,合用五日以上数为实。以法除实,得岁余,去全日,余为斗分,以所求中间年,上距前测年数,乘岁余,益入前测日刻分,满纪策去之,余为所求年气骨。

草曰:置前测戊午岁距后测庚寅岁,得三十三为法。置前测戊午岁冬至三十九日[日辰癸卯]九十二刻四十五分,减后测绍定三年庚寅岁冬至三十二日[日辰丙申]九十四刻一十二分。今后测者少,不及前测者以减,乃加纪法六十日于后测日内,得九十二日九十四刻一十二分,然后用前测者减之,余五十三日一刻六十七分为率。按术当以法三十三除率,须使商数必得五日以上乃可。今率未得五日,乃两度累加纪法一百二十入率内,共得一百七十三日一刻六十七分为实。实如法除之,得五日二十四刻二十九分三十秒三十小分[不尽弃之],为岁余。乃去全五日,得二十四刻二十九分三十秒三十小分,为斗分。次推嘉泰甲子上距庆元戊午岁得六,以乘岁余五日二十四刻二十九分三十秒三十小分,得三十一日四十五刻七十五分八十一秒八十小分,益入前测戊午岁三十九日九十二刻四十五分,得七十一日三十八刻二十分八十一秒八十小分,满纪法六十去之,余一十一日三十八刻二十分八十一秒八十小分,为所求甲子年气骨之数。合问。

13.2.2 历法背景

宋代的改历十分频繁，平均起来十七八年就要改一次[13]。

北宋王朝从开国（公元 960 年）到首都开封被金兵占领（公元 1126 年），167 年间颁布了 9 个历法。南宋从宋高宗赵构南渡（公元 1127 年）到首都临安被蒙古国军队占领（公元 1276 年），150 年间也颁行了 9 个历法。

历法频繁的改革，一方面说明宋代历法天文观察的进步，历法预报的误差很容易发现；另一方面，也说明宋代历法发展的缓慢。大多数改革只不过根据最近几次观察做一些修正，以求凑合于一时。行用时间一久，就一定要出现新的误差。

秦九韶"问太史测验天道"的推气治历题，就出现在这样的背景下。

13.2.3 冬至要点

嘉泰甲子岁气骨，从其前甲子日夜半到冬至至点之间的数据，是开禧历与现实世界生活的结合点，是推演上元积年的基础。

年岁之首冬至有两个要素。

一是岁实。回归年长度的推求，可以通过天度圈概念，平均求得，相对容易。

公认地球绕太阳公转一周的时间为 365.2422 日。在秦九韶那个时代，开禧历 $365\frac{4108}{16900}$日≈365.2430769 日，前有会元历岁实 365.24372093 日、统天历岁实 365.2425 日，再后有授时历岁实 365.2425 日。

二是冬至时刻点。冬至在战国时期以前称作"日南至"，这一天太阳在南天最低的位置，日影最长。冬至时刻表示为甲子日夜半之后的某时某刻某分。

开禧历"本历上课所用嘉泰甲子岁气骨"，为"一十一日四十四刻六十一分五十四秒"。

一旦岁实略有大小，或冬至点有偏，建立起来的历法必然与天象不符。整部历法的各种数据，纵然能在短期内反映天体运行情况，也无法上推过去、下算将来。换句话说，这部历法的行用期限就不会长久。

可见，天道指符合天象的近期编历岁岁首冬至的气骨值，是所立历法符合天象的关键。

推气治历题第一句话"问太史测验天道"，言简意赅。《数书九章·序》中，秦九韶更把话说得很重："历久则疏，性智能革，不寻天道，模袭何益。"

只有准确测定冬至时刻，才能准确地预报季节。用土圭简单地观测日影的变化，既不能定出准确的冬至日期（可能有一二日的误差），也不能得出冬至点在一天中的确切时刻。为了弥补土圭观测的缺点，古人尽量利用相隔多年的冬至日观测记录，减少观测误差带来的误差。

西汉以后，人们就已经习惯使用八尺高表来测定冬至的日期。但是，仍不能得到理想的结果。于是人们曾想过好多改进的方法。

南北朝时期的祖冲之(429—500),首先改进观测技术。冬至前后的影长变化不太明显,只能得到冬至发生的日期;冬至时刻并不正好在日中,难以准确测定一天中什么时刻才是冬至。祖冲之想出一个新方法:不直接观测冬至那天日影的长度,而是观测冬至前后二十三、四日的日影长度,再取它们的平均值,以推求冬至发生的日期和时刻。由于离冬至日较远,日影的变化明显快些,有助于提高冬至时刻的测定精度。祖冲之制定的《大明历》的岁实取三六五点二四二八日,这在当时来说是很精密的,只有到了南宋以后的几个历法,才能达到或超过他的水平。

13.2.4　近期编历岁岁首冬至

年岁是个周期现象,冬至必须在十一月中,既是前岁之终,又是后岁之始。

嘉泰四年甲子岁的十一月冬至,算甲子岁岁始还是算甲子岁岁终,在整部历法安排中是个牵一发而动全身的大问题。

这个现象在漫长的历法史上,有其约定的表达法。

本文参照1987年出版的《中国史历日和中西历日对照表》[13]和1992年出版的《新编中国三千年历日检索表》[14]。这是我们的基准,来确认开禧历近期编历岁岁首的天正冬至和十一月经朔,研究《数书九章》原文原术中的秦九韶原意。

以治历推闰题所标明近期编历岁岁首冬至:“嘉泰四年甲子岁天正冬至为一十一日[日辰乙亥]”,查索两表,知嘉泰三年十一月初一为乙丑,确实可推得11日为乙亥。

这就是说,嘉泰四年甲子岁岁首冬至点为公历1203年12月15日10时42分14秒。

可以用气定骨193440复验。气定骨193440满去日法16900,知冬至点在11.446日。现今一日60×60×24=86400秒,乘0.446日,冬至点为38534.4秒。38534秒=36000+2520+14=3600×10+60×42+14,即10时42分14秒。

这也意味着,取嘉泰三年十月三十日夜半(公历1203年12月4日0时)作为甲子日夜半,供实测冬至点与平朔时刻时作为起算点。

甲子日夜半到冬至点时间间隔称气骨。需要反复实测与试算,其中不乏各种修改,最后才调得193440。

这样,开禧历回归年长度,以岁率6172608除以日法16900算,为365.24308日(不是现今公认的365.2422日)。

平朔时刻到平朔时刻为1朔望月。治历推闰题注称“十一月经朔一日[日辰乙丑]”。这就是说,嘉泰三年十一月平朔时刻为公历1203年12月5日18时8分。

甲子日夜半到十一月平朔时刻的时间间隔为朔骨,实测得29669。

这样,开禧历朔望月长度以朔率499067算,为29.5287日(也不是公认的29.53059日)。

13.2.5　推气治历题计算

推气治历题是秦九韶自编的。依据庆元四年戊午岁冬至值与绍定三年庚寅岁的冬至值作为前测基准、后测基准，以算出嘉泰甲子岁的气骨、岁余、斗分值。

计算中有几个要点。

(1) 若干年组成的时期，报出首岁或者尾岁的岁首冬至，当然可以简捷地清点岁数。另一法是先报首岁岁首，再报尾岁的岁尾(此时期之后时段的首岁岁首)，同样也可以清点岁数。后者只是约定俗成而已，以小字注形式列出关键日日辰，就可以了。

看绍定三年庚寅岁冬至三十二日[日辰丙申]，我们查这个丙申日。

《中国史历日和中西历日对照表》上，绍定二年十一月初一(公元 1229 年 11 月 18 日)为乙丑(序号 2)，顺推丙申(序号 33)，不在十一月。绍定三年十一月初一(公元 1230 年 12 月 6 日)为戊子(序号 25)，顺推丙申(序号 33)，十一月初九(公元 1230 年 12 月 14 日)。

复核《新编中国三千年历日检索表》中的《公元前 1500 年至公元 2050 年冬至日期》，知公元 1230 年 12 月 14 日冬至。

可见，最后一个数据：绍定三年庚寅岁冬至三十二日九十四刻一十二分，不是庚寅岁岁首，而是岁尾，在本年尾十一月。

我们还找到一条史料作为佐证。《元史・授时历议上》[15]载："绍定三年庚寅岁，十一月丙申日南至。"日南至，就是冬至。

确切地说，绍定三年庚寅岁冬至三十二日[日辰丙申]，应该是绍定四年辛卯岁之始。

因此，庆元四年戊午岁冬至与绍定三年庚寅岁的冬至，相差 33，而不是 32。

再看一例。古历会积题中，题设列出的"淳祐丙午十一月丙辰朔初五日庚申冬至，初九日甲子"，淳祐丙午十一月这个冬至，系此年岁尾，即淳祐七年丁未岁岁首冬至，指的是《数书九章》成书年 1247 年。术文交代说："本题问气朔甲子相距日数，系开禧历推到。"宋景昌经过核算后认定："道古所用天正冬至日名，俱不误。"

推气治历题中涉及的三个冬至至点，见图 13.1。

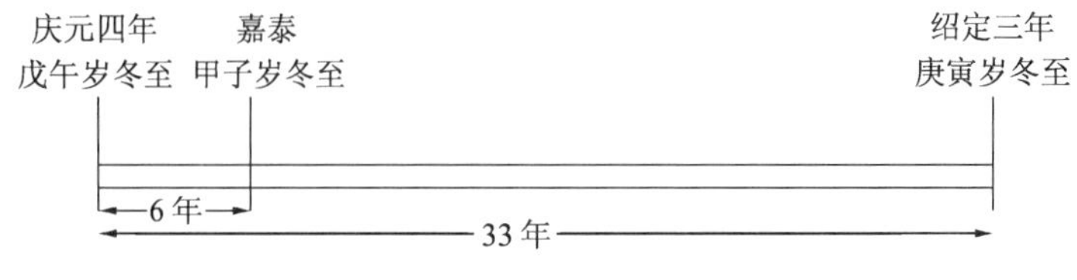

图 13.1　推气治历题示意图

公式是：

$$\frac{\text{实}}{\text{法}}=\frac{\text{后测绍定三年庚寅岁冬至值}-\text{前测戊午岁冬至值}}{\text{前后两个岁首相差年数}}。$$

(2) 岁实比六个干支周期 360 日大的 5 日多，称为岁余。"令及天道，合用五日以上数。"试算知，加上 2 个纪策 60 日，得 173.9412。除得 5.24293030，算出不足一日的部分 0.24293030 日，称为斗分。因宋时测定冬至点在斗，即冬至时太阳在二十八宿的斗。草算所说“乃去全五日”，术中称“去全日”。

(3) 以奇入算。岁余0.24293030日代岁实，乘6岁得31.45758180日。加上庆元四年戊午岁冬至39.9245日，得71.38208180日。扣除纪策60日，得11.38208180。秦九韶作为天道：“一十一日三十八刻二十分八十一秒八十小分”，称秦九韶气骨值。

13.2.6　我们的评判

查张培瑜《三千五百年历日天象》(大象出版社，1997)，开禧历编历岁嘉泰甲子岁(1204年)冬至点数据，精确到分：公历1203年12月15日9时04分乙亥，称现今精确气骨值。

1208年的开禧历气骨值称“本历上课所用嘉泰甲子岁气骨”，为“一十一日四十四刻六十一分五十四秒”，术文说是“前历所测冬至气刻分”。“前历”系开禧历之前的统天历，杨忠辅编造，行用于公元1199年到1207年。开禧历气骨值，折算为1203年12月15日10时42分乙亥，比现今精确气骨值晚1小时38分钟！

而秦九韶气骨值“一十一日三十八刻二十分八十一秒八十小分”，折算成1203年12月15日9时10分乙亥。未载于史册，未用于编制历法，比现今精确气骨值只晚6分钟！

在本题首句“问太史测验天道”和《数书九章·序》“历久则疏，性智能革，不寻天道，模袭何益”中，秦九韶称之为天道，当之无愧。

因此，我们称秦九韶气骨值为补天未用之石，毫不夸张。

13.3　治历推闰题

13.3.1　原文

问开禧历，以嘉泰四年甲子岁天正冬至为一十一日[日辰乙亥]四十四刻六十一分五十四秒，十一月经朔一日[日辰乙丑]七十五刻五十五分六十二秒，问闰骨闰率各几何？

答曰：闰骨九日六十九刻五分九十一秒[不尽一百六十九分秒之一百二十一]，闰骨率十六万三千七百七十一。

术曰：以日法各通气朔日刻分秒，各为气骨朔骨分，其气骨分如约率而一，约尽者为可用[或收弃余分在一刻以下者，亦可用]。然后与朔骨分相减，余为闰骨率，以日法约之，为闰骨策。

草曰：置本历日法一万六千九百，先通冬至一十一日四十四刻六十一分五十四秒，得一十九万三千四百四十分二十六小分为实。其历约率系三千一百二十，以约之，得六十二，可用。其实余小分二十六，乃弃之，只用一十九万三千四百四十为气骨分。次置朔一日七十五刻五十五分六十二秒，以本历日法一万六千九百乘之,得二万九千六百六十八分九十九秒七十八小分,将近一分,故于气骨内所弃二十六小分,借二十二小分,以补朔内,收上得二万九千六百六十九,为朔骨。然后以朔骨分减气骨分,余有一十六万三千七百七十一,为闰骨率。复以日法除之,得闰骨策九日六十九刻五分九十一秒,不尽一百二十一算,直命之为一百六十九分秒之一百二十一,合问。

13.3.2 背景

治历推闰求闰骨值,只是治历演纪题的一个组成部分。

气骨 193400 减去朔骨 29669,计算得闰骨 163731,为 11 月平朔时刻到冬至点的时间间隔。气骨、朔骨、闰骨都是演纪积年的余数,特以骨取名,见图 13.2。

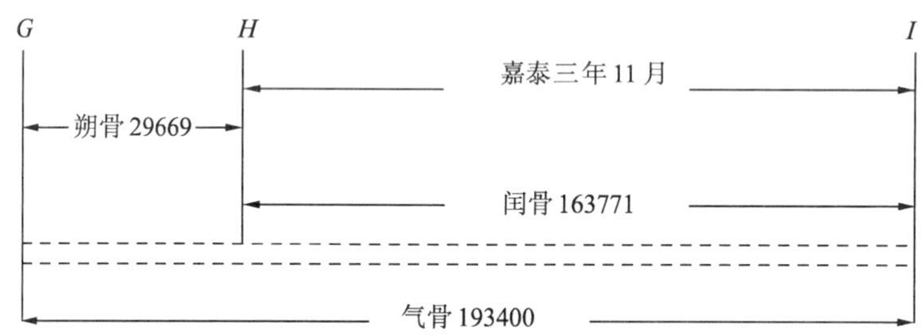

图 13.2 气骨、朔骨和闰骨示意图

13.3.3 若干数值

实测的气、朔日刻分秒,各通日法为气骨、朔骨分。用气骨分,与朔骨分相减,得闰骨率。再以日法约之,为闰骨策。

判定所用"其历约率系三千一百二十,以约之,得六十二,可用",涉及治历演纪题的求入元岁之术理。日法乘气日刻分秒,是 193440 分 26 小分。到治历演纪题中,气骨的"其实余小分二十六,乃弃之"。

再看日法乘朔一日七十五刻五十五分六十二秒,得 29668 分 99 秒 78 小分"将近一分,故于气骨内所弃二十六小分,借二十二小分,以补朔内,收上得"29669 分,为朔骨。

这个 26 小分借出 22 小分,剩 4 小分,但在治历演纪题中只字不提。

最后,气骨分与朔骨分相减,有 163771 为闰骨率。"复以日法除之,得闰骨策九日六十九刻五分九十一秒,不尽一百二十一算,直命之为一百六十九分秒之一百二十一。"所谓直命之,是用分数形式表示。

闰骨策 9.690591×日法 16900=163770.9879,163771－163770.9879=0.0121,单位分为日法 16900 分的分。0.0121 分÷16900 分/日=121/169 秒,单位秒为百万分之一日。

13.4 治历演纪题

13.4.1 演纪积年法思路

上元积年行用的1500多年期间，流传至今的只有秦九韶《数书九章》的治历演纪三题，记载开禧历算法，所以《数书九章》自然是中国古代历法研究史上的重中之重。

要分析1200年前的三统历初期形态，探索到上元积年的本原，我们只有透彻理解其原文、原术、原意。

治历演纪题中，开禧历(1208年)演纪积年法，有两套思路，各有三大步。

第一套，鲍浣之演纪积年的原法。(1) 只涉及气纪关系，改进了四分历周期齐同算法，引入气元概念。应用求入元岁之术理，用大衍术求出乘率蔀率，得到余数入元岁。这只是余数，由多少个气元组成的部分，即后文所说朔积年，并未求出。(2) 利用气朔关系，由独特的除乘消减法，解得若干个气元的个数。(3) 陆续求出朔积年，演纪积年，加上成历年，算出上元积年。对比下文所说新术，我们把开禧历不定方程求元数法称作旧法。

第二套，秦九韶演纪积年法。秦九韶沿用(1)气纪关系求入元岁方法，改进(2)气朔关系，自称新术，求元数。(3)与上相同，求上元积年。

开禧历关键的两个满去式，就是：

漫长的演纪积年累积产生了气骨193400，所以气骨定义表示为

岁率6172608×演纪积年，满纪率1014000去之，不满为气定骨193440。

演纪积年累积产生的闰骨，可定义为

岁率6172608×演纪积年，满朔率499067去之，不满称闰骨163771。

岁率×演纪积年，满朔率去之，不满称闰骨。

13.4.2 原文

我们逐字逐句录入治历演纪题全文，并做三处必不可少的疏证。方括号中为原小字注。以(术)、(草)、(题答)等标明所引前、后段术文及算草原文，备查。

治历演纪题问、题答，所提均为二十三事，仅首、尾次序略有不同。

题问中首项积年7848183，次项为“欲知推演之原调日法”，末项为朔积年。

问开禧历，积年七百八十四万八千一百八十三。欲知推演之原调日法，求朔余、朔率、斗分、岁率、岁闰、入元岁、入闰、朔定骨、闰泛骨、闰缩、纪率、气元率、元闰、元数，及气等率、因率、蔀率、朔等数、因子、蔀数、朔积年二十三事，各几何？

题答则把积年7848183移到朔积年之后，首项则为日法16900。其他各项的次序相同。

答曰：日法一万六千九百，朔余八千九百六十七，朔率四十九万九千六十七，

斗分四千一百八，岁率六百一十七万二千六百八，岁闰一十八万三千八百四，入元岁九千一百八十，入闰四十七万四千二百六十，朔定骨二万九千六百六十九，闰泛骨一十六万三千七百七十一，闰缩一十八万八千五百七十八，纪率一百一万四千，气元率一万九千五百，元闰三十七万七千八百七十三，元数四百二，气等率五十二，因率一百四十四，蔀率三百二十五，朔等数一，因子四十五万七千九百九十九，蔀数四十九万九千六十七，朔积年七百八十三万九千，积年七百八十四万八千一百八十三。

历法这个术名，只是指整个历法大范畴，并无特定算法含意。大衍本来指筹算解法。

术曰：以历法求之，大衍入之。

治历演纪题含有四个重大算法。转录如下。

1 调日法

与何承天术文思路不同，秦九韶以强弱母子，反算得朔率。

调日法如何承天术，用强弱母子互乘，得数，并之为朔余。以二十九日通日法，增入朔余为朔率。

2 求入元岁之术——斗分与日法用大衍术入之

简述“斗分，与日法用大衍术入之”。具体演算法则，另用大衍术算图体现。

又以日法乘前历所测冬至气刻分，收弃末位为偶数，得斗分，与日法用大衍术入之。求等数、因率、蔀率，以纪乘等数为约率，置所求气定骨，如约率而一，得数，以乘因率，满蔀率去之，不满，以纪法乘之，为入元岁。

3 新术——元闰与朔率用大衍入之

本段是秦九韶改进了的算法。下一段中说：“新术敢不用闰赢而求者，实知闰赢已存于入闰之中”，反衬本段内容为新术。

次置岁日，以日法通之，并以斗定分，为岁率，以十二月乘朔率，减岁率，余为岁闰，以岁闰乘入元岁，满朔率去之，不满为入闰，与闰骨相减之，得差[或适足，便以入元岁为积年，后术竝不用；或差在刻分法半数以下者，亦以入元岁为积年]，必在刻分法半数以上。却以闰泛骨并朔率，得数内减入闰，余与朔率求闰缩[在朔率以下，便为闰缩；以上，用朔率减之，亦得]。以纪法乘日法为纪率，以等数约之，为气元率，以气元乘岁闰，满朔率去之，不满为元闰。虚置一亿，减入元岁，余为实，元率除之，得乘限。乃以元闰与朔率用大衍入之，求得等数、因子、蔀数。以等数约闰缩，得数，以因子乘之，满蔀数去之，不满，在乘限以下，以乘元率，为朔积年。并入元岁，为演纪积年。又加成历年。

4 除乘消减法

这段第一句中，列举从调日法到元闰，共十六事，“皆同此术”，沿用前人算法。然后简短叙述不定方程的筹算解法。最后，求出朔积年，加算演纪积年。

今人相乘演积年，其术如调日法，求朔余朔率，立斗分岁余，求气骨朔骨闰骨，及衍等数约率因率蓈率，求入元岁岁闰入闰元率元闰，已上皆同此术。但其所以求朔积年之术，乃以闰骨减入闰，余谓之闰赢，却与闰缩、朔率、元闰①，列号甲乙丙丁四位，除乘消减，谓之方程。乃求得元数，以乘元率，所得谓之朔积年。加入元岁，共为演纪岁积年。

疏证① 文渊本《数学九章》，宜稼堂丛书本，丛书集成本，国学基本丛书本《数书九章》中，此处均脱“元闰”二字，今补。因闰赢、闰缩、朔率三者，不足以“列号甲乙丙丁四位”，且从数理上讲，要“求得元数”，“元闰”是必要条件。

5　综述感慨

秦九韶多年研究大功告成，他踌躇满志，感慨万分，抒发其感慨。

所谓方程，正是大衍术[今人少知]。非特置算系名，初无定法可传，甚是惑误后学，易失古人之术意。故今术不言闰赢，而曰入闰差者，盖本将来可用入元岁便为积年之意。故今止将元闰朔率二项，以大衍先求等数因数蓈数者，乃仿前求入元岁之术理，假闰缩②如气骨，以等数为约数，及求乘数蓈数，以等约闰缩，得因乘数，满蓈去之，不满，在限下，以乘元率，便得朔积年。亦加入元岁，共为演纪积年。此术非惟比③用乘除省便，又且于自然中取见积年，不惑不差矣。新术敢不用闰赢而求者，实知闰赢已存于入闰之中。但求朔积年之奇分，与闰缩等，则自与入闰相合，必满朔率所去故也。

数理精微，不易窥识，穷年致志，感于梦寐，幸而得之，谨不敢隐。

疏证② 闰缩，各本均误作“闰骨”，今依术理改正。

疏证③ 比，各本均误作“止”。形近“比”，今依上下文语气改。

据后文“乃仿前求入元岁之术理”一句比照，秦九韶把这段一气呵成的算法，称作“求入元岁之术理”。

分成五个小段。

第一小段讲方程与大衍术的关系，从“所谓方程”到“故人之术意”。

第二小段，即“故今术不言闰赢，而曰入闰差者，盖本将来可用入元岁便为积年之意”。

第三小段，从“故今止将”到“共为演纪积年”，主讲“仿前求入元岁之术理”。

第四小段，从“此术”起到“必满朔率所去故也”，剖析自己所悟的数理实质。

最后小段，即术文终结处二十四字，发出由衷的感慨。

13.5　近代数论核算

1966 年，钱宝琮以近代数论核算开禧历。我们添加了一些注释，方便熟悉现代数论的读者，对照认识求入元岁术理。

证明中出现治历演纪题 19 个数据。这只能说明开禧历原题符合数论原理，却不能说钱宝琮的证明符合原意。特别是 -24807 这个负值，更说明了这一点。

这些证明中两次用到大衍求一术，这是直到 1247 年才由秦九韶创新出来的。1208 年的开禧历只是用大衍术。

从上元甲子岁（$A-$）到嘉泰甲子岁（$-I$）的年数记为 N。岁率 6172608 乘演纪积年 N，满纪率 1014000 去之，不满，为气定骨 193440，有

$$6172608N \equiv 193440 \pmod{60 \times 16900} \tag{1}$$

$$\equiv 163771 \pmod{499067}。\tag{2}$$

上元与嘉泰四年同是甲子岁，N 能被 60 整除，设 $N=60n$。又因 $6172608=365\times16900+4108$，故(1)式能写成

$$4108 \times 60 \times n \equiv 193440 \pmod{60 \times 16900}。$$

“只以 4108 为斗定分，与日法，以大衍术入之，求得 52 为等数，144 为因率，325 为蔀率”（草），“以甲子 60 为纪法，乘等数，得 3120，为约率”（草），

$$52 \times 79 \times 60 \times n \equiv 60 \times 52 \times 62 \pmod{60 \times 52 \times 325}。$$

以 60×52 约，化简为

$$79 \times n \equiv 62 \pmod{325}。$$

以 79 和 325，用大衍求一术求得乘率 144（$79\times144\equiv1 \pmod{325}$）。“以因率 144 乘之，得 8928，满蔀率 325 去之，不满 153”（草），

$$n \equiv 62 \times 144 \pmod{325} \equiv 153 \pmod{325}。$$

“以纪法 60 乘之”（草），“得 9180 年，为入元岁”（草）。所以

$$N \equiv 9180 \pmod{19500}$$

或 $N=19500m+9180$，m 为正整数。

此时条件不成熟，没有使用合朔方面的数据，目标本是求出整体演纪积年，求出的只是其余数：入元岁，所以称“求入元岁之术”。

进一步，代入(2)式，$6172608N\equiv163771 \pmod{499067}$，得

$$6172608(19500m+9180) \equiv 163771 \pmod{499067},$$

因 $6172608=499067\times12+183804$，

$$183804 \times 19500 \equiv 377873 \pmod{499067},$$

$$183804 \times 9180 \equiv -24807 \pmod{499067}。$$

(2)式化为

$$377873m - 24807 \equiv 163771 \pmod{499067},$$

$$377873m \equiv 188578 \pmod{499067}。$$

以 377873 与 499067 用大衍求一术，求得乘率 457999，因得

$$m \equiv 188578 \times 457999 \pmod{499067},$$
$$m \equiv 402 \pmod{499067},$$
$$N = 19500m + 9180。$$

上元到开禧三年丁卯岁，积年为 $N+3=7848183$ 年。

13.6　历法排布

开禧历的历法排布方法是1000多年来历法家钻研的结晶。

13.6.1　太阴历、太阳历和阴阳历

历法是推算年、月、日，并使其与相关天象对应的方法，目的是协调历年、历月、历日和回归年、朔望月和太阳日。

回归年、朔望月同“日”之间的关系，不能协调。这就带来了历法问题的复杂性。

原则上，历月应力求等于朔望月，历年应力求等于回归年。但由于朔望月和回归年都不是整日数，所以历月须有大月和小月之分，历年亦有平年和闰年之别。通过大月和小月、平年和闰年的适当搭配和安排，其平均历月等于朔望月或平均历年等于回归年。

由此，历法一般地分为三类：太阴历、太阳历和阴阳历。按月相的周期变化安排的历法，叫太阴历。侧重协调朔望和历月关系的叫太阳历，简称阳历；兼顾朔望月和回归年、历月和历年的叫阴阳历。

我国的旧历就是阴阳历，它既重视月相盈亏的变化，又照顾寒暑节气，年、月长度都依据天象。历月的平均值大致等于朔望月，又用十九年置七个闰月的办法使历年的平均值大致等于回归年。

中国最早的历法，大约出现于公元前772年，只有一些零碎的史料流传至今。

这里顺便说说，世界通行的公历中，年首是元旦。现行的公历与本书研究的内容无关。

辛亥革命的次年(1912年)，我国采用公历，但纪年用“中华民国”年次。

1949年中华人民共和国成立后，决定“中华人民共和国的纪年采用世界公元”。但为了照顾群众的习惯，旧的夏历仍然通行。

13.6.2　日、月、岁长度

《宋史·律历十七》载：开禧上元甲子，至开禧三年丁卯，岁积7848183，日法16900，岁率6172608，朔率499067，纪率1014000，刻分法84.5。

1　日法、刻分法、时辰

每日零时(子正)到次日零时为一日，用调日法调成16900份，故有日法16900。

一日还有不同的分法，以适应不同的场合。

实测时,可以把一日分为100刻,称刻分法。

我国在周以前,就使用把一天均匀分为百刻的计时制。据《史记》所载史料估计,齐景公(公元前547—490)时已经可计量到一刻的精确度[16]。

把一日分成十二个时辰,可以用地支表示。

(1) 子;(2) 丑;(3) 寅;(4) 卯;(5) 辰;(6) 巳;(7) 午;(8) 未;(9) 申;(10) 酉;(11) 戌;(12) 亥。

每个时辰为现在的2小时。每个时辰的开始点称初,正中点称正,终止点称末。

一日之始并不是子初,而是子正,即今24:00或0:00。

其余时辰可依此类推。申时辰从下午3:00点到5:00,申正为下午4:00。未正为下午2:00。于是,申末和酉初是同一个时间点。

2 岁与年

地球绕太阳公转产生的四季交替现象使人们形成了“年”的概念。

一年有春、夏、秋、冬四个季节,以春天为年的开始和结束。一年是12个月左右,不包括闰年。

年的概念和农业有关。《说文》称:“年,熟谷也。”谷物的成熟周期意味着寒暑往来的周期,也就是地球绕太阳一周的时间,称为太阳年。

说到时间间隔,年和岁都是365.2422日,在这个意义上,说一年与说一岁是一回事。

从起算点考虑,历法中的“年”和“岁”是不同的概念:“年”的概念与月亮周期有关,年的第一个月为正月,年首为正月初一;“岁”与节气相关,宋时,岁的起算时刻是冬至。

中国古代,以每年岁首冬至(上一年十一月中)到次年岁首冬至(本年十一月中)为一岁。

开禧历调算实测数据,得一岁长$365\dfrac{4108}{16900}$日,用日法化为假分数,其分子6172608称岁率。岁率在日以下的部分4108,称为斗分。

3 朔望月

每月朔旦到次月朔旦为一朔望月。

观测结果表明,朔望月的长度并不固定,有时长达29天19小时多,有时仅为29天6小时4分多,平均长度为29天12小时44分3秒。

开禧历取平均值$29\dfrac{8967}{16900}$日,用日法化为假分数,其分子499067称为朔率。

13.6.3 六十干支纪日、纪年

各个天象周期的组合,需要一个独立于这些周期之外的、连续完整的纪录系统。

天干和地支各取一字,按序组成六十干支周期,也称六十甲子。古人用干支周期既纪

日又可纪岁。纪法 60，日名干支周期 60 日，岁名干支周期 60 岁。

从公元前 722 年起就开始使用的六十干支纪日法和从公元 85 年起使用的六十干支纪年岁法，能轻松地解决各周期之首的插入问题。

表 13.1　六十干支周期表

01 甲子	02 乙丑	03 丙寅	04 丁卯	05 戊辰	06 己巳	07 庚午	08 辛未	09 壬申	10 癸酉	11 甲戌	12 乙亥
13 丙子	14 丁丑	15 戊寅	16 己卯	17 庚辰	18 辛巳	19 壬午	20 癸未	21 甲申	22 乙酉	23 丙戌	24 丁亥
25 戊子	26 己丑	27 庚寅	28 辛卯	29 壬辰	30 癸巳	31 甲午	32 乙未	33 丙申	34 丁酉	35 戊戌	36 己亥
37 庚子	38 辛丑	39 壬寅	40 癸卯	41 甲辰	42 乙巳	43 丙午	44 丁未	45 戊申	46 己酉	47 庚戌	48 辛亥
49 壬子	50 癸丑	51 甲寅	52 乙卯	53 丙辰	54 丁巳	55 戊午	56 己未	57 庚申	58 辛酉	59 壬戌	60 癸亥

干支纪日法始于春秋鲁隐公三年（公元前 720 年）二月己巳日，直到清代宣统三年（公元 1911 年）。周而复始，从不间断，没有零数，历经 2600 多年。中国几千年的记录是世界上少有的。

干支纪年岁法始于东汉（公元 85 年）。

13.6.4　大余与小余

利用上元积年值逐日排出历法，则用到大余与小余。

上元积年以纪法 60 日去除，所得余数是所求年的冬至时刻到冬至前一个甲子日夜半的时间。天数部分叫作大余，不足一天的零数部分叫小余。

通常历法都规定，大余“命甲子算外”，即以甲子日为 0，乙丑日为 1，等等。因此，根据大余的数字就可以知道所求年冬至日的干支日名。

有的历法“命甲子算上”，则应以甲子日为 1，乙丑日为 2，等等。

算外[17]是历书中常见的术语。上元以来若干年乃减去所求之年不算，而算以前之年数，故曰外所求年也。因为推求气朔的方法都是从岁前天正的平朔起算的。例如，周武王伐纣之年，上元 142110 岁，只以 142109 年入算，从而求得本年天正朔日。

13.6.5　历元

在现代天文学上，各种天文周期都有自己的起算点。这种起算点称之为相关的历元。

推定、编排一部天文年历或民用历书时，都只能以一种历元为主，而把其他历元都归算到这个指定的历元时间系统中去。

历法史上,“历元”一词的定义似乎并不统一。

中国天文学史整理研究小组编著的《中国天文学史》[18]曾明确定义:进行历法推算,必须有个起算点。这个起算点叫作历元。在使用中,历元不分远期近期。例如,有“开天辟地”的上元,那是所谓的孔子获麟年(公元前481年)上推276万年。也有“太初历的历元定在元封七年(公元前104年)十一月初一甲子日夜半”,指近期的一个历法起算点。

因此,要在数理上透彻分析,有必要把上元积年定义为,从上元到治历某年的岁数[19]。

本书为了探求秦九韶原术原意,特地分开称为上元和近期编历岁。

此外,编历者个人的实测数据是编制新历的直接依据。选取一个离编历者较近的年岁,称近期,编历,指专用于编制历法,其岁岁首称近期编历岁。

演纪积年是从上元到近期编历岁岁首的岁数。再加上近期编历岁到进呈本历年的岁数,才是上元积年。

开禧历取离历家鲍澣之最近的甲子岁——嘉泰四年(1204年)甲子岁,作为近期编历岁。算出上元到近期编历岁,为 $N=7848180$ 岁。再加开禧三年丁卯岁,为 $N+3=7848183$ 年。

13.6.6 齐同原理

上元至少满足四个条件:甲子岁甲子日零时冬至合朔。

我们把甲子岁甲子日夜半冬至合朔的提法,划分标注成:① 冬至为岁之始;② 平朔为朔望月之始;③ 甲子日为日名干支周期之始;④ 甲子岁为岁名干支周期之始。对单独提到的夜半为一日之始,不标序号。合称为齐同四条件。

观象授时,见到的是日月星辰运动周而复始。周期首尾间隔,称为周期长度。古人提到某个周期,往往考虑其首,而不是其尾。

周期度量基本公式 开禧历使用单个周期度量,或累减,或除,称“满……去之”。不足周期长度的余数,称“不满”或“入某某”。周期度量基本公式,当各项单位统一时,如开禧历入元岁公式:演纪积年(7848180岁)满气元(19500岁)去之,不满为入元岁(9180岁)。当首项单位不统一时,把岁换算成日法分,如开禧历的气骨公式:岁率6172608(分/岁)×演纪积年(7848180岁),满纪率1014000(分)去之,不满为气定骨193440(分)。

度端与周期齐同 如果周期不止一个,一是约定相关周期的总起点,二是需要综合成反映这些相关周期的更大周期,当作单个周期进行度量。

齐同处理法最早可见于《续汉书·律历志下》历法[20]:“察日月俱发度端,日行十九周,月行二百五十四周,复会于端,是则月行之终也。”约定的“俱发度端”,与“复会”的“端”构成日和恒星月两个周期所综合成较大周期的首尾。

约定基本周期回归年、朔望月、干支纪日、干支纪岁的总“度端”上元,并把4个基本周期逐级齐同成适当大周期，四分历就可把周期度量基本公式各种可能变化，或过剩或不足的数据，统统归算到齐同后的大周期。“岁首至也，月首朔也。至朔同日谓之章，同在日首谓之蔀，蔀终六旬谓之纪，岁朔又复谓之元。……然后虽有变化万殊，赢朒无方，莫不结系于此而禀正焉。”

齐同，等量齐观，在中国古代哲学和传统数学中，有着深刻的背景。庄子《齐物论》体现万事万物自然齐同的境界。刘徽在注《九章算术》合分术中，用齐同阐释通分的理论依据：“凡母互乘子谓之齐，群母相乘谓之同。同者，相与通同，共一母也。齐者，子与母齐，势不可失本数也”“乘以散之，约以聚之，齐同以通之，此其算之纲纪乎”。刘徽又以齐同解释方程术的直除消元法。

1208 年的开禧历对气纪数据使用齐同原理，利用①、③和④条件，导出气元概念。此外，所用蔀的含义亦有所变动。四分历中，蔀为冬至①、平朔②与夜半一会；开禧历中，蔀则是 325 岁，数值上为日法 16900 除以等数 52。

13.6.7　时间端点

整套演纪积年法重点分析 10 个基本时间端点及它们之间的时间间隔。

现按从上元以降的次序，标上全文统一的字母及齐同条件序号，见表 13.2。

约定：(A—)表示 A 为时间间隔起始点，(—D)表示 D 为终止点，(A—D)就是时间间隔长度。

表 13.2　开禧历的基本时间端点

序	含义	序	含义
A—	上元①②③④	—B	第一个气元之终①③④
C—	“朔积年之奇分”之首， 后文称假想平朔时刻	—D D—	朔积年之终， 入元岁之始①③④
E—	闰缩之首②	—F	闰缩之终，后文称假想平朔时刻
G—	甲子日之首夜半③	H—	朔望月之首平朔时刻②
I—	近期编历岁之首①④	J—	丁卯岁之首冬至①

13.6.8　气骨的演变

现在我们约定第 1 岁岁首冬至①挂靠在夜半零时。从上元开始，仔细考察随着年岁推移，冬至点的移动，即准气骨的演变。

1 岁岁率 6172608，扣除 6 个日名干支周期 6×1014000，为准气骨值 88608＝16900×5＋4108，$5\dfrac{4108}{16900}$日是 1 岁所积下来的余分。此岁岁尾，即第 2 岁岁首冬至，不在夜半。

对后续每一岁，一般年份中，准气骨不为零，但是有一个 1625 岁周期的例外：6172608×

1625÷1014000=9892,即1625个回归年中有9892个日名干支周期。

气骨是对于整个演纪积年而言的,其他符合首③尾①的时间间隔,只能称为准气骨。准气骨之首都是③甲子日,气骨之尾是①冬至。

准气骨值逐渐增加,到近期编历岁岁首的岁首,才成为气骨。气骨、闰骨、朔骨终止点都是同一个近期编历岁岁首的岁首。

漫长的演纪积年累积产生了气骨193400,所以气骨定义表示为:

岁率6172608×演纪积年,满纪率1014000去之,不满为气定骨193440。

测定气骨、朔骨后,才算出闰骨。

嘉泰三年十一月平朔时刻 H 在甲子日零时后1日75刻55分62秒,用日法算得29669为朔骨 GH。用气骨 GI 减去朔骨 GH,正是反映气朔关系的 HI 闰骨163771。参见表13.2“开禧历的基本时间端点”。

演纪积年累积产生的闰骨可定义为:

岁率6172608×演纪积年,满朔率499067去之,不满称闰骨163771。

13.6.9 岁周法、纪周法

高斯在《算术研究》第32节中,说到模不互素的一次同余式组:“求出所有的数,它们对于任何数量的已知模具有已知余数。”可见,不在乎哪一个余数为0。

然而,中国历法中,用余数为0的求周法推算历法,建立一次同余式组。

开禧历上元为甲子岁甲子日夜半冬至合朔。取嘉泰四年甲子岁作为近期编历岁。求的是上元积年。年一项的余数呈现为0,称为岁周法。

秦九韶在求周法这个理论问题上犯了致命错误。

程行相及题,之所以犯错,就是拘泥于余数为0。

到古历会积题,秦九韶取纪周为零,求出若干个纪,却误称为年。

13.6.10 闰周

年与月的周期相互不能除尽,这就是说,阴历和阳历并不能严格协调。

月相圆缺变化一周29.53059日,即29日12小时44分3秒。太阳接连两次通过春分点,所需要的时间是365.24219879日,即365日5小时48分46秒。

古人发现,19个阴历月加上7个闰月,它的日数与19个阳历年日数几乎相等,就把235个朔望月称为闰周。

早在公元4世纪末期,历法家就认识到,19年7闰的这个闰周是有问题的。闰周在唐代初期即已废除。参见本书17.1“闰周的革新”。

13.7 调日法

13.7.1 调日法背景

调日法研究通过运算选取符合天文观察的日法。最早见周琮的《明天历》：

> 宋世何承天更以四十九分之二十六为强率，十七分之九为弱率，于强弱之际以求日法。承天日法七百五十二，得一十五强一弱。自后治历者，莫不因承天法、累强弱之数，皆不悟日月有自然合会之数。

调日法的考证与解释是有清以来历法史、数学史上的重大课题，前辈们成果累累。但可用的研究手段似乎不多。某项数据是源是流，难以厘清。

朱文鑫[21]（1883—1939）探索三统历、古六历数值的密近，称："考殷历朔余九百四十分日之四百九十九则大于二分之一。三统历欲化繁为简，若命为四十九分之二十六，则小于殷历朔余。但必须在二者之间，乃以二率相加，合为八十一分之四十三，则最为密近。"

这是从两个方面应用何承天调日法。一方面是数据弱率$\frac{17}{32}$和强率$\frac{26}{49}$，另一方面是"二率相加"：$\frac{17+26}{32+49}=\frac{43}{81}$，判断$\frac{43}{81}$（作流）"最为密近"于（作源）古六历的$\frac{499}{940}$。然而，分子17加分子26，得分子43。分母32加分母49，得分母81，恰恰违背了分数相加法则。

陈久金[22]探索何承天调日法数值，认为：古时用平朔，大小月相间，一般在16或17个月内加一连大月，何承天取其多者为算，即以在17个月内加一连大月计，其朔望月长度应为$\frac{16\times29.5+30}{17}=29\frac{9}{17}$日，这是弱率的由来。太初历取朔望月长度为$29\frac{43}{81}$日，已被公认为太强，于是何承天将它与弱率依上式做了一次调整，$\frac{9+43}{17+81}=\frac{26}{49}$，这是强率的由来。

陈久金的思路是：弱率值是利用古传的连大月而来。太初历朔望月值$\frac{43}{81}$太强，假定何承天知晓此事，以弱率（作源）用数学处理$\frac{9+43}{17+81}$（作源），产生强率值（作流）。

我们赞成吕子方对落下闳日法81来源的推测。

据司马迁《史记·历书》所提"巴落下闳运算转历"，可以假定落下闳涉及密近简化术，以古六历$\frac{499}{940}$作源，试算出太初历的$\frac{43}{81}$。

囿于史料，我们说不出具体计算，只能列出序列值算表，见表13.3。

表 13.3　940 和 499 序列值计算表

K	被除数＝除数×商＋余	商	Q 序列	P 序列	比值
			令 $Q_0=0$	令 $P_0=1$	
1	940＝499×1＋441	$q_1=1$	令 $Q_1=1$	$P_1=q_1=1$	1
2	499＝441×1＋58	$q_2=1$	$Q_2=q_2=1$	$P_2=1+q_2P_1=2$	1/2
3	441＝58×7＋35	$q_3=7$	$Q_3=1+q_3Q_2=8$	$P_3=P_1+q_3P_2=15$	8/15
4	58＝35×1＋23	$q_4=1$	$Q_4=Q_2+q_4Q_3=9$	$P_4=P_2+q_4P_3=17$	9/17
5	35＝23×1＋12	$q_5=1$	$Q_5=Q_3+q_5Q_4=17$	$P_5=P_3+q_5P_4=32$	17/32
6	23＝12×1＋11	$q_6=1$	$Q_6=Q_4+q_6Q_5=26$	$P_6=P_4+q_6P_5=49$	26/49
7	12＝11×1＋1(自然余数)	$q_7=1$	$Q_7=Q_5+q_7Q_6=43$	$P_7=P_5+q_7P_6=81$	43/81

表 13.3 中第 7 次商(q_7)1 导出 43 与 81，分母值 81 为 3 的倍数。如《汉书》所载“闳运算转历，其法以律起历”，当时人们对音律的认识，主要是三分损益律。太初历、三统历的历法数值，基本都与 3 有关。

表 13.3 中第 4 次除法商 1 导出 9 与 17 之比，第 6 次除法商 1 导出 26 与 49 之比。$\frac{9}{17}$ 和 $\frac{26}{49}$ 两值引起我们极大的兴趣。何承天的弱率和强率也是古六历 $\frac{499}{940}$ 的流。

再次强调，围绕太初历日法 81，我们无法提供进一步的史料，但判断落下闳知晓某种初始形态的密近简化术，应该是有把握的。

13.7.2　秦九韶调日法

何承天调日法已无原文可考，幸在宋周琮明天历中略有记载。明天历论历，极其重视对元、日法这两个要素的确定。“造历之法，必先立元，元正然后定历法，法定然后度周天以定分、至。三者有程，则历可成矣。”“宋氏何承天更以 26/49 为强率，9/17 为弱率，于强弱之际以求日法，承天日法 752，得 15 强 1 弱，自后治历者，莫不因承天法，累强弱之数。”

治历演纪题提到调日法，有如下三处。

题问：问开禧历，积年七百八十四万八千一百八十三，欲知推演之原，调日法，求朔余……各几何。

术曰：调日法，如何承天术，用强弱母子互乘，得数，并之，为朔余。

草曰：本历以何承天术，调得一万六千九百为日法。系三百三十九强，一十七弱。先以强数三百三十九，乘强子二十六，得八千八百一十四于上；次以弱数一十七，乘弱子九，得一百五十三。并上，共得八千九百六十七为朔余。

算图转录如下(图 13.3)，依次为图 1 到图 4，依宜稼本，从右到左：

8814	26　　339	日法	339
	强子　　强数	16900	强母
153	9　　17	分	26
得	弱子　　弱数	100	强子
8967		约法，以百约之	17
余数	17×9=153	上 169 1 下 169 3	弱母
		副置，上以一因，下以三因	9
		上 169 下 507	弱子
		49	
		强母	
	以两行强弱数子对乘之	以强母约下位	何承天调日法强弱四率
图 4	图 3	图 2	图 1

图 13.3　秦九韶调日法算图

这组算图只能说是秦九韶调日法。列出强弱四率，再以强弱二率的分子互乘，得朔余，最后确定开禧历所取朔望月常数。事实上，朔策、朔余来自实测，绝不是调出来的。

其实，早在 1777 年，四库馆臣就指出："今细按其草，日法已有定数。所调者朔策余分也。然从来朔策余分，皆以实测之。朔策分岁实分两母子互乘，相通即得，并无所谓调法。"

13.8　求入元岁之术理

13.8.1　气元背景

天文观察的精确化需要更大的元周期，以度量漫长的上元积年。

开禧历用的是气元。气元的算法是："以纪法乘日法，为纪率。以等数约之，为气元率。"气涉及条件①冬至为岁之始。纪涉及两个条件③甲子日为日名干支周期之始和④甲子岁为岁名干支周期之始，并不含有朔。

根据近期编历岁冬至点及冬至点处于甲子日夜半之后的实测气骨值，求出的只是入元岁 9180 岁。不知道演纪积年中含有多少个气元。

把气元之积称为朔积年。以朔取名，是想利用朔方面数据求出元数。这个关键数据一旦求出，气元乘元数，得朔积年。加入元岁，求出演纪积年，可算出上元积年。

气骨之首是③甲子日，气骨之尾是①冬至。气骨是对于整个演纪积年而言的，其他符合首③尾①的时间间隔，只能称为准气骨。

现在，从上元开始，仔细考察随着年岁推移冬至点的移动，即准气骨的演变。

单独考虑岁率 约定第 1 岁岁首冬至①挂靠在夜半。

1 岁岁率 6172608，扣除 6 个日名干支周期 6×1014000，为准气骨值 88608＝16900×5＋4108，$5\frac{4108}{16900}$日是 1 岁所积下来的余分。第 2 岁岁首冬至不在夜半。

对后续每一岁而言，一般年份中，准气骨不为零，但是有一个 1625 岁的周期：6172608×1625÷1014000＝9892，即 1625 个回归年中有 9892 个日名干支周期。

考虑日名甲子 进一步约定第 1 岁①岁首冬至挂靠的是甲子日夜半。数值上，蔀率 325 岁等于日法 16900 除以等数 52，受到调日法等多因素制约，在此只看作默认值。

经过 1 蔀率 325 岁，6172608×325÷1014000＝1978.4，即扣除 1978 个日名干支周期后，尚余下 0.4×60 日＝24 日。24 日是整日数，能使零时出现冬至，但已推迟到日名甲子之后 24 日。24 需要扩大 5 倍得 120，才是 60 的倍数，达到日名干支周期的完整。

考虑岁名甲子 蔀率 325 岁扩大 5 倍，为 1625 岁。6172608×1625÷1014000＝9892 日名干支周期，才使准气骨为零，达到甲子日零时③与岁首冬至①一会。但 1625÷60 余 5，已推迟到岁名干支周期后 5 岁。5 需要扩大 12 倍得 60，才是 60 的倍数，达到岁名干支周期的完整。

气元 齐同算法的内在推动力，要求进一步扩大数据。于是把 1625 岁再扩大 12 倍，1625×12＝19500 岁，达到甲子岁④甲子日零时③冬至①的一会之数，定名为气元。

气元计算

日法 16900 分、等数 52 和气元 19500 岁，是历法整数论浑然一体的三个环节。

据日法值，“以纪法乘日法，为纪率”。60×16900＝1014000，称为纪率。如以纪法 60 纪年，则纪率也可记 1014000 年。

“以等数约之，为气元率”：60×16900÷52＝19500。斗定分 4108 和日法 16900 入大衍术，求得等数 52，同时求得蔀率 325。采用岁名干支周期后，即写岁换分，把 16900 的分看作岁，1014000 的单位就是岁。1014000 岁能达到①、③和④，但绝对不止一会。需要除以等数 52，1014000 岁÷52＝19500 岁，才是日名干支周期、岁名干支周期及冬至的一会之数。

所以，1208 年的开禧历，利用日名干支周期、岁名干支周期和天度圈为基础构建气元。

13.8.2　余分的处理

求入元岁之术理计算过程涉及微小的余分处理。这是单独编出治历推闰题的目的。

所说“其历约率系三千一百二十，以约之，得六十二，可用”，即日法乘以气日刻分秒，是 193440 分 26 小分。气骨的“其实余小分二十六，乃弃之”。

再看日法乘朔一日七十五刻五十五分六十二秒，得 29668 分 99 秒 78 小分“将近一分，故于气骨内所弃二十六小分，借二十二小分，以补朔内，收上得”29669 分，为朔骨。

这个 26 小分借出 22 小分，剩 4 小分，这件事到治历演纪题中，只字不提。只在治历推闰题术文中，秦九韶加了个注，规定余分的范围：“其气骨分如约率而一，约尽者为可用［或收弃余分在一刻以下者，亦可用］。”

自编的积尺寻源题算草中，独有的“互借以补无者”法，可能就是受此启发。

13.9　大衍术原图

在中国传统数学中，大衍术是独一无二的思想方法。

《数书九章・序》中，秦九韶极力推崇大衍术，为一个可逆的过程：

> 圣有大衍，微寓于《易》。奇余取策，群数皆捐。衍而究之，探隐知原。

这就是说，对原数，用蓍卦取余数：奇，抛弃众多的商。反过来，采用大衍术就能察知隐藏的原数。

13.9.1　算图分析

依照 1842 年宜稼本求乘率图的照片（图 13.4），以方框表示筹算板，逐一排布算图，左侧加注，以分析大衍术的筹算操作（图 13.5）。

根据整数对 a 不小于 b 的约定，筹算首图中补入岁率 6172608，首次除法是

$$6172608(a)=16900(b)\times365(q_1)+4108(r_1)。$$

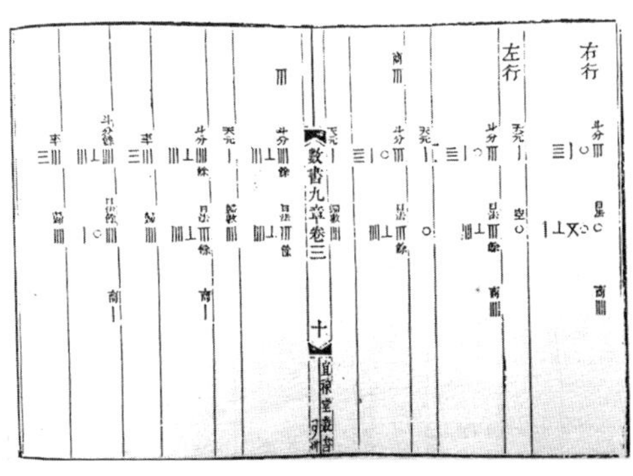

图 13.4　宜稼本原图

笔算中，实、法、商、余四项的带余除法，构成辗转相除公式。再以商求序列，求归算值。带余除法和求归算值两个公式合成一个循环。

在筹算板上，同样一个循环，由试商、留余、归算三步操作合成。实、法、商，各就各位的带余除法，递互除之。商置于实之上，余数顶替原实，随即进行归算。

我们为算图中新出现的量标上对应字母。各筹算数位之间的关系体现数学公式，是我们研究的重要对象。

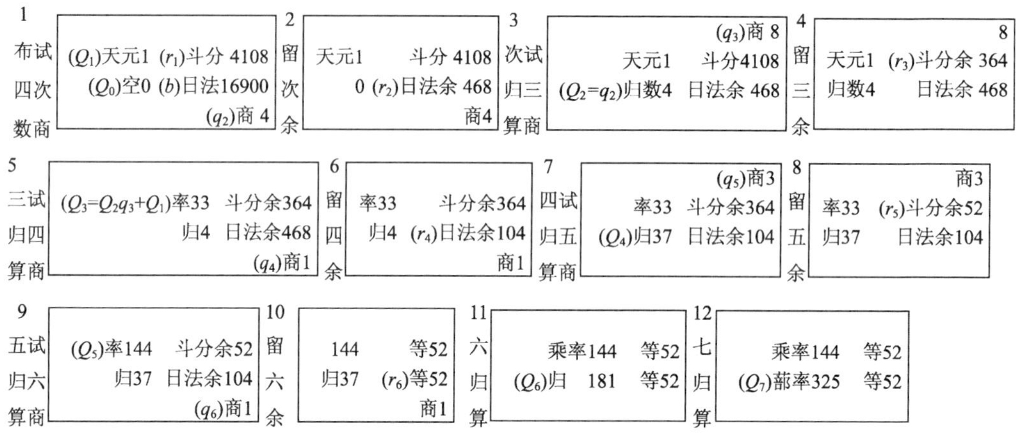

图 13.5 大衍术示意图

左列各项，在数理上，同属于 Q 序列，上下间隔相处。处于左上的，称作天元一、率或乘率；处于左下的，称作空、归数，最后为蔀数。

随着除数渐次细化，归数、率在左列上下更迭，背后体现的是 Q 序列公式：

$$Q_i = q_i Q_{i-1} + Q_{i-2}\text{。}$$

13.9.2 筹算操作分析

受到现代数学笔算法熏陶的我们，必然感到大衍图计算烦琐难算。其实古法运筹布算并不复杂。

举一例，沈括(1031—1095)《梦溪笔谈》卷十八，卫朴精于历说：

> 淮南人卫朴精于历术，一行之流也。《春秋》日蚀三十六，诸历通验，密者不过得二十六七，唯一行得二十九；朴乃得三十五，唯庄公十八年一蚀，今古算皆不入蚀法，疑前史误耳。自夏仲康五年癸巳岁至熙宁六年癸丑，凡三千二百一年，书传所载日蚀凡四百七十五，众历考验虽各有得失，而朴所得为多。朴能不用算推古今日月蚀，但口诵乘除，不差一算。凡大历悉是算数，令人就耳一读，即能暗诵；旁通历则纵横诵之。尝令人写历书，写讫，令附耳读之，有差一算者，读至其处，则曰"此误某字"，其精如此。大乘除皆不下，照位运筹如飞，人眼不能逐。人

有故移其一算者，朴自上至下手循一遍，至移算处则拨正而去。熙宁中撰《奉元历》，以无候簿，未能尽其术，自言得六七而已，然已密于他历。

张耒（1054—1114）在其《明道杂志》中也有记载："（朴）每算历，布算满案，以手略抚之，人有窃取一算，再抚之即觉。"

整个大衍图计算过程分成布算、循环、结算三个阶段。

1　布算阶段

涉及首图到第三图前半部分，共三幅图。

首图注文称"布四数，试次商"。左侧的左上置 1（Q_1）称天元一，左下置 0（Q_0）称空。天元一（Q_1）体现首次除法 6172608（a）＝16900（b）×365（q_1）＋4108（r_1）中，只是一个除数 16900。

注意，天元一是值得大书特书的重要概念。数理上，二除法除数 1，是序列的本原。

右侧的右下日法 16900，原为首次除法的实，右上为余数斗分 4108，体现了第二次除法 16900＝4108×4＋468，次商 4（q_2）置实下。

次图注文"留次余（r_2）"。就把二除法日法余 468（r_2）顶替实 16900。

2　循环阶段

由若干个循环所组成。

第三图到第九图是循环阶段。不出现商数损一调节举措，也就不会出现等数。

第三图左侧是二循环归算，右侧是三循环试商。所以，注是"次归算（$Q_2=q_2$），试三商（q_3）"。

左侧归算是：二除法 16900＝4108×4（q_2）＋468 的商 4（q_2）。忽略余数 468 情况下，商 4（q_2）理解成细分程度，一个一除数 16900 细分成 4（q_2）个二除数 4108。左下空 0（Q_0）：（细化！）4（q_2）×1（$Q_1=1$）＋（累积！）0（空）＝4。细化累计值称归数，是 $Q_2=q_2Q_1+Q_0=q_2=4$。

右侧试商是：上位除以下位，三除法（二除数）4108＝（三除数）468×8（q_3）＋364 的商 8（q_3），置实之上。

第四图是"留三余（r_3）"。就把三除法余数 364（r_3）顶替实 4108。

逐次演算，直到第九图。

第九图"五归算（$Q_5=q_5Q_4+Q_3$），试六商（q_6）"。

五除法 364＝104×3（q_5）＋52，忽略余数（r_5）52 的情况下，体现细分四除数 364 成 3（q_5）个五除数 104。再纳入左上的率：（细化！）3（q_5）×37（Q_4）＋（累积！）33（Q_3）＝（Q_5）144，完成了第五次循环。因为标志性数据"等 52"还没有出现，144 称为率，与前面图左上角的称呼相同。

试六商时，右侧的下位 104 除以上位 52，本应 104＝52×2＋0，得商 2。传统数学采用商数损一调节举措，改算为 104＝52×1(q_6)＋52。商 1(q_6)置于实 104 之下。

3 结束阶段

以等数的出现为标志。

第十图“留六余(r_6)”。第六次除法 104＝52×1＋52 后，把余数(r_6)52 顶替实所在右下位。注意，两个 52 相等，标出两个“等”。

但左上方 144 反而空白，因为属于抄录。

第十一图“六归算”。由六商 1(q_6)：$Q_6=q_6Q_5+Q_4=1\times144+181$，成为归($Q_6$)181。此时，只有在此时，两个 52 合成等数，成为乘率标志。因此，144 可加注“乘率”。

更需要注意的是，前面各图，在归算之后立即进行下一循环的试商。图十一未实行。

第十二图本应该“七归算($Q_7=Q_5+q_7Q_6=181+144\times1=325$)”。但第十一图两个 52 并无相除关系。开禧历家不得不列出历法所需三组值：等数 52、52，蔀率 325 与乘率 144，不了了之。

在第九图中，奇序整数对 6172608 和 16900 辗转相除，只有右上单独的等数自然值 52，才是 144 成为乘率的充分必要条件。然而，拘泥于认识上的偏差，开禧历家必凑出右下的等数调节值 52，必闯调节分支，调出等数，必误得归数 181，必然冲击右侧上位下位轮流作被除数的规律。最后的第十二图不免陷入混乱。

我们还需要指出，在本书 11.2.2“*ab* 属性”中，从辗转相除的大背景讲，不得不引入 *ab* 属性的概念。除数个数的累积统计值必须分成 *a* 属性、*b* 属性，才能间隔相加。

中国人借助于筹算布图的优越性，所有图的上方都是 *a* 属性，下方都是 *b* 属性，从而轻松地剖析归数和乘率。

13.9.3 等数只是充分条件

传统历法的求乘率术以等数检测乘率，直观简单，对一切奇序、偶序整数对，都能求出乘率，足以支撑中华文明千年传统历法的辉煌。

就整数对的辗转相除序列值计算，在奇序的等数自然值情况下，一定暴露数理的不完善。

从本书前面的表 11.3“奇序整数对 6172608 和 16900 序列值计算表”看来，奇序数自然余数例中，乘率的有效标志是等数自然值 1(或 52)，恰巧处于右上位。换个角度说，表 1 显示，等数自然值 52，单独出现于筹算图右上，是左上 144 作乘率的充分且必要条件。由两个等 52 合成的等数则是充分条件，用于直观简单地检测乘率。

再看本书前面的表 11.5“120365856000 和 499067 序列值计算表”。偶序数自然余数例中，乘率的有效标志是等数调节值 1 恰巧处于右上位。

只有处在右上位的等数自然值(或等数调节值)，单独一个，才具有标志乘率的效力。就是说，大衍求一术的“须使右上末后奇一而止”，才是标志乘率的充分必要条件。

等数是辗转相除过程中两个相等的余数，只是标志乘率的充分条件。

我们无比感慨，1208 年开禧历求乘率术与 1801 年高斯序列解法失之交臂，千秋遗憾。

13.10 秦九韶新术

13.10.1 背景

开禧历求元数 402，用的是古代筹算的除乘消减法。

秦九韶抛弃了这个旧法，只是用短短四十六个字，简单描述了"除乘消减"法：

> 但其所以求朔积年之术，乃以闰骨减入闰，余谓之闰赢，却与闰缩、朔率、元闰①，列号甲乙丙丁四位，除乘消减，谓之方程。

疏证①文渊本《数学九章》，宜稼堂丛书本，丛书集成本，国学基本丛书本《数书九章》中，此处均脱"元闰"二字，今补。因闰赢、闰缩、朔率三者，不足以"列号甲乙丙丁四位"，且从数理上讲，要"求得元数"，"元闰"是必要条件。

这里，我们只能先讲新术，再剖析"仿"求入元岁之术理，最后进行除乘消减法复原。

13.10.2 计算过程

秦九韶从入闰与闰骨之差讲起，引出改进的新术。

> 次置岁日，以日法通之，并以斗定分，为岁率，以十二月乘朔率，减岁率，余为岁闰，以岁闰乘入元岁，满朔率去之，不满为入闰，与闰骨相减之，得差[或适足，便以入元岁为积年，后术竝不用；或差在刻分法半数以下者，亦以入元岁为积年]，必在刻分法半数以上。却以闰泛骨并朔率，得数内减入闰，余与朔率求闰缩[在朔率以下，便为闰缩；以上，用朔率减之，亦得]。以纪法乘日法为纪率，以等数约之，为气元率，以气元乘岁闰，满朔率去之，不满为元闰。虚置一亿，减入元岁，余为实，元率除之，得乘限。乃以元闰与朔率用大衍入之，求得等数、因子、蕲数。以等数约闰缩，得数，以因子乘之，满蕲数去之，不满，在乘限以下，以乘元率，为朔积年。并入元岁，为演纪积年。又加成历年。

从近期编历岁岁首冬至、斗定分出发，计算岁率、岁闰，引出入闰的概念。

"次置岁日，以日法通之，并以斗定分，为岁率"：日法 $16900\times365+4108=$ 岁率 6172608。

"以十二月乘朔率，减岁率，余为岁闰"：朔率 $499067\times12-6172608=$ 岁闰 183804。

"以岁闰乘入元岁，满朔率去之，不满为入闰"：岁闰 $183804\times9180\div499067$，余入闰 474260。

再比较入闰 474260 与闰骨 163771。

开禧历数据环境下,入闰是大于闰骨的。其他情况下,“入闰,与闰骨相减之,得差[或适足,便以入元岁为积年,后术并不用;或差在刻分法半数以下者,亦以入元岁为积年],必在刻分法半数以上。”安排在后面的13.11.3“入元岁便为积年”中,进行专题讨论。

入闰474260与闰骨163771相减,加上一个朔率,闰泛骨163771+499067−474260=188578,取名闰缩。为保证闰缩大于零,采用“并朔率”:“却以闰泛骨并朔率,得数内减入闰,余与朔率求闰缩[在朔率以下,便为闰缩;以上,用朔率减之,亦得]。”

接着,渐次计算气元、元闰,以便元闰377873与朔率499067,入大衍法。

求气元19500岁:“以纪法乘日法为纪率,以等数约之,为气元率。”

岁闰183804×16900÷499067,余数为元闰377873:“以气元乘岁闰,满朔率去之,不满为元闰。”

最后,“乃以元闰与朔率用大衍入之,求得等数、因子、蔀数。以等数约闰缩,得数,以因子乘之,满蔀数去之,不满,在乘限以下,以乘元率,为朔积年。”

乘限只是简繁控制,附带性设置。“虚置一亿,减入元岁,余为实,元率除之,得乘限。”一亿减入元岁9180,99990820÷19500≈5128个气元。规定上元积年不能超过5128个气元,就是规定上元积年不能超一亿。宋景昌称:“唐宋演撰家相沿如此”,“此恐积年过于一亿,运算繁多,故设乘元限,以为元数之限”[23]。

于是进入秦九韶新创的算法。“假闰缩如气骨”(术),“乃以元闰377873与朔率499067用大衍术入之”(草),求出元数402来。

13.10.3 仿求入元岁之术理

这个新术在感慨段第三小段中再次出现:

> 故今止将元闰朔率二项,以大衍先求等数因数蔀数者,乃仿前求入元岁之术理,假闰缩②如气骨,以等数为约数,及求乘数蔀数,以等约闰缩,得因乘数,满蔀去之,不满,在限下,以乘元率,便得朔积年。亦加入元岁,共为演纪积年。

疏证②闰缩,各本均误作“闰骨”,今依术理改正。

在数学思想上一旦取得突破,求元数的算法就迎刃而解了。

求入元岁公式:岁率6172608乘演纪积年N,满纪率1014000去之,不满,为气定骨193440,应用大衍术可求出入元岁。那么,秦九韶完全可以自造公式,自称新术:元闰377873乘元数,满朔率499067去之,不满为朔积年之奇分——闰缩188578,“假闰缩如气骨”(术),“仿前求入元岁之术理”(术),“乃以元闰377873与朔率499067用大衍术入之”(草),求出元数402来。

我们列出对照表,并标上原术原草的出处,见表13.4。

表 13.4　仿求入元岁之术理

求入元岁之术理	秦九韶的“新术”	分析
岁率 6172608×演纪积年,满纪率 1014000 去之,不满为气定骨 193440。 以奇入算:岁余 88608×演纪积年,满纪率 1014000 去之,不满为气定骨 193440。	岁率乘朔积年,满朔率 499067,去之,不满,为闰缩 188578。 以奇入算:元闰 377873×元数,满朔率 499067,去之,不满为闰缩 188578。	“但求朔积年之奇分,与闰缩等”和“假闰缩如气骨”(后段术)启示:两种等价表示法。 考虑到术文有“朔积年之奇分……”,新术表示为岁率乘朔积年;考虑到元闰与朔率入大衍术,可表示为“元闰乘以元数……”。
“只以 4108 为斗定分”(草),“与日法,以大衍术入之,求得 52 为等数,144 为因率,325 为蓓率”(草)。	“乃以元闰 377873 与朔率 499067,用大衍术入之,得等数 1,因数 457999,蓓数 499067”(草)。	“蓓数 499067”,其名源于求入元岁之术的“蓓率”。两者最终都位于大衍算草的左下角。第二组大衍算草中有注:“蓓数即朔率”(算图)。
“以甲子 60 为纪,乘等数,得 3120,为约率”(草)。	“以等数为约数”(后段术)。	新术中等数为 1,可以不约。但秦九韶硬性套用,“以等数为约数”(后段术),“然后以等数 1,约闰缩,只得 188578”(草)。
“只以 193440 为气定骨,然后以约率 3120,除之,得 62”(草)。	“然后以等数 1,约闰缩,只得 188578”(草)。	原草的“闰缩”,在数理上对应于气定骨。这是我们把现存所有各本“假闰骨如气骨”校勘成“假闰缩如气骨”的直接证据。
“以因率 144 乘之,得 8928,满蓓率 325,去之,不满 153”(草)。	“以因数 457999 乘之,得 86368535422,满蓓数 499067,去之,不满 402”(草)。	因数,一般称乘率。 153 是甲子周期个数。 402 是气元个数。
“以纪法 60 乘之”(草)。	“乃乘元率 19500”(草)。	乘以周期长度。
“得 9180 年,为入元岁”(草)。	“得 7839000 年,为朔积年”。	朔积年与入元岁之和,正是演纪积年。

13.10.4　朔积年探源

朔积年一词,最早出现于周琮《明天历》(1064)“治平元年甲辰岁,朔积年也”[24]。

《宋史·律历十五》载:开禧历作者鲍浣之曾批评《统天历》(1199)不用传统上元积年法为“尽废方程之归”[25],印证了秦九韶所说开禧历使用“求朔积年之术,……谓之方程”。

严敦杰先生列举宋元史料,指出宋历求上元积年时相传一种“方程”算法,特征是布算时列出等式多行,“除乘消减”,“约而齐之”,与《九章算术》内解一次联立方程组相类,故借名为“方程”。其中最为典型的是,周琮《明天历》称:“以方程约而齐之。今须积岁七十一万一千七百六十……”。

严敦杰先生用秦九韶演纪积年法核算过《明天历》,指出:“明天历这段所说的,现在用秦九韶《数书九章》内演纪积年法核算全合。”显而易见，未改进的开禧历演纪积年法，数理一致，也可以核算这段明天历。

因此，完全有理由认为：《明天历》的“朔积年”，是开禧历“求朔积年之术”的先河；《明天历》“以方程约而齐之”，也正是开禧历“闰赢，却与闰缩、朔率、元闰，列号甲乙丙丁四位，除乘消减，谓之方程”一语的背景。

13.11 闰赢的革除

秦九韶“穷年致志，感于梦寐”，改用入元岁之始的数据，沿用历家的闰缩具体计算法，用大衍术法的新术，求出元数。

重点在于革除闰赢：“故今术不言闰赢，而曰入闰差者，盖本将来可用入元岁便为积年之意。”其实质是：“此术非惟比用乘除省便，又且于自然中取见积年，不惑不差矣。新术敢不用闰赢而求者，实知闰赢已存于入闰之中。但求朔积年之奇分，与闰缩等，则自与入闰相合，必满朔率所去故也。”我们把各量之间的关系表述在图 13.6 朔积年之奇分与闰缩等关系图中。

论闰赢的计算，秦九韶沿用了前人现成算法。对闰赢的认识，秦九韶要比历家深刻得多。两种不同思路相比，新术具有极大的优越性。

13.11.1 基准点检视

整个过程基于天文基准点的平移。

前面凭借气纪关系求出入元岁 9180 年。入元岁 9180 积累的岁闰，满朔率去之，不满 474260 称作入闰 FI。起点 F 不是真正的平朔时刻②，为行文方便，称为假想平朔时刻。

入闰 FI 与闰骨 HI 均终于入元岁之终 I，两者比较，有个孰大孰小或者相等问题。

开禧历背景下，入闰 474260 大于闰骨 163771，多余的部分 310489，称闰赢 FH。赢为多余，闰赢 FH 是从 H 平朔时刻②起，向前突出到假想平朔时刻 F 的一段。

因闰骨＋朔率－入闰＝闰缩 EF，所加上一个朔率，使闰缩起点 E 为平朔时刻②。缩为不足，闰缩是从 E 平朔时刻②起，确切地说，闰缩是从嘉泰三年十月的平朔时刻②，后缩的一段。

闰赢 FH 和闰缩 EF 都是依据平朔时刻②而命名的，相对于朔率 499067 是互补的。

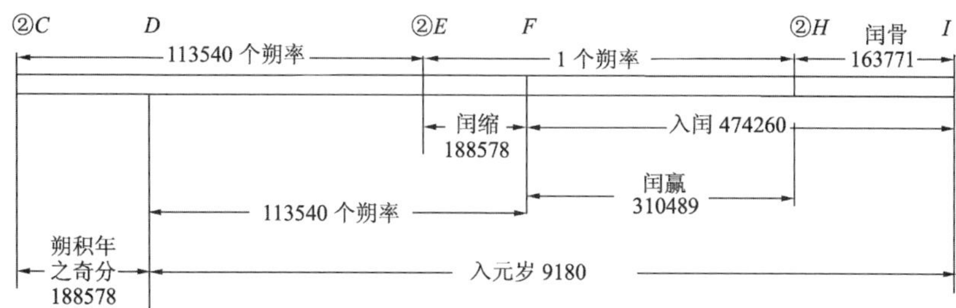

C—：“朔积年之奇分”起于朔望月之首平朔时刻②
—D：朔积年之终，即入元岁之始①③④，假想平朔时刻(无从编号)
E—：闰缩之首②朔望月之首平朔时刻
—F：闰缩之终，假想平朔时刻(无从编号)
H—：朔望月之首平朔时刻②
I—：近期编历岁之首①④

图 13.6　朔积年之奇分与闰缩等关系图

13.11.2　假想平朔时刻的平移

现在我们换个角度，怎样把各项条件集中到朔积年终点(—D)①③④。

往前推，在朔积年之奇分的终点(—D)和入闰起点(F—)之间，一定是朔率的整数倍。我们不知道秦九韶有否求过这个数，但很容易求出 113540。随 F 加上 113540 个朔率而来的 D①③④，当然不是真正的朔望月之始的平朔时刻②。

从上元(A—)开始，经过朔积年(A—D)，6172608×朔积年数，乘积被朔率 499067 除，得余数(C—D)。这就是朔积年之奇分。

我们只知道，朔积年奇分之始(C—)为某个朔望月的平朔时刻②。朔积年奇分之终(—D)也是假想平朔时刻。

四个时间点(C—)，(—D)，(E—)，(—F)却属于两个不同的类型：闰缩终点(—F)，即入闰的始点，为假想平朔时刻。闰缩和朔积年的始点(C—)，(E—) 却都是真实平朔时刻②。

两种情况下，如果都把假想平朔时刻时间点移到真实平朔时刻上，移动的值一定相等。秦九韶所说“但求朔积年之奇分(C—D)，与闰缩(E—F)等，则自与入闰(F—I)相合，必满朔率所去故也”，这个数学本质，正是秦九韶的突破口。

13.11.3　入元岁便为积年

一部历法必须顾及全面，既保证一般情况，也保证特殊情况。

秦九韶大胆改革，“新术敢不用闰赢而求者，实知闰赢已存于入闰之中”，将闰赢改为入闰差：“故今术不言闰赢，而曰入闰差者，盖本将来可用入元岁便为积年之意。”列为感慨段第二小段。

一般情况下不相等的入闰(F—I)与闰骨(H—I)，存在着假想平朔时刻(F—)。

当入闰(F—I)之首满足条件②平朔时刻时，入闰(F—I)等于闰骨(H—I)，(F—)就是(H—)，上述矛盾消失。此时检视入元岁的两个时间端点。由于入元岁之始冬至①(D—)本来满足条件④甲子岁③甲子日零时，现在又满足条件②平朔时刻，条件一个个往上堆，达到4个，即完全满足上元条件①②③④，入元岁之始就成了上元。而入元岁之终(—I)本来就是演纪积年之终(—I)，整个入元岁就是演纪积年。

秦九韶评说："便以入元岁为积年，后术并不用。"

13.11.4 闰缩计算法

闰缩的具体计算法全文抄录如下。此算法为秦九韶采纳，附以注释后，记载在治历演纪题前段术文中。方括号中为原小字注。

> 入闰，与闰骨相减之，得差[或适足，便以入元岁为积年，后术并不用；或差在刻分法半数以下者，亦以入元岁为积年]，必在刻分法半数以上。却以闰泛骨并朔率，得数，内减入闰，余与朔率，求闰缩[在朔率以下，便为闰缩；以上，用朔率减之，亦得]。

这里提到了三条：(1) 入闰等于闰骨；(2) 入闰与闰骨相差小于半个刻分法；(3) 入闰与闰骨相差大于半个刻分法。

我们知道，入闰之所以能与闰骨相减，是因为入闰(F—I)和闰骨(H—I)的终止点都是入元岁之终(—I)，即近期编历岁岁首(—I)，满足②④。

1 相等情况

特殊情况下，入闰(F—I)等于闰骨(H—I)，"或适足"，两者相等时，入元岁之始冬至①(D—)本来满足条件④甲子岁甲子日零时，现在又满足条件③平朔时刻，条件一个个往上堆，达到4个，即完全满足上元条件①②③④，入元岁之始就成了上元。入元岁之终(—I)本来就是演纪积年之终(—I)，整个入元岁就是演纪积年。秦九韶说："便以入元岁为积年，后术并不用。"

2 误差半个刻分法以内

"或适足"这个要求可以放宽，允许出现入闰(F—I)近似于闰骨(H—I)的情况，近似相等误差范围，差在"刻分法半数"以下者，也可用"入元岁为积年"。1刻分法为169，半个刻分法为84.5，即今7分12秒。

3 误差半个刻分法以外

除了相等、差在"刻分法半数"以下者两种情况之外，正式给出的计算方法，"必在刻分法半数以上"时才能使用。这个正式给出的计算方法又分成两种情况，即入闰减闰骨之差小于朔率或大于朔率。

(1) 小于朔率。本例入闰大于闰骨，闰骨先加朔率，得数，内减入闰，所得差一定小于朔率，称为"在朔率以下，便为闰缩"。

(2) 大于朔率。如果入闰小于闰骨，闰骨先加朔率，得数，内减入闰，大于朔率，称为

"以上，用朔率减之，亦得"，这个朔率先加后减，最终抵消。

秦九韶采纳了历家的闰缩计算法，附入了自己的注释，高瞻远瞩，连同入闰等于或近似于闰骨的种种特殊情况，全部考虑周全了。

13.12 除乘消减复原

13.12.1 相关史料

严敦杰先生列举宋元史料，指出宋历求上元积年时相传一种"方程"算法，特征是布算时列出等式多行，"除乘消减"，"约而齐之"，与《九章算术》内解一次联立方程组相类，故借名为"方程"[26]。"约而齐之"，语出周琮《明天历》："方程约而齐之。今须积岁七十一万一千七百六十"。

秦九韶使用简短的文字叙述不定方程的筹算解法。

> 今人相乘演积年，其术如调日法，求朔余朔率，立斗分岁余，求气骨朔骨闰骨，及衍等数约率因率蔀率，求入元岁岁闰入闰元率元闰，已上皆同此术。但其所以求朔积年之术，乃以闰骨减入闰，余谓之闰赢，却与闰缩、朔率、元闰①，列号甲乙丙丁四位，除乘消减，谓之方程。乃求得元数，以乘元率，所得谓之朔积年。加入元岁，共为演纪岁积年。

下一步，正可以利用入闰、朔率、闰缩、闰赢，再结合元闰，用除乘消减法求出元数。

秦九韶只用四十九字简略描述了一句鲍浣之原法，并未演算："但其所以求朔积年之术，乃以闰骨减入闰，余谓之闰赢，却与闰缩、朔率、元闰，列号甲乙丙丁四位，除乘消减，谓之方程，乃求得元数。"

其中，"元闰"二字是我们依数理补入的。因元闰是"求得元数"的必要条件，且闰赢、闰缩、朔率三者不足以"列号甲乙丙丁四位"。

鲍浣之根据四个已知量的推算，决非数据偶合，而是一种算法。四个已知量闰赢、闰缩、朔率、元闰，一个未知量元数，加上未提到的朔数，都有明确的数值。

这是古代历法家手中的秘密武器。

秦九韶新术"仿求入元岁之术理"，使用大衍术(属于一次同余式范畴)。"新术敢不用闰赢而求者"一语，明确地表示，采用"闰赢"的除乘消减法，与新术决然不同，不可能再属于一次同余式，只能属于[不定]方程范畴。

13.12.2 旧法特点

秦九韶用了相当篇幅介绍新法的优点，字里行间反映出旧法有以下特点：

(1) 演算方法。"但其所以求朔积年之术，乃以闰骨减入闰，余谓之闰赢，却与闰缩、朔率、元闰，列号甲乙丙丁四位，除乘消减，谓之方程。乃求得元数。"旧法能根据四个已知量推算出元数，就不是数据偶合，而是一种算法。

(2) 数学实质。根据四个已知量之间的数理关系,能够,也只能够列出如下不定方程:

$$元闰\times元数(x)-朔率\times朔数(y)=闰缩,$$
$$元闰\times元数-朔率\times(朔数-1)=-闰赢,$$

其中,闰缩+闰赢=朔率。

这是中国数学史上首见的 $ax-by=c$ 型的不定方程。

(3) 闰赢的作用。"新术敢不用闰赢而求",可见旧法一定要用闰赢入算。

(4) 运算特点。"除乘消减",要对数据辗转相除,逐步消减。

(5) 运算的缺点。"初无定法可传,甚是惑误后学",旧法需要凭借技巧,试算确定。

(6) 运算复杂性。新术"比用乘除省便",可见旧法用乘除,相当繁复。

(7) 造术的曲折。新术"又且于自然中取见积年,不惑不差矣",可见旧法立式分析中有某种勉强之处。

13.12.3 求元数筹算法

复原的依据 秦九韶摒弃开禧历家求元数算法,只简略描述为"闰赢,却与闰缩、朔率、元闰,列号甲乙丙丁四位,除乘消减,谓之方程,乃求得元数"。四个量的数理含义可以表示成 3 个并不互相独立的式子。令元数为 x,朔数为 y,有:

元闰×元数-朔率×朔数=闰缩,	$377873x-499067y=188578$,
元闰×元数-朔率×(朔数+1)=-闰赢,	$377873x-499067(y+1)=-310489$,
闰缩+闰赢=朔率。	$188578+310489=499067$。

很有必要参照开禧历家、秦九韶所用数学工具,复原求元数 402 的可操作筹算法,以求窥见历家秘传的工具[27]。

筹算板布列的四数,与形式分数的三数相当(多出一个闰赢,下文讨论);四数构成的整体与新引入变量相当;筹算板伴上相关商数,起着保留数据的直观作用。这三点是复原中最关键的考量。

对二元一次不定方程,不一定要用复杂的工具,用辗转相除法就可以解出[28]。下面第 1 除算图以元闰 377873 除闰赢、闰缩、朔率三项,相当于处理不定方程 $377873x-499067y=188578$。用形式整数部分与形式分数部分之和表示 x,即 $x=y+\dfrac{121194y+188578}{377873}$。

筹算板表示变量 形式分数部分恰巧反映在第 2 除算图中,相当于变量代换,令 $K_1=\dfrac{121194y+188578}{377873}$。就是说,变量 K_1 要用整幅筹算板表示成第 2 除算图。

变量的保留 形式整数部分 y,连同四周所存商数,留待后续条件成熟之后,才能参与运算,于是保留在第 1 除算图左侧。就是说,第 1 归算图采用整幅筹算板,不但指变量

y,也包括四周商数。

两列的形成　一次除算,必然布出左右两幅筹算板。朔率、元闰辗转相除,自然需要两列筹算板:一列除算图,另一列相同数量的归算图。

运算的转折点　第 6 图相当于求得 $158K_4=559K_5$,158 个 K_4 与 559 个 K_5 相等,齐同,于是设 $K_4=K_5=0$,从除算转向归算。

全部运算见表 13.5。为方便读者,附上字母变量解释、操作及去向。

13.12.4　算图的复原

凭借这些具体数据和描述,甲乙丙丁四位的布列,依照古文书写顺序:就两列而言,右上到右下,再左上到左下。反过来推测旧法的大概面貌。

"除乘消减"四字,源于更相减损术,但更倾向于求等数的除法形式。

筹算板以框表示。抹去四数,留下的虚框,相当于引入现今的变量,便于以后的归算。各步商,副置在原数旁,以供归算。

闰赢是凑成虚框,为保持四个数,在数理上并无用处。

表中的方向符号 ↑ 、↓ 或 ←,指各图演算后的去向。

表 13.5　筹算求元数算表

归算图逐次向上↑布列		除算图逐次向下↓布列
以 x、y 表未知数。		依古文书写顺序,筹算板上布列甲乙丙丁四位。
[402] 得 $x=402,y=304$	丙　甲 丁　乙	朔率　闰赢 元闰　闰缩
$377873x-499067y=188578$		元闰×元数(x)－朔率×朔数(y)=闰缩
丙商$_1$1　[304]　0　甲商$_1$ 0　乙商$_1$	第 1 图	丙商$_1$1　[499067　310489]　0　甲商$_1$ [377873　188578]　0　乙商$_1$
归数($y=304$)乘丙商$_1$(1),加乙商$_1$(0),再加下图归数($K_1=98$),成上图归数($x=402$)↑。	操作	丁位 377873 除三位,留三余,副置甲乙丙商 0,0,1↓。抹去四数成虚框(即 K_1)置左←,供归算。
$x=y+K_1=304+98=402$	字母变量解释	$377873x-499067y=188578$ $x=y+\dfrac{121194y+188578}{377873}=y+K_1$
[98]　2　甲商$_2$ 丁商$_2$3　1　乙商$_2$	第 2 图	[121194　310489]　(K_1)　2　甲商$_2$ 丁商$_2$3　[377873　188578]　1　乙商$_2$

续表

归算图逐次向上↑布列		除算图逐次向下↓布列
归数($K_1=98$)乘丁商$_2$(3),减乙商$_2$(1),再加下图归数($K_2=11$),成上图归数($y=304$)↑。	操作	丙位121194除三位,留三余,副置甲乙丁商2,1,3↓。抹去四数成虚框(即K_2)置左←,供归算。
$y=3K_1-1+K_2=3\times98-1+11=304$	字母变量解释	$377873K_1=121194y+188578$ $y=3K_1-1+\frac{14291K_1-67384}{121194}$ $=3K_1-1+K_2$
丙商$_3$8 [11] 4 甲商$_3$ / 4 乙商$_3$	第3图	丙商$_3$8 [121194 68101 / 14291 67384](K_2) 4 甲商$_3$ / 4 乙商$_3$
归数($K_2=11$)乘丙商$_3$(8),加乙商$_3$(4),再加下图归数($K_3=6$),成上图归数($K_1=98$)↑。	操作	丁位14291除三位,留三余,副置甲乙丙商4,4,8↓。抹去四数成虚框(即K_3)置左←,供归算。
$K_1=8K_2+4+K_3=8\times11+4+6=98$	字母变量解释	$121194K_2=14291K_1-67384$ $K_1=8K_2+4+\frac{6866K2+10220}{14291}$ $=8K_2+4+K_3$
丁商$_4$2 [6] 1 甲商$_4$ / 1 乙商$_4$	第4图	丁商$_4$2 [6866 10937 / 14291 10220](K_3) 1 甲商$_4$ / 1 乙商$_4$
归数($K_3=6$)乘丁商$_4$(2),减乙商$_4$(1),再加下图归数($K_4=0$),成上图归数($K_2=11$)↑。	操作	丙位除三位,留三余,副置甲乙丁商1,1,2↓。抹去四数成虚框(即K_4)置左←,供归算。
$K_2=2K_3-1+K_4=2\times6-1+0=11$	字母变量解释	$14291K_3=6866K_2+10220$ $K_2=2K_3-1+\frac{559K_3-3354}{6866}=2K_3-1+K_4$
丙商$_5$12 [0] 7 甲商$_5$ / 6 乙商$_5$	第5图	丙商$_5$12 [6866 4071 / 559 3354](K_4) 7 甲商$_5$ / 6 乙商$_5$
归数($K_4=0$)乘丙商$_5$(12),先加乙商$_5$(6),再加下图归数($K_5=0$),成上图归数($K_3=6$)↑。	操作	丁位除三位,留三余,副置甲乙丙商7,6,12↓。乙位余零,抹去四数成虚框(即K_5)置左←,供归算。
$K_3=12K_4+6+K_5=12\times0+6+0=6$	字母变量解释	$6866K_4=559K_3-3354$ $K_3=12K_4+6+\frac{158K_4}{559}=12K_4+6+K_5$

续表

归算图逐次向上↑布列		除算图逐次向下↓布列
0	第 6 图	158　158 559　　0 (K_5)
乘丙商时加乙商;乘丁商时减乙商。	操作	至此,转入左列←归算图,逐图向上。
$K_4=K_5=0$		$\frac{158K_4}{559}=K_5$,$158K_4=559K_5$,故得 $K_4=K_5=0$←。

上表(表 13.5)中第 6 图有 158 与 158 相等,右下为 0。$\frac{158K4}{559}=K_5$,$158K_4=559K_5$,故得$K_5=K_4=0$。

13.12.5　闰赢存在的理由

利用朔率、元闰,只需加上闰赢或闰缩中任一个条件,凭 3 个条件,就可以求出元数了。开禧历家却用 4 个条件,放在同一个计算过程中一并处理,与数学常理不一致。

闰赢在除算过程中,没有少算;归算过程中,却毫无用处。

西方数学用字母代表数。文字表示法的引进和发展,通常归之于 16 和 17 世纪的法国数学家韦达和笛卡尔。从这时起,代数学就成为各种数量(用文字来代表)以至多项式计算的理论。

13 世纪的宋元数学家在列方程中已经创造了天元术、四元术,取得了辉煌的成就,但还没有发展进入这一个算法。开禧历家借助筹算板这个直观工具,表示含有未知数的式子,连同四周所存商数,以进一步展开除算与归算。

因此我们认为,闰赢存在的理由就是帮助朔率在筹算板上占位,形成等式多行,以便让筹算板起到运算中的代换变量符号作用。

13.13　小结与感慨

最后计算上元积年,只提到一句:

加入元岁,共为演纪岁积年。

入元岁定义是:演纪积年满气元去之,不满为入元岁。气元乘元数,所得乘积叫朔积年。元数 402 既已求出,乘气元值 19500:

气元值 19500×元数 402=朔积年 7839000。

朔积年加入元岁,就是演纪积年:

朔积年 7839000+入元岁 9180=演纪积年 7848180。

还需加入进呈本历年的岁数，才是上元积年。治历演纪题称，“本历系于丁卯岁进呈，又加丁卯三年，共为七百八十四万八千一百八十三算，为本历积年”：

演纪积年 7848180＋丁卯岁 3＝上元积年 7848183。

这些数据与《宋史》记载相合。

太史用的开禧历演纪积年法，分两步计算：先用一次同余式，再用“列号甲乙丙丁四位”的不定方程，本来与孙子定理无关。秦九韶工作的重点在于改进求元数方法，沿用了两步计算法，也就无从使用孙子定理。他的创造性工作在于详尽分析有关术语的内在关系，揭示出“朔积年之奇分与闰缩等”的数学本质，把不定方程转化为一次同余式，以便用大衍术求解。

秦九韶对不定方程和一次同余式组的区别并不清楚。

《数书九章》全书中三次同时提到这两个本应属于不同数理领域中的内容。

在治历演纪题中，秦九韶说：“所谓方程，正是大衍术。”

在《数书九章・序》中，他说：“独大衍术不载《九章》，未有能推之者，历家演法颇用之。”秦九韶说的《九章》，指《九章算术》。

在序末的诗文中又说：“历家虽用，用而不知。”

一般认为，要到 19 世纪晚清时，宋元数学复兴后，才有把不定方程和求一术（一次同余式解法）结合起来的讨论。本文分析表明：秦九韶在 1247 年已经接触到并实现了用大衍术解 $ax-by=c$ 型的不定方程[28]。

秦九韶把不定方程和一次同余式混为一谈，术文点明：“除乘消减，谓之方程”。感慨段第一小段中误认为“所谓方程，正是大衍术[今人少知]。非特置算系名，初无定法可传，甚是惑误后学，易失古人之术意。”在《数书九章・序》又称：“历家演法颇用之，以为方程者误也”。这背后必然有现代学者还不曾理解的某种含义。

但也许正因为如此，秦九韶才能毫无顾忌地把不定方程转化成一次同余式，利用大衍术来解决问题。

秦九韶是如此幸运！他在术文终结处这样写道：

> 数理精微，不易窥识，穷年致志，感于梦寐，幸而得之，谨不敢隐。

1973 年，比利时学者李倍始的 *Chinese Mathematics in Thirteenth Century*[29] 一书在伦敦出版，系统介绍了中国古代数学家在一次同余式组方面的成就。

书中引用科学史家萨顿（Sarton，George，1884—1956）在《科学史引论》（1947 年）中的著名论断：

> 秦九韶在不定分析方面的著作时代颇早，考虑到这一点，我们就会看到，萨顿称秦九韶为“他那个民族、他那个时代，并且确实也是所有时代最伟大的数学家之一”是毫不夸张的。

参考文献

[1] 李迪.秦九韶传略[C]//吴文俊.秦九韶与数书九章.北京:北京师范大学出版社,1987:25—42.

[2] 李勇.中国古历经朔数据的恢复及应用[J].天文学报,2005.46(4):474—484.

[3] 曲安京.唐宋历法演纪上元积年实例及算法分析[J].自然科学史研究,1991(4):315—326.

[4] 曲安京.大明历上元积年计算[C]//李迪.数学史研究文集.呼和浩特:内蒙古大学出版社,1991:51—57.

[5] 秦九韶.数书九章[M].宜稼堂丛书,1842.(影印收入郭书春主编中国科学技术典籍通汇:数学卷第1册.长沙:河南教育出版社,1993: 439—645.)

[6] 秦九韶.数学九章[M].四库全书文渊本:第797集.上海:上海古籍出版社,1989:368—384.

[7] 刘钝.大哉言数[M].沈阳:辽宁教育出版社,1995:280.

[8] 钱宝琮.中国数学史[M].北京:科学出版社,1964.

[9] Gauss K F. *Disquistiones Arithmeticae*[M]. Libsiae: Gerh Fleischer,1801.

[10] 钱宝琮.秦九韶数书九章研究[C]//钱宝琮等.宋元数学史论文集.北京:科学出版社,1966:60—103.

[11] 严敦杰.宋金元历法中的数学知识[C]//钱宝琮等.宋元数学史论文集.北京:科学出版社,1966:210—224.

[12] 何绍庚.中国古代科学家传记选注[M].长沙:岳麓书社,1983:165—184.

[13] 方诗铭,方小芬.中国史历日和中西历日对照表[G].上海:上海辞书出版社,1987:539.

[14] 徐锡祺.新编中国三千年历日检索表[G].北京:人民教育出版社,1992:218.

[15] 元史[M].历代天文律历等志汇编:第六册.北京:中华书局,1977:1138.

[16] 全和钧.我国古代的时制[J].中国科学院上海天文台年刊,1982(4):352—361.

[17] 陈沣.三统历详说[M].光绪年间刻本,90.

[18] 中国天文学史整理研究小组.中国天文学史[M].北京:科学出版社,1981.

[19] 王渝生.中华文化通志:算学志[M].上海:上海人民出版社: 1999.

[20] 续汉书·律历志下[M].历代天文律历等志汇编:第五册.北京:中华书局, 1976:1509—1512.

[21] 朱文鑫.历法通志[M].上海:上海商务出版社,1934:71.

[22] 陈久金.调日法研究[J].自然科学史研究,1984,3(3):245—250.

[23] 宋景昌.数书九章札记[M].宜稼堂丛书本,1842.

[24] 宋史六志[M].历代天文律历等志汇编:第六册.北京:中华书局,1977:2023—2026.

[25] 同[20].

[26] 同[11].

[27] 王翼勋.秦九韶演纪积年法初探[J].自然科学史研究,1997, 16(1):10—20.

[28] 钱宝琮.中国数学史话[M].北京:中国青年出版社,1957:146.

[29] Libbrecht U. *Chinese Mathematics in the Thirteenth Century*[M]. Cambridge: The MIT Press, 1973: 256—260.

第十四章 秦九韶的探索

世界上,秦九韶第一个接触一次同余式组问题。秦九韶并无完整严谨的同余式理论,只是发挥其才智,结合生活实际,编出大衍九题,提炼出大衍总数术,更归纳出世界闻名的大衍求一术,令后人赞叹。

14.1 探索原文原术原意

吴文俊[1]先生讨论《数书九章》,高度推崇中国古代数学的构造性与机械化:"形式应为内容、目的服务,数学的内容实质才是主要的一面。就内容实质而论,所谓东方数学的中国古代数学,具有两大特色,一是它的构造性,二是它的机械化。就本文所讨论的《数书九章》来说,不妨把构造性与机械化的数学看作是可以直接施用之于现代计算机的数学。我国古代数学,总的说来就是这样一种数学,构造性与机械化,是其两大特色,算筹算盘,即是当时施用没有存储设备的简易计算机。"

就理论的完善程度而言,处于开创时期的古代数学,当然无法与现代数学理论相比。然而,无论是古希腊数学还是中国古代数学,都蕴含着永恒的魅力,吸引着并且启迪着一代又一代的数学家。

那么,掌握了现代数学理论的人们,又怎样来欣赏700多年前《数书九章》中的大衍总数术呢?

在特纳博尔教授为斯科特所著《数学史》[2]写的序言中,有这样一段精彩的论述。特纳博尔教授赞扬作者"详尽地描述了一位古代数学家,特别当他作出世界上第一次出现的伟大发现和发明时,究竟说了些什么,并且是怎样说的。"

秦九韶在世界上第一个系统处理一次同余式组问题时,究竟说了些什么,并且是怎样说的呢?这是件非常重要,同时又是一件非常困难的任务[3]。

1982年,李文林、袁向东[4]指出:"研究中国古代数学的辉煌成就,分析当时的历史条件,并以以往所固有的方法去追溯,即朱世杰所谓'以古法演之'。在古代数学史研究中,应大力提倡这种正确的方法。”

我们始终强调原文、原术、原意，因为我们研究的是数学史，研究的是数学的发展。

14.2 大衍总数术

14.2.1 概况

秦九韶是宋元数学的主要代表人物之一。他于 1247 年完成了杰作《数书九章》，其中关于同余式解法的大衍总数术和高次方程数值解法的正负开方术，比其他文化传统超前数百年。

秦九韶的《数书九章・序》，是中国数学史上的重要文献。它体现了秦九韶实事求是的科学态度和创新精神，关心国计民生，主张施仁政，支持抗金、抗元战争的政治抱负，以及将数学看成实现这些政治抱负的重要工具的思想。

郭书春[5]先生参考《算经十书》、《十三经注疏》、《二十四史》、《说文解字》和《汉语大字典》等，对《数书九章・序》中难懂的字、词和典故进行了简明注释，帮助我们理解《数书九章》的本意。

秦九韶对于前人的著述略以小结：

> 今数术之书，尚三十余家。天象历度，谓之缀术，太乙壬甲，谓之三式，皆曰内算，言其秘也。九章所载，即周官九数，系于方圆者为叀术，皆曰外算，对内而言也，其用相通，不可岐二。独大衍法不载《九章》，未有能推之者，历家演法颇用之，以为方程者，误也。

秦九韶这句画龙点睛之笔，显露出内心的自豪。纵观不定分析的发展史，正是他“探索杳渺”，终于“粗若有得”，成为第一位完整而系统地提出解一次同余方程组方法的数学家。他的自豪是无可非议的。

本书中，我们只讨论秦九韶在一次同余式方面的贡献。

研究上元积年演算法之后，秦九韶结合实际生活，触类旁通，推衍出九个问题，编成第一卷和第二卷。有砌砖、筑堤类的工程问题，有斛粜方面的粮食买卖问题，有称为纳息的利息换算问题，有急足信使的传递问题，更有自凑古历、探讨历法编制的问题。

不可避免，问题会涉及非两两互素模，适当处理元数成为两两互素的定数，把问题转换成可以用两两互素模来解。

秦九韶明确系统地探讨一次同余式组的解法，他的大胆创造精神是值得称颂的。他力求严谨而系统，他的思想富有启发性而深刻。尽管从现代数学角度看来，不无可责之处，但是，以现代数学标准看来，也是极其杰出的成就。

14.2.2 原文

大衍总数术共有九段。方括号内容是秦九韶作的注。全文如下：

大衍总数术曰：置诸问数[类名有四]。一曰元数[谓尾位见单零者，本门揲蓍、酒息、斛粜、砌砖、失米之类是也]。二曰收数[谓尾位见分厘者，假令冬至三百六十五日二十五刻，欲与甲子六十日为一会，而求积日之类]。三曰通数[谓诸数各有分子母者，本门问一会积年是也]。四曰复数[谓尾位见十或百及千以上者，本门筑堤、并急足之类是也]。

元数者，先以两两连环求等，约奇弗约偶[或约得五，而彼有十，乃约偶而弗约奇]。或元数俱偶，约毕可存一位见偶。或皆约而犹有类数存，姑置之，俟与其他约偏，而后乃与姑置者求等约之。或诸数皆不可尽类，则以诸元数命曰复数，以复数格入之。

收数者，乃命尾位分厘作单零，以进所问之数。定位讫，用元数格入之。或如意立数为母，收进分厘，以从所问，用通数格入之。

通数者，置问数通分内子，互乘之，皆曰通数。求总等，不约一位，约众位，得各元法数，用元数格入之。或诸母数繁，就分从省通之者，皆不用元各母，仍求总等，存一位，约众位，亦各得元法数，亦用元数格入之。

复数者，问数尾位见十以上者。以诸数求总等，存一位，约众位，始得元数。两两连环求等，约奇弗约偶，复乘偶。或约偶弗约奇，复乘奇。皆续等下用之。或彼此可约，而犹有类数存者，又相减以求续等。以续等约彼，则必复乘此，乃得定数。所有元数、收数、通数三格，皆有复乘求定之理，悉可入之。

求定数，勿使两位见偶。勿使见一太多，见一多则借用繁，不欲借则任得一。以定相乘为衍母。以各定约衍母，各得衍数。[或列各定为母于右行，各立天元一为子于左行，以母互乘子，亦得衍数。]

诸衍数，各满定母去之，不满曰奇。以奇与定，用大衍求一入之，以求乘率[或奇得一者，便为乘率]。

大衍求一术云，置奇右上，定居右下，立天元一于左上。先以右上除右下，所得商数，与左上一相生，入左下。然后乃以右行上下，以少除多，递互除之，所得商数，随即递互累乘，归左行上下。须使右上末后奇一而止。乃验左上所得，以为乘率。或奇数已见单一者，便为乘率。

置各乘率，对乘衍数，得泛用。并泛课衍母，多一者为正用。或泛多衍母倍数者，验元数，奇偶同类者，损其半倍[或三处同类，以三约衍母，于三处损之]，各为正用数。或定母得一，而衍数同衍母者，为无用数，当验元数同类者，而正用至多处借之。以元数两位求等，以等约衍母为借数，以借数损有以益其无，为正用。或数处无者，如意立数为母，约衍母，所得以如意子乘之，均借补之。或欲从省勿借，任之为空，可也。然后其余各乘正用，为各总。并总，满衍母去之，不满为所求率数。

我们先逐个讨论九个题目，然后分成四个小课题：定数的检测，不必要的调用数，对角线乘积和及大衍求一术诞生过程，讨论大衍总数术内容。

14.3 蓍卦发微题

14.3.1 编写意图

由北宋程颢、程颐兄弟创立，由南宋朱熹(1130—1200)形成的程朱理学，到秦九韶那个时代，已经成为钦定正统思想。程朱理学以儒学为宗，吸收佛、道，将天理、仁政、人伦、人欲内在统一起来，适应封建社会从前期向后期发展的转变，使儒学走向政治哲学化，为封建等级特权的统治提供了更为精细的理论指导。

秦九韶企图用数学方法构造出一个全然不同于前人筮卦法的新方法，并给出了全书唯一的大衍求一术运算草图。

古代用蓍草的茎来占卜。蓍卦发微题，目的是要揭示蓍和卦的奥秘。出现时间当在大衍总数术基本成形之后。

《数书九章·序》中，大量描述了秦九韶那个时代中，道学家们的象数神秘主义。但秦九韶同时指出，数与道是相通的，可以用数学的工具去探索："要其归，则数与道非二本也。"

数学史界公认："秦九韶在蓍卦发微中将大衍总数术用于占算，创造了他自己的一整套揲法。"[6-8]我们则重点关注，秦九韶对大衍总数术算法做了哪些变通。这就与我们研究原文、原术、原意的初衷保持一致。

周易的筮法载于《易·系辞上》，原文为：

大衍之数五十，其用四十有九。分而为二以象两，挂一以象三，揲之以四，以象四时，归奇于扐以象闰，五岁再闰，故再扐而后挂。天一、地二、天三、地四、天五、地六、天七、地八、天九、地十。天数五，地数五，五位相得而各有合。天数二十有五，地数三十，凡天地之数五十有五，此所以成变化而行鬼神也。乾之策二百一十有六，坤之策百四十有四，凡三百有六十，当万物之数也。是故四营而成易，十有八变而成卦，八卦而小成。引而伸之，触类而长之，天下之能事毕矣。

汉代以来，对周易作注的有2000多家，其中很多是关于占筮部分的注释。其间的细节，历代学者解释不一。本质上，都是反复将一定数目的蓍草或筮策，若干个一组地划分，取得余数，以期求得事先约定好的与爻符对应的数字[9]。

划分取余时，最常用的数字关系是，一堆蓍策中，每4根一组取出，余数不为0，则必为1，2，3，4四数之一。两堆蓍策的余数，相加之和，非4即8。

14.3.2 原题原术

蓍卦发微

问：易曰，大衍之数五十，其用四十有九。又曰：分而为二以象两，挂一以象三，揲之以四，以象四时，三变而成爻，十有八变而成卦。欲知所衍之术及其数各几何？

答曰：衍母一十二，衍法三，一元衍数二十四，二元衍数一十二，三元衍数八，四元衍数六，已上四位衍数计五十。一揲用数一十二，二揲用数二十四，三揲用数四，四揲用数九，已上四位用数计四十九。

表 14.1 阴阳象数示意图

阴阳象数图
老阳 1 水
少阴 2 火
少阳 3 木
老阴 4 金
始此四数以揲，终此四者为爻
算图 1

大衍总数术，插入在题答和本题术曰之间。

本题术曰：置诸元数，两两连环求等，约奇弗约偶，徧约毕。乃变元数，皆曰定母，列右行，各立天元一为子，列左行。以诸定母互乘左行之子，各得名曰衍数。次以各定母满去衍数，各余名曰奇数。以奇数与定母，用大衍术求一[大衍求一术云，以奇于右上，定母于右下，立天元一于左上。先以右行上下两位，以少除多，所得商数，乃递互乘内左行，使右上得一而止，左上为乘率]。得乘率，以乘率乘衍数，各得用数。验次所揲余几何，以其余数，乘诸用数，并之，名曰总数。满衍母去之，不满为所求数，以为实。易以三才为衍法，以法除实，所得为象数，如实有余，或一或二，皆命作一，同为象数。其象数得一，为老阳；得二，为少阴；得三，为少阳；得四，为老阴。得老阳画重爻，得少阴画拆爻，得少阳画单爻，得老阴画交爻。凡六画，乃成卦。

算图 1 阴阳象数图，“始此四数以揲，终此四者为爻”。这是秦九韶的独创。

算图 2 中，天元 1 只是起乘法占位符的作用，以 1，2，3，4 四个数，构成互乘法，“互乘左行异子一，弗乘对位本子”。$2\times3\times4=24$，$1\times4\times3=12$，$1\times2\times4=8$，$1\times2\times3=6$，“各得衍数” 24，12，8，6。算图 3“以左行并之得五十”，达到“大衍之数五十”。

表 14.2　算图 1—算图 3

阴阳象数图		
老阳 1 水	1　1	24　上　1
少阴 2 火	1　2	12　副　2
少阳 3 木	1　3	8　次　3
老阴 4 金	1　4	6　下　4
	天元　元数	衍数　元数
	左行　右行	左行　右行
始此四数以揲,终此四者为爻	以右行互乘左行	以左行并之得五十
算图 1	算图 2	算图 3

“故易曰大衍之数五十,算理不可以此五十为用。”扣去 1,即成 49。应阴阳伏数之说,能分得奇偶不同的两堆数的,只有奇数,这就“必须复求用数”49,“故先名此曰衍数,以为限率”。这是个限率,为 51 与 49 之间的选择,做个伏笔。

对 1,2,3,4 两两连环求等相约,得定母 1,1,3,4,置算图 4。再用互乘法,采用乘法占位符天元 1,“互乘左行各子一,惟不对乘本子”,所得也“皆曰衍数”,置算图 5。

表 14.3　算图 4—算图 9

1　1	12 上　1 上	1　1 上	0	2	2
1　1	12 副　1 副	1　1 副	1　3	商	商
1　3	4 次　3 次	1　3 次	天元　衍奇	1　3	1　1
1　4	3 下　4 下	3　4 下	0　4	天元　衍奇	天元　衍奇余
天元　定母	衍数　定母	奇数　定母	定母	1　1	1　1
左行　右行	左行　右行	左行　右行	1	归数　定母余	归数　定母余
以右行互乘左行		副次,更不大衍,只以左下与右下衍之	商	0	
算图 4	算图 5	算图 6	算图 7	算图 8	算图 9

求定、求衍数(和为 31,见算图 11)、求衍母(12,见算图 12)、求乘率,到求出四个泛用,按大衍总数术的一连串操作,最多只能求出四泛用之和:37(算图 12)。为凑成 49(算图 13),需强添 12,就回顾前面求等相约时,曾“推元用等数 2,约副母 2,为 1”,“今乃复归之为 2,遂用衍母 12,益于左副 12 内,共为 24”。大衍总数术中,这是常用的调用数过程。于是,“并之得 49,名曰用数,用为蓍草数。故易曰其用四十有九是也。”

表 14.4　算图 10—算图 15

3　1	1　12　1	12 上　1	12　1	1 挂　12	12
乘率　衍奇余	1　12　1	12 副　1	24　2	1 扐　24	24
1　1	1　4　3	4 次　3	4　3	3 扐　4	12
左行　右行	3　3　4	9 下　4	9　4	1 扐　9	9
	乘率　衍数　定母	泛用　定母	定元用数	用数	总数
		12			
验至右上得一，只以左上所得为乘率		衍母		左行三扐，谓之三变	
算图 10	算图 11	算图 12	算图 13	算图 14	算图 15

秦九韶极力推崇"必须复求用数"的 49，理由是，只有奇数能分成奇偶不同的两堆数。这里，秦九韶重申这个理由，说能分得奇偶的数，只有 49 和 51。如果默认 51，会超出 50，于是，只能"取七七之数"，非 49 不可。

接着，解释调用数。"始者左副二十四扐，益一十二，就其三十七泛为用数"，会产生两大缺陷："三十七无意义，兼蓍少太露"，在周易上没有关于三十七的说法，且数量太少容易暴露意图。最后，调用数加以弥补。

14.3.4　内算数例

解释下面这个场景之前，我们先要弄懂筮人和揲者的关系。

实施"令筮人以二二揲之"仪式时，筮人是主持，"令揲者不得知"。揲者为求凶吉。

揲者分 49，把左手之策交与筮人，此时的揲者并不知道左手具体数据 33。"筮人以二二揲之"，进行四揲操作，却对 33 之数心知肚明。

有趣的是，揲者辛辛苦苦，利用繁复的大衍总数术，返算出 57，满衍母 12 去之，得最小正整数解 9。而筮人用简单方法，乃至心算，称为内算，直接计算出最小正整数解 9。

凡占卦"出于无为，必令揲者不得知"，正显示占卦神秘的色彩。秦九韶设计的操作，需要体现周而复始思想，数值要与阴阳象数图相对应，这就是第一句的点睛之笔。"凡揲蓍求一爻之数，欲得一二三四。"

置右手不评，"只用左手之数"揲蓍，是秦九韶揭示内算，大胆革新的举措。由此，也就必然突破程朱理学的通用解释，自行寻找合适的数值，自行与周易挂钩，自行构思新的术语。例如，对"挂一以象三"，秦九韶置"象三"一说不顾，改以揲一的余数"挂一"。后面的"三才衍法"也是如此。

> 凡揲蓍求一爻之数，欲得一二三四，出于无为，必令揲者不得知，故以四十九蓍，分之为二，只用左手之数。假令左手分得三十三，自一一揲之，必奇一，故不繁揲，乃径挂一，故易曰分而为二以象两，挂一以象三。次后又令筮人以二二揲之，其三十三，亦奇一，故归奇于扐，又令之以三三揲之，其三十三，必奇三，故又归

奇于扐，又令之以四四揲之，又奇一，亦归奇于扐，与前挂一，并三度揲，通有四扐，乃得一一三一。其挂一者，乘用数图左上用数一十二，其二揲扐一者，乘左副用数二十四，其三揲扐三者，乘左次用数四，得一十二，其四揲一者，乘左下用数九。

挂一，得一十二，扐一，得二十四，扐三，得一十二，又扐一，得九，并为总数。

并此四总得五十七，不问所握几何，乃满衍母一十二去之，得不满者九［或使知其所握三十三，亦满衍母去之，亦只得九数］。

以特定数值33为例，以1,2,3,4揲卦，求余数，可用一次同余式组表示：

$$N\equiv 1(\mathrm{mod}\ 1)\equiv 1(\mathrm{mod}\ 2)\equiv 3(\mathrm{mod}\ 3)\equiv 1(\mathrm{mod}\ 4)。$$

所谓“不问所握几何”，是利用上面的调用数，返求总数57。57只是其一个特解，满衍母12去之，得不满者9才是最小正整数解。

注文所谓“知其所握”33，满衍母12，最小正整数解9。利用一次同余式组表示：

$$N\equiv 9(\mathrm{mod}\ 12)。$$

今天的人们知道，可以根据商数和余数解出原数33，但不一定是最小正整数解。

传统数术内算、外算，历来受到研究者的关注[10-11]。内算外算之说，源于《数书九章·序》。序言说：“今数术之书尚三十余家，天象、历度谓之缀术，太乙、壬、甲谓之三式，皆曰内算，言其秘也。九章［注：《九章算术》］所载，即周官九数，系于方圆者为叀术，皆曰外算，对内而言也。其用相通，不可歧二。”

数术的思想基础和理论来源之一是《周易》。《数书九章·序》述大衍第一说：

昆仑旁礴，道本虚一。圣有大衍，微寓于《易》。奇余取策，群数皆捐。衍而究之，探隐知原。数术之传，以实爲体。其书《九章》，唯兹弗纪。历家虽用，用而不知。小试经世，姑推所爲。述大衍第一。

“圣有大衍，微寓于易，……数术之传，以实为体。其书九章，唯兹弗纪”一句，秦九韶认为自己的大衍总数术为最重要的数术创新。“所谓通神明，顺性命，固肤末于见，若其小者，窃尝设为问答以拟于用”，秦九韶从数理上掌握了可能与占卦相关的内算奥秘，大胆设计了蓍卦发微题。

顺便说说，关于“或使知其所握三十三”有几种说法。宋景昌札记，“馆本三十七作五十七。案：当作三十三。”宜稼本“五十七”作“三十七”。

馆本把“知其所握”理解成握总数，作57。宋景昌理解成握原数33。我们以为，“亦”字前后，含义应当类似。注文“或使知其所握”所指之数，应与草算“不问所握几何”对仗。因此，所握延续“假令左手分得三十三”，不会是五十七。

我们赞成宋景昌所说，应作三十三，并径自改正。

算草得出所求率9后，说：

以为实，用三才衍法约之，得三，乃画少阳单爻［或不满得八得七为实，皆命为三］，他皆仿此。术意谓揲二揲三揲四者，凡三度，复以三十三从头数揲之。故曰三变而成爻，既卦有六爻，必一十八变，故曰，十有八变而成卦。

术文更是一般性概括：

满衍母去之，不满为所求数，以为实。易以三才为衍法，以法除实，所得为象数，如实有余，或一或二，皆命作一，同为象数。其象数得一，为老阳；得二，为少阴；得三，为少阳；得四，为老阴。得老阳画重爻，得少阴画拆爻，得少阳画单爻，得老阴画交爻。凡六画，乃成卦。

要体现周而复始思想，秦九韶必须“终此四者为爻”，回到阴阳象数图，以所定 1，2，3，4 对应老阳、少阴、少阳、老阴，确定相应的重爻、拆爻、单爻、交爻，讲究卦。

余数有 12 个：1，2，3，4，5，6，7，8，9，10，11，12，只有以 3 为法，才能分成四组。如同衍数、用数之类挂靠周易的术语一样，秦九韶构造了值为 3 的“三才衍法”。

算草沿承原假设数 33，得所求率 9，除以三才衍法 3，得象数三。这是对应于少阳单爻的标号为象数 3 的一组。注文说小于 9 的 8 和 7，皆命为 3，指的是象数三这一组。

到术文中，作一般性陈述时，换了一种说法。所求数有 12 个，其中只有 3，6，9，12 能整除 3，象数分别为一、二、三、四，对应四种爻。不整除的，余数或 1 或 2，“皆命作一”，指配属相关的同一个象数。正是算草数例中对 8，7 而言，除以 3 的余数或 1 或 2，则与 9 同一个象数三。

周易术语中，确有三才之说：一说是以八卦之初画、中画、上画分别象征地、人、天，谓之三才。《周易·系辞下》有：“易之为书也，广大悉备；有天道焉，有地道焉，有人道焉。兼三才而两之，故六。”另一说是以重卦六爻位序两两并列，以初爻、二爻象征地，三爻、四爻象征人，五爻、上爻象征天，合天、地、人，谓之三才。

这样说来，术文中所谓“易以三才為衍法”，只是假托。

“术意谓揲二揲三揲四者，凡三度，复以三十三从头数揲之。故曰三变而成爻。”指“径挂一”，不算。“二二揲之”，一度；“三三揲之”，二度；“四四揲之”，三度。凡三度，又称共三变。这是从揲数角度说的。算图 14 注文中，从余数角度说过，“左行三扐，谓之三变”。这是完全吻合的。

既卦有六爻，必一十八变，故曰，十有八变而成卦[12]。

14.3.5 大衍求一术唯一演示

术文中，以小字注形式，叙述大衍求一术。

大衍求一术云，以奇于右上，定母于右下，立天元一于左上。先以右行上下两位，以少除多，所得商数，乃递互乘内左行，使右上得一而止，左上为乘率。

采用鲍浣之求乘率的大衍术布局，秦九韶绘出唯一的大衍求一术运算图。原图抄录如下，下面附上字母图（图 14.1）。

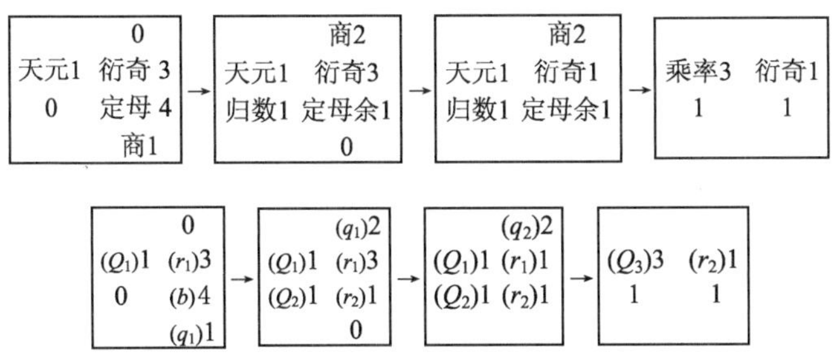

图 14.1　大衍求一术唯一算图剖析

我们对照观察操作次序。大衍总数术正式的大衍求一术，说："所得商数，随即递互累乘，归左行上下。"本图中的商 1 与商 2，并没有"随即"处理。第一图商 0，与第二图商 0，也并无来历。

我们设想首除法为 $11(a)=2(q_2)\times 4(b)+3(r_1)$，首归算为令 $Q_1=1$，天元一。列出模仿 11 与 4 的序列计算，见表 14.5。

表 14.5　模仿 11 与 4 的序列计算

辗转相除	除数	余数	商数	Q 序列
		$3(r_1)$		令 $Q_1=1$　天元一
$4(b)=1(q_2)\times 3(r_1)+1(r_2)$	$3(r_1)$	$1(r_2)$	$1(q_2)$	$Q_2=q_2Q_1+Q_0=1\times 1+0=1$
$3(r_1)=2(q_3)\times 1(r_2)+1(r_3)$	$1(r_2)$	$1(r_3)$	$2(q_3)$	$Q_3=q_3Q_2+Q_1=2\times 1+1=3$

与算图首图相一致的，就是在表中，只写出衍奇 $3(r_1)$ 和天元一 $Q_1=1$。只是，术文注中并未提及占空位的商 0。奇的来历，奇为 1 时的特殊情况，也没有交代清楚。

我们以为，这一组算图只能算作中间版本，并没有达到大衍求一术那样的完美程度[13]。

14.4　古历会积题

14.4.1　研究重点

古历会积题的题设、术文、解答，与众不同。

题设列出的"淳祐丙午十一月丙辰朔初五日庚申冬至，初九日甲子"，事出有因。术文交代说："本题问气朔甲子相距日数，系开禧历推到。"淳祐丙午十一月这个冬至，系此年岁尾，即淳祐七年丁未岁岁首冬至，指的是《数书九章》成书年 1247 年。宋景昌经过核算后认定："道古所用天正冬至日名，俱不误。"

1247 年的秦九韶，历经了几十年潜心钻研，已经归纳了大衍总数术，已经完成治历演纪题的编写，写下了千古名句"数理精微，不易窥识，穷年致志，感于梦寐，幸而得之，谨不敢隐"。此时的秦九韶,学识处于巅峰,八十一题的十八卷,杀青在即,踌躇满志,挟雷霆万钧之势,"今设问以明大衍之理",需要"设问",才能明理。

求演纪积年,关注的是岁实周期(又称冬至),而以朔望月周期(又称朔策)为参考,至于日名干支周期(又称甲子)和岁名干支周期,则是观象度时的工具。

会积之理,苦于缺乏合用的数据,无法讲清。这才以古四分历的岁实朔策,拼进《数书九章》成书年的合朔冬至,自行推算。因此,出些偏差不足为奇。

14.4.2 开禧历会积题

术文尾部说:"今设问以明大衍之理,初不计其前多后少之历过。"多,指历过年数9163多。少,指未至年数9077年少。只指两数比较,与"大衍之理"有什么关系?正是这一句含有的奥妙,促使我们编出开禧历会积题,揭开古历会积之谜。

现在用开禧历数据列出题问,再以古历会积的解法解答,自编一个开禧历会积题:

> 今有日法:"一万六千九百为日法。"岁率:"六百一十七二千六百八为岁率。"朔率:"四十九万九千六十七为朔率。"纪率:"纪率一百一万四千。"气定骨:"以一十九万三千四百四十为气定骨。"朔定骨:"二万九千六百六十九,为朔定骨数。"
>
> 欲求开禧历气朔甲子一会,积年积月积日,及历过未至年数各几何?

从遥远的上元到近期编历岁,满去岁率,气余数为0,这是求岁周法。相应地,时间总量满去朔望月,月余数为0,可称求月周法。时间总量满去日名干支周期纪法,纪余数为0,求日名干支周期个数,那就只能称求纪周法了。

开禧历求的是岁周,气余数为0。

开禧历整数论的基础:日法16900,其取值,保证大衍术各数据,以整数的形式运算。

这里求定数,只需要用最方便的素因数分解法。$6172608=2^6\times13\times7419$,$499067=499067$,$1014000=2^4\times3\times5^3\times13^2$,化得474816为气定,499067为朔定,21125为纪定。

现以表格形式计算如下(表14.6):

表 14.6 开禧历会积题的演算

名称	气	朔	纪
问数 A_i	岁率 6172608	朔率 499067	纪率 1014000
定数 a_i	气定 474816	朔定 499067	纪定 21125
衍母 M	衍母 5005885554696000		
衍数 G_i	气衍 10542790375	朔衍 10030488000	纪衍 236964996672
奇数 g_i	气奇 450727	朔奇 239434	纪奇 20047
乘率 k_i	气乘率 19159	朔乘率 6251	纪乘率 20008

续表

名称	气	朔	纪
正用数 k_iG_i	气正用 201989320794625	朔正用 62700580488000	纪正用 4741195653413376
余数 R_i	0	闰骨 163771	气骨 193440
各总 $k_iG_iR_i$	气总 0	朔总 10268536767100248000	纪总 917136887196283453440
总数 $\sum_{i=1}^{n}k_iG_iR_i$	并纪总朔总 927405423963383701440		
解 N	所求率实 48443738653440		

这就呈现一个三段演算过程，分别以衍母、正用和历过年数为标志。

1　以衍母为标志的求会积

由岁率 6172608、朔率 499067 和纪率 1014000，求得气定 474816，纪定 21125，朔定 499067。三定相乘，得衍母 5005885554696000。

衍母除以气分，即岁率 6172608，得一会积年 810983875 岁。除以朔分 499067，得一会积月 10030488000 月。除以纪分 1014000，得一会积纪 4936770764 个纪周。除以日法 16900，得总积日 296206245840 日。

只要气朔纪长度确定，衍母就确定，积岁积月积日就确定。

2　以正用为标志的求用数

各定数约衍母，得衍数。各衍数满定数去之，得奇数。气奇、朔奇和纪奇各与相应定数，用大衍求一术，各得气乘率 19159、朔乘率 6251 和纪乘率 20008。分别对乘相应的气衍、朔衍、纪衍：气正用 201989320794625，朔正用 62700580488000，纪正用 4741195653413376。

只要气朔纪长度确定，三个正用数就确定。

3　以历过未至年数为标志的余数处理

气骨 193440×纪正用 4741195653413376＝917136887196283453440 纪总。

闰骨 163771×朔正用 62700580488000＝10268536767100248000 朔总。

气余数 0×气正用 201989320794625＝气总 0。

纪总＋朔总＋气总 0＝927405423963383701440，满衍母 5005885554696000，所求率实为不满 48443738653440。所求率实 48443738653440÷气分 6172608＝7848180 岁，为历过年数。

一会积年 810983875 岁－历过年数 7848180 岁＝未至年数 803135695 岁。

历过年数 7848180(少)处于一会积年 810983875 岁的前部，未至年数 803135695(多)处于后部。相比于古历会积的“前多后少”，这可说成“前少后多”。

4 我们的认识

阅读上面的数据演算时,不免有一种腾云驾雾之感。见到熟悉的数字“7848180”时,我们才会恍然大悟,演纪积年就是相对于气朔甲子一会之数的历过年数。

“气朔甲子一会,积年积月积日”,衍母是气朔甲子的最小公倍数。从周期度端讲,衍母体现一个会字。从周期长度讲,根据所有涉及气朔甲子周期,齐同而得的总周期,衍母体现一个积字。而用求岁周法算历过年数,一下子就得到了演纪积年。

开禧历中,上元只是作为基本周期回归年、朔望月、干支纪日、干支纪岁与所齐同大周期的总起始端。

14.4.3 古历会积原题

至此,我们把古历会积题原题原答和原术,照录如下:

古历会积

问古历,冬至以三百六十五日四分日之一,朔策以二十九日九百四十分日之四百九十九,甲子六十日,各为一周。假令至淳祐丙午十一月丙辰朔初五日庚申冬至,初九日甲子。欲求古历气朔甲子一会,积年积月积日,及历过未至年数各几何?

答曰:一会积,一万八千二百四十年,二十二万五千六百月,六百六十六万二千一百六十日。历过,九千一百六十三年,未至,九千七十七年。

术曰:[同前]置问数[有分者通之,互乘之,得通数]。求总等,不约一位,约众位,得各元法。连环求等,约奇弗约偶,各得定母[本题欲求一会,不复乘偶],以定相乘为衍母,定除母得衍数,满定去衍,得奇,以大衍入之,得乘率,以乘衍数,得泛用数,并诸泛以课衍母,如泛内多倍数者损之。乃验元数奇偶同类处,各损半倍[或三处同类者,三约衍母,损泛],各得正用。然后推气朔不及或所过甲子日数,乘正用,加减之,为总。满衍去之,余为所求历过率。实如纪元法而一,为历过。以气元法除衍母,得一会积年,以气周日刻乘一会积年,得一会积日,以朔元法除衍母,得一会积月数。

右本题问气朔甲子相距日数,系开禧历推到,或甲子日在气朔之间及非十一月前后者,其总数必满母,赘去之,所得历过年数,尾位虽伦,首位必异。今设问以明大衍之理,初不计其前多后少之历过。

此题及计算,并不符合一次同余式组。依照“实如纪元法而一”的纪周法,“借用”现代一次同余式组的形式,题问为

$$N \equiv 4\left(\bmod 365\frac{1}{4}\right) \equiv 8\left(\bmod 29\frac{499}{940}\right) \equiv 0(\bmod 60)。$$

计算过程相当漫长,如置问数、求总等,各得定母、衍母、衍数,得奇、泛用数,得正用

数。直到为总，满衍去之，余为所求历过率。误调用数，只是数据巧合，不至于危及全题。

中世纪的一道综合题，一环套一环。前面一步演算有误，即使推算数理无误，也肯定会在后续操作中带来的结果与最初数据不符。数理认识还未透彻，思考还不周到，计算并不正确，本来就不宜苛求于古人，特别不宜于苛求一次同余式领域内的先驱。若据此而判秦九韶满盘皆输，恐怕失之偏颇。

有时，我们只能以前面错误数据为依据，考察当前一步的知识点。通过探求有无导致新的错误，来判定当前知识点是否有误。

整个解题过程，用表格表示(表 14.7)：

表 14.7　古历会积题演算

名称	气	朔	纪
问数 A	冬至 $365\frac{1}{4}$	朔策 $29\frac{499}{940}$	甲子 60
公分母	3760		
元法数 A_i	气分 1373340	朔分 111036	纪分 225600
定数 a_i	气定 487	朔定 19	纪定 225600
衍母 M	衍母 2087476800		
衍数 G_i	气衍 4286400	朔衍 109867200	纪衍 9253
奇数 g_i	气奇 313	朔奇 4	纪奇 9253
乘率 k_i	气乘率 473	朔乘率 5	纪乘率 172717
泛用数 k_iG_i	气泛 2027467200	朔泛 549336000	纪泛 1598150401
正用数 k_iG_i	气用 983728800	朔用 549336000	纪用 554412001
余数 R_i	气不及 4 日	朔不及 8 日	0
各总 $k_iG_iR_i$	气总 3934915200	朔总 4394688000	纪总 0
总数 $\sum_{i=1}^{n}k_iG_iR_i$	并气总朔总 8329603200		
解 N	所求率实 2067172800		

古历会积题众多失误，最重要的失误在于以纪周法立式，替代开禧历的岁周法。

14.4.4　多步移植

中世纪传统数学的大背景下，秦九韶对历法的研究基本上是一步步移植。

开禧历演纪积年法，原本是先用求入元岁之术理，后用除乘消减法求出元数 402。秦九韶把除乘消减法改用满去式解出元数 402，编在治历演纪题中。这是第一步移植。

由此可以深刻体会到，会积为本，演纪积年是一会积年的历过岁数。意犹未尽，秦九韶特地用开禧历数据编出一个类似的开禧历会积题。这是第二步移植。

为下一步讨论到移动虚拟甲子日，就从求岁周法改为求纪周法，出现古历会积题。数理上陷入漩涡，题目不可解，就不好说了。但这第三步移植，是大胆的。

到第四步移植，从现实世界的测量基准日名干支周期，虚拟到多组（间隔不是 60 日，因此完全超越现实）甲子，在气朔之间大胆移动虚拟甲子日，比较数值上位的变化。数据与演算“其总数必满母，赘去之”，毕竟有迹可循。

14.4.5　大衍之理

唐宋的三步演纪法中，周期齐同原理起核心作用。开禧历家鲍浣之[14]明确强调：“至于李淳风、一行而后，总气朔而合法，效乾坤而拟数，演算之法始加备焉。”

由此，我们更能理解秦九韶编古历会积题的苦衷。古历会积讲的是会积之理。会，就是气朔甲子等周期之首的会。积，就是气朔甲子等周期长度的积。回到开禧历，演纪积年数 7848180 岁，是相对于气朔甲子一会之数的历过年数。

这样的认识具有极大的优越性。求得历过年数，就可以一下子求得演纪积年。

14.4.6　朔不及气不及

根据《数书九章·序》落款“淳祐七年”，理解秦九韶的声明：“右本题问气朔甲子相距日数，系开禧历推到。”

淳祐丙午十一月这个冬至，系此年岁尾，即淳祐七年丁未岁岁首冬至，指的是《数书九章》成书年，距开禧历上元岁积 7848223。

岁积数乘岁率，得岁积分：

$$7'848'223\times 6'172'608=48'444'004'075'584。$$

岁积分满纪率去之，不满为气骨分，即冬至在甲子日夜半之后的分：

$$48'444'004'075'584\div 1'014'000=47'775'151，余\ 961'584。$$

气骨分除以日法，得冬至日、刻、分：

$$961'584\div 16'900=56.89846154。$$

六十干支周期表中，甲子序号 1，庚申序号 57。命甲子算外，由 56 知，冬至在庚申。

再看岁积分满朔率去之，不满为闰骨分，即冬至在十一月初一合朔之后的分：

$$48'444'004'075'584\div 499'067=97'069'139，余\ 82'271。$$

气骨分值比闰骨分大，气骨分减闰骨分，等于朔骨分，即合朔点在甲子日夜半之后的分：

$$961'584-82'271=879'313。$$

朔骨分除以日法，得合朔日、刻、分：

$$879'313\div 16'900=52.03035503。$$

六十干支周期表中，甲子序号 1，丙辰序号 53。命甲子算外，由 52 知，合朔在丙辰。

今查上海辞书出版社《中国史历日和中西历日对照表》(1987 年)和人民教育出版社《新编中国三千年历日检索表》(1992 年)，淳祐丙午年(1246 年)十一月初一朔确系丙辰，可推得初五日为庚申，初九日为甲子。

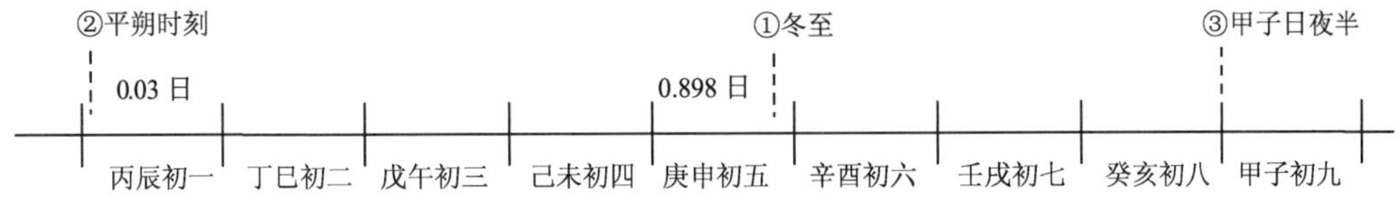

图 14.2　气不及、朔不及示意图

示意图 14.2 中，用虚线标出三个关键时间点的位置。推算的①冬至在庚申日 0.898 日。算得②平朔时刻在丙辰日 0.03 日，秦九韶算得没错。

古历会积题失误之二，气不及、朔不及不是余数，而是取余数所处而未到的整日数。

① 冬至距前夜半 0.898 日，距后夜半 0.102 日。这个 0.102 日，加上其后三天，到初九③甲子日夜半的时段，成为 3.102 日，秦九韶取 4 日，称气不及。

② 平朔时刻距前夜半 0.03 日，距后夜半 0.97 日。这个②平朔时刻距初九③甲子日夜半的时段 7.97 日，秦九韶取 8 日，称朔不及。

14.4.7　纪周法

演纪积年的时间总量应是岁率的整数倍，气余数为 0。开禧历当然为岁周法。

然而，古历会积题的时间总量起自上元，终于某甲子日夜半，是日名干支周期的整数倍，只可称为演纪积纪。总余数 2067172800 除以纪周期 225600 的得数 9163 理应是纪周数。

以衍母 2087476800 除以气周期长度 1373340、朔周期长度 111036、纪周期长度 225600，应该分别得一会积年 1520 岁，一会积月 18800，一会积纪 9253。

两者一对比，察知不妙：一会积年 1520 岁，居然比历过年数 9163 年还要小。这正是纪周法立式的“苦果”。秦九韶换个突围方案，把 9163 个纪周当作历过年数 9163 年。在术文中脱落“年”字，写成：“满衍去之，余为所求历过率。实如纪元法而一，为历过。”

会积年值怎么办？原草在求定过程中，气分、朔分、纪分有个最大公约数 12。曾经把气分 1373340 除以 12，得到 114445，取名为气元，只是个计算中间数据。姑且以衍母 2087476800，不除以气分 1373340，改除以气元 114445，硬拉气元当岁实，就相当把一会积年 1520 扩大 12 倍，造出虚胖的一会积年 18240 岁。减去硬充的历过年数 9163，得到未至年数 9077 岁。

秦九韶本人意识到这个“前多后少”，特意交代说：“今设问以明大衍之理，初不计其前多后少之历过。”

14.4.8 甲子日虚拟移动

开禧历大背景下："本题问气朔甲子相距日数，系开禧历推到"，确切值是"淳祐丙午十一月丙辰朔初五日庚申冬至，初九日甲子"，这才有 9163。不管秦九韶误称纪周数为"历过年数"，毕竟有一点是清楚的，"开禧历推到"的不满数只有一个：9163。

历法规定，冬至必须在十一月中，十一月初一当然是朔。气朔间隔最长的是整个十一月；间隔最短的，冬至在初一。因此"气朔之间"甲子日肯定在十一月。后半句否定性描述的"非十一月前后者"，还是在十一月。因此"及"字前后两句，讲的是同一个意思：甲子日在十一月中。

现实世界中的日名干支周期，始于春秋鲁隐公三年(公元前 720 年)二月己巳日(另一说是自公元前 776 年 10 月辛卯日起)，直到清代宣统三年(公元 1911 年)，历经 2600 多年。可见，所有的甲子日，只有逐纪法 60 日而移动。

偏偏术文结束段中，"或甲子日在气朔之间及非十一月前后者，其总数必满母，赘去之，所得历过年数，尾位虽伦，首位必异"，脱离编历实践，更与天象观察无关。

限定两个范围内的甲子日，关注"总数必满母，赘去之"这种满去运算的不满数，而且必须是在同一组岁周、朔策、纪法下，多个不满数。

更有甚者，这种比较不是数值比较，而是把数按位分段，进行位值的比较。不是大小的比较，而是异同的比较。伦，同类，同等，如不伦不类，英勇绝伦。"尾位虽伦，首位必异"说的是若干组数，前面几位不同，后面几位相同。

具体制一张表，当然要假定冬至日。我们姑且定在二十七日。因为如果需要研究的冬至十一月一十日就在这张表中，截取初一到一十这一段就可以了。

现在虚拟甲子日从初一开始，逐日后移到冬至。导致前段逐日增、后段逐日减。后移一日，前段朔不及就加一日，后段气不及则减一日。形成固定的所求率实差：朔不及加上一日，朔总就增加一个朔正用值 549336000；气不及即冬至甲子相距日数，减去一日，气总减少一个气正用值 983728800。

两者综合结果是 983728800－549336000＝434392800，所求率实相差 434392800，所求率实差值固定。进一步，形成固定的历过年数差。所求率实差，满去衍母 2087476800，所得余数差也是 434392800；余数差除以纪元法 225600 所得 1925.5，就是纪周数，秦九韶误称"历过年数"。

可以折算成固定的差值 2300：前面分析过，秦九韶考虑到多个甲子日(其间间隔并不是 60 日的倍数)，会产生多组后续数据。下表(表 14.8)中，逐日的历过年数变化中，也呈现一个规律。

表 14.8　甲子后移情况

甲子后移 1 日	朔不及加 1 日	加 1 个朔正用值 549336000	所求率实相差 434392800	误称历过年数的纪周数相差 1925.5
	气不及减 1 日	减少 1 个气正用值 983728800		
甲子后移 6 日				纪周数相差 2300

衍母 2087476800 除以纪元法 225600，则是 9253。由于 1925.5×6－9253＝2300(不足减的，加上 9253 再减)，导致表中数据，甲子日每移动六日，相差 2300。

现在看差值 2300 的特征。这个 2300 分成两段：十位以下是两个 0，导致相应结果数值上“尾位”相同；百位以上是 23，导致相应结果数值上“首位”相异。

这样造成尾位虽伦，首位必异的现象(表 14.9)：

表 14.9　甲子后移情况全景

甲子日	初一	初二	初三	初四	初五	初六	初七	初八	初九
历过年数	2337	411.5	7739	5813.5	3888	1962.5	37	7364.5	5439
	A		B		C		A		B
甲子日	初十	十一	十二	十三	十四	十五	十六	十七	十八
历过年数	3513.5	1588	8915.5	6990	5064.5	3139	1213.5	8541	6615.5
		C		D		B		E	
甲子日	十九	廿	廿一	廿二	廿三	廿四	廿五	廿六	廿七
历过年数	4690	2764.5	839	8166.5	6241	4315.5	2390	464.5	7792
	D		B		E		D		

我们只分析整年数的数据：表中有五组数据，以字母 A 到 E 加以标记。同一组的数据，十位数以下相同，百位数以上相异。例如，标 B 的一组数据有 7739，5439，3139 和 839 四个，十位数以下全是 39，相同，百位数以上相异。

不得不提到，总数 8329603200 的大前提只是开禧历中相关的这些数据。

14.4.9　计算细节

1　关于化约过程

由于排版的局限，以“*”号标记能抽出等数的待约数。化约过程可表示如下：

气分 1373340 *		气元 114445		气元 114445 *		气元 487 *		气定 487
朔分 111036 *	12	朔元 9253 *	1	朔元 9253	235	朔元 9253 *	487	朔定 19
纪分 225600 *		纪元 225600 *		纪元 225600 *		纪元 225600		纪定 225600

术文解释为：“求总等，不约一位，约众位，得各元法。连环求等，约奇弗约偶，各得定

母[本题欲求一会,不复乘偶],以定相乘为衍母。"

在数理上是正确的。乘积 $19\times487\times225600=2087476800=2^6\times3\times5\times19\times235\times487$,正是最小公倍数。

我们现在知道,存一位问数不约总等的数学实质,是保存总等中有关素数的最高次幂所在的问数不变。2 的最高次幂 2^6 处在纪分中,于是存纪分一位不约,秦九韶处理正确,但其间理由未必透彻。

至于秦九韶对从"程行"两题归纳出的复数格有个总体认识:求总等,"始得元数"之后,必然是紧连着"两两连环求等,约奇弗约偶,复乘偶……"的。基于这样的认识,秦九韶特意交代:本题求总等后,本当"复乘偶",仅因"本题欲求一会",故"不复乘偶"了。

2 关于调用数问题

关于古历会积题的调用数法,请参见 14.13"不必要的调用数"。

14.5 推计土功题

14.5.1 原题

推计土功

问筑堤起四县夫,分给里步皆同,齐阔二丈,里法三百六十步,步法五尺八寸。人夫以物力差定:甲县物力一十三万八千六百贯,乙县物力一十四万六千三百贯,丙县物力一十九万二千五百贯,丁县物力一十八万四千八百贯。每力七百七十贯科一名。春程人功平方六十尺。先到县先给。今甲乙二县俱毕,丙县余五十一丈,丁县余一十八丈,不及一日全功。欲知堤长及四县夫所筑各几何?

答曰:堤长一十九里二百三十五步五尺。

甲县夫筑一千二十六丈[乙丙丁同]。

乙县夫筑一千七百六十八步五尺六寸[甲丙丁同]。

丙县夫筑四里三百二十八步五尺六寸[甲乙丁同]。

丁县夫筑[同前三县数]。

术曰:置各县力以程功乘,为实,以力率乘堤齐阔,为法,除之,得各县日筑复数[有分者通之,互乘之,得通数]。求总等,不约一位约众位,曰元数。连环求等,约奇,得定母。陆续求衍数、奇数、乘率、用数。以丙丁县不及数,乘本用,并为总数。以定母相乘为衍母。满母去总数,得各县分给里步积尺数。以县数因之,为堤长。各以里法步法约之,为里步。

全题大意是:

四县各负担 1026 丈。每日所修堤长数:甲 54 丈、乙 57 丈、丙 75 丈、丁 72 丈。最后一日,“今甲乙二县俱毕,丙县余五十一丈,丁县余一十八丈,不及一日全功”。

考虑各县每日完成不同,余数以同一个“今”为止,为表示动手之日,各异,故增添“先到县先给”一语以说明。

秦九韶把原设题略加计算,故意改换说法,使得题目复杂化。

馆臣在文渊本按:“按题意以四县修堤总长相同,每日所修之长不同,以各每日所修之长,计总长,或适足、或有余,以求总长也。但不正言其数,而设堤阔数、各县物力数、一夫力数、一夫平方数,以取每日所修堤长数,故令人不能骤解。”

14.5.2 原术

这个问题反映了一次同余式组

$$N \equiv 0(\text{mod } 54) \equiv 0(\text{mod } 57) \equiv 51(\text{mod } 75) \equiv 18(\text{mod } 72),$$

此式满足可解条件。

大衍术演算如下(表 14.10):

表 14.10 推计土功题计算

名称	甲	乙	丙	丁
元数 A_i	54	57	75	72
仍元	54	19	25	24
定数 a_i	27	19	25	8
衍母 M	102600			
衍数 G_i	3800	5400	4104	12825
奇数 g_i	20	4	4	1
乘率 k_i	23	5	4	1
用数 k_iG_i	87400	27000	77976	12825
余数 R_i	0	0	51	18
各总 $k_iG_iR_i$	0	0	3976776	230850
总数 $\sum_{i=1}^{n} k_iG_iR_i$	4207626			
解 N	1026			

本题未归纳术名。元数与仍元这两词,摘自秦九韶的原算草图的图 1 和图 2。

推计土功的问数分类,纳入复数。术文中,在复数后有个注:“有分者通之,互乘之,得通数。”求总等,以约三位多者,不约其少者的操作,数理实质上,保证此位保存某素因子的最高次幂。但秦九韶的解释,只可认作特定题目中描述特定对象。

14.5.3 不及的原意

本题总工程量相同，日筑长率不同：甲 54、乙 57、丙 75、丁 72，单位是丈。最后一日，都是余数："今甲乙二县俱毕，丙县余五十一丈，丁县余一十八丈，不及一日全功。"

大衍类各题，脱胎于历法。

历法上，总时段满去日，从日初算起的余量称余数。数理上，当然可纳入大衍术。"不及"一语，字面上描述的并非除以日算得的余量，而是此余量相对于日之补。数理上是无法参与大衍术的。古历会积题中，有气不及之说，就是这种意思。

本题三处"不及"，却只是余数。从算草"次验四县所筑有无不及零丈尺寸，今甲乙俱毕，为无，丙余五十一丈，丁余一十八丈，为有"一句看，所谓"无"，无余数。所谓"有"，有余数。因此，前面的验"有无不及零丈尺寸"，成了验一下有无余数。

题问中"今甲乙二县俱毕，丙县余五十一丈，丁县余一十八丈，不及一日全功"，就把"不及一日全功"指两个余数。

术文中"丙丁县不及数"，也只能为余数。

程行计地题中，添上"不及全日之"后的余里，还是余数。

14.5.4 贯默之说

各县每日工作量称每日筑长率，要用题问条件计算。公式是

$$\frac{\text{县力}\times\text{程功}}{\text{力率}\times\text{堤齐阔}}=\frac{\text{实}}{\text{法}}=\text{每日筑长率。}$$

条件中，"春程人功平方六十尺"，方指土方，平指平均。从上下文看，指的是每人日筑土积 60 立方尺。

以甲县为例，算草中有"置甲县力一十三万八千六百贯""以程功六十尺遍乘之，皆以贯默约之，甲得八百三十一万六千尺""各为实。次以力率七百七十贯，乘堤齐阔二十尺，亦以贯默约之，得一万五千四百尺，为法，遍除诸各实，甲得五十四丈"。

"实"的计算：$138600\ \text{贯}\times 60\ \frac{\text{尺}\cdot\text{尺}\cdot\text{尺}}{\text{力}}=8316000\ \frac{\text{贯}\cdot\text{尺}\cdot\text{尺}\cdot\text{尺}}{\text{力}}$。"以贯默约之"，不重视 $\frac{\text{尺}\cdot\text{尺}\cdot\text{尺}}{\text{力}}$，只写 8316000 尺。"法"的计算：$770\ \frac{\text{贯}}{\text{力}}\times 20\ \text{尺}\cdot\text{尺}=15400\ \frac{\text{贯}\cdot\text{尺}\cdot\text{尺}}{\text{力}}$，"以贯默约之"以后，只写 15400 尺。最后，以实除以法。

拆开"以贯默约之"一语，可分"贯默""贯约"或"默约"三说，意思有所区别。

馆臣按："贯默，乃以一贯千文为法之名。"

秦九韶本人有以一贯千文为法的概念"约"，推库额钱题算草说："二万六千九百五十，为所求率。以贯约为二十六贯九百五十文。"但与本题"以贯默约之"是有区别的。

宋景昌说："默约两字连读，犹暗约也。言不用布算，但以贯暗约之而已。"

约字应解释为：少，省减。如：简约——《史记·屈原贾生列传》；待人也轻以约——唐·韩愈《原毁》；以约失之者鲜矣——宋·司马光《训俭示康》。

因此，宋说为是。两个“以贯默约之”一语含义，仅仅指暗暗取消“贯”字。

14.5.5 单位的误记

推计土功题中，筹算图转录算草中记的“丈”时，误写成“尺、寸”，但对最终结果没有影响，涉及三处：

草算第一段中，宜稼本“甲得八百三十一万六千尺，乙得八百七十七万八千尺，丙得一千一百五十五万尺，丁得一千一百八万八千尺”一句，据宋景昌《数书九章·札记》说，赵本“原本作甲得八万三千一百六十尺，乙得八万七千七百八十尺，丙得一十一万五千五百尺，丁得一十一万八百八十尺，今据馆本改正”。

计算问数，得四县日筑长率，甲 54、乙 57、丙 75、丁 72，单位是丈。算图 1 中记“元数”，单位是尺寸，54 丈成了 5 尺 4 寸。馆臣采取 54 丈的记法，按语为：“此条原本皆以丈为寸，于义无取，今皆改正。”津本澜本均无“尺”字，“寸”皆作“丈”。宜稼本处理，留存不变。

算草“以复数求总等，得三寸”，馆臣按“此条原本皆以丈为寸，于义无取，今改正”。《数书九章·札记》按：“沈校本未改，今仍原本。”可见赵本与《永乐大典》本均有“寸”字。今悉依宜稼本。

14.6 推库额钱题

14.6.1 原题原术

推库额钱

问有外邑七库，日纳息足钱适等，递年成贯整纳，近缘见钱希少。听各库照当处市陌，准解旧会。其甲库有零钱一十文，丁庚二库，各零四文，戊库零六文，余库无零钱。甲库所在市陌一十二文，递减一文，至庚库而止。欲求诸库日息元纳足钱展省及今纳旧会并大小月分各几何？

答曰：诸库元纳日息足钱二十六贯九百五十文，展省三十五贯文。

甲库日息旧会二百二十四贯五百一十文，大月旧会六千七百三十七贯五百文，小月旧会六千五百一十二贯九百二文。

乙库日息旧会二百四十五贯文，大月旧会七千三百五十贯文，小月旧会七千一百五贯文。

丙库日息旧会二百六十九贯五百文，大月旧会八千八十五贯文，小月旧会七千八百一十五贯五百文。

丁库日息旧会二百九十九贯四百四文，大月旧会八千九百八十三贯三百三文，小月旧会八千六百八十三贯八百八文。

戊库日息旧会三百三十六贯八百六文，大月旧会一万一百六贯二百四文，小月旧会九千七百六十九贯三百六文。

己库日息旧会三百八十五贯文，大月旧会一万一千五百五十贯文，小月旧会一万一千一百六十五贯文。

庚库日息旧会四百四十九贯一百四文，大月旧会一万三千四百七十五贯文，小月旧会一万三千二十五贯八百二文。

术曰：[同前]以大衍求之。置甲库市陌，以递减数减之，各得诸库元陌。连环求等，约奇弗约偶，得定母。诸定相乘为衍母。以定约衍母，得衍数。衍数同衍母者，去之为无[无者，借之同类]。其各满定母去，余为奇数。以奇定用大衍求乘率，乘衍数为用数。无者则以元数同类者求等，约衍母，得数为借数。次置有零文库零钱数，乘本用数，并为总数。满衍母去之，不满为诸库日息足钱。各大小月日数乘之，各为实。各以元陌约为旧会。

这个问题反映了一次同余式组

$$N\equiv 10(\bmod 12)\equiv 0(\bmod 11)\equiv 0(\bmod 10)$$
$$\equiv 4(\bmod 9)\equiv 6(\bmod 8)\equiv 0(\bmod 7)\equiv 4(\bmod 6),$$

此式满足可解条件。

术曰：以大衍求之。计算如下表(表 14.11)。

表 14.11　推库额钱题计算

名称	甲	乙	丙	丁	戊	己	庚
问数 A_i	12	11	10	9	8	7	6
定数 a_i	1	11	5	9	8	7	1
衍母 M	27720						
衍数 G_i	0	2520	5544	3080	3465	3960	0
奇数 g_i	0	1	4	2	1	5	0
乘率 k_i	0	1	4	5	1	3	0
泛用数 k_iG_i	0	2520	22176	15400	3465	11880	0
正用数 k_iG_i	4620	2520	8316	15400	3465	11880	9240
余数 R_i	10	0	0	4	6	0	4
各总 $k_iG_iR_i$	46200	0	0	61600	20790	0	36960
总数 $\sum_{i=1}^{n}k_iG_iR_i$	165550						
所求率实 N	26950						

依赖余数数据的巧合，设立了调用数法。

此题术文中“衍数同衍母者，去之为无”下有小字注说，“无者，借之同类”，下文又有“无者则以元数同类者求等，约衍母，得数为借数”，考虑了衍数与衍母相等的情况。这个调用数例子，归纳在大衍总数术中：“或定母得一，而衍数同衍母者，为无正用，当验元数同类者，而正用至多处借之。”

这些内容，汇集到 14.13“不必要的调用数”中去讨论。

秦九韶没有记录他化约问数 12，11，10，9，8，7，6 的具体过程。

14.6.2　社会背景

宋时，通货膨胀造成原来的统一货币制，被各地通用的货币制所替代，但货币的单位还是未变，用贯用文。原来的统一货币制钱日益稀少，允许交纳当地货币，于是需要求出：(1) 每日按新率的税额；(2) 每日按旧率的税额；(3) 大月(30 天)、小月(29 天)按旧率的税额。其间的折算关系，各地各不相同。

题中出现几个专用名词：旧会、足钱、市陌、省陌。解释如下：

旧会：会子，宋代发行的一种纸币。绍兴三十年(1160 年)以后所发的纸币称为会子，以三年为一界，通用三年后的旧会子可以向政府指定的机构调换新会子。后来滥发会子，并且不立年限，永远使用，以致新旧会子都不能兑现，价值低落。

足钱：亦称“足陌”，为“短陌”之对。足字，意充实、足够。分粜推原题中说到，“系用足斗均分”。“足陌”即每贯钱支付一千文。《梁书·武帝记下》：“顷闻外间多用九陌钱，陌减则物贵。陌足则物贱……自今可通用足陌钱。”

市陌：陌。《辞海》：“钱一百文。”《旧五代史·王章传》：“官库出纳缗钱，皆以八十为陌。”

“甲库所在，市陌一十二文。”宋景昌说：“甲库以一十二文为一百。”这里的“一百”，与“陌”含义通。

省陌：亦称省钱。以不足短陌定数之钱，作短陌使用。《文献通考·田赋考四》：五代汉隐帝时，“三司使五章聚敛刻急。……旧钱出入，皆以八十为陌；章始令入者八十，出者七十七，谓之省陌。”

14.6.3　余值记法

推库额钱的额，为规定的数目。如，尚有余额。《新五代史·刘审》有“租有定额”。

题答中“诸库元纳日息足钱二十六贯九百五十文，展省三十五贯文”，展省，当时流行的官省折算算法。“展省三十五贯文”相当于“官省七十七陌”。

26 贯 950 文，每贯以 1000 文计。展省 35 贯文，也就是改以 770 文为一贯。26950 文÷35 贯文＝0.77。77 陌，百分之七十七，也就是“官省七十七陌”。

算草算出诸库元纳日息足钱之后，“各以其库元陌纽计，各得旧会零钱。各以三十日乘为大月息，以日息减大月息，余为小月息。”旧会折算算法是各库三个数据表示的延伸。

以甲库为例，“甲库以一十二文为一百”，26950÷12=2245，余 10。甲库元纳日息中有 2245 个“一十二文”，就当作有 2245 个“100”，即 224.5 个“1000”。以一千为贯，就是 224 贯 500 文。余数部分 10，直接接在 224 贯 500 文之尾，形式上成为 224 贯 510 文，但两部分价值不同。我们在下表(表 14.12)中，使用带下划线的题答值 224.5<u>10</u>。

题中“其甲库有零钱一十文，丁庚二库，各零四文，戊库零六文，余库无零钱”，就是各余数采用的特殊记法，见表 14.12“推库额钱题库值表”。诸库日息足钱各乘大小月日数之后，采用这个奇怪的混合表示法。

再以甲库为例，大月 30 天。26950×30=808500，808500÷12=67375，67375 个 100 等于 6737 贯 500 文。小月 29 天。26950×29=781550，781550÷12=65129，余 2。65129 个 100 等于 6512 贯 900 文。加上尾值 2 文，成为 6512 贯 9<u>02</u> 文。

所以，宋景昌说：“原本不误。盖甲库以十二文为一百，其未满十二者，十一文则竟曰十一文，十文则竟曰十文，未尝升也。乙库以下仿此。”

今将各库值列表如下(表 14.12)，并在题答值最后两位标了下划线。

表 14.12　推库额钱题库值表

	市陌	题答值	大月	小月
甲库	12	224.5<u>10</u>	6737.5<u>00</u>	6512.9<u>02</u>
乙库	11	245.000	7350.000	7105.000
丙库	10	269.500	8085.000	7814.500
丁库	9	299.4<u>04</u>	8983.3<u>03</u>	8683.8<u>08</u>
戊库	8	336.8<u>06</u>	10106.2<u>04</u>	9769.3<u>06</u>
己库	7	385.000	11550.000	11165.000
庚库	6	449.1<u>04</u>	13475.000	13025.8<u>02</u>

14.7　分粜推原题

14.7.1　原题

分粜推原

问有上农三人，力田所收之米，系用足斗均分，各往他处出粜。甲粜与本郡官场，余三斗二升，乙粜与安吉乡民，余七斗，丙粜与平江揽户，余三斗。欲知共米及三人所分各粜石数几何？

答曰：共米，七百三十八石，三人分米各二百四十六石。

甲粜官斛,二百九十六石。

乙粜安吉斛,二百二十三石。

丙粜平江斛,一百八十二石。

术曰:以大衍求之。置官场斛率、安吉乡斛率、平江市斛率[官私共知者,官斛八斗三升,安吉乡斛一石一斗,平江市斛一石三斗五升],为元数。求总等,不约一位,约众位。连环求等,约奇不约偶,或犹有类数存者,又求等,约彼必复乘此,各得定母,相乘为衍母,互乘为衍数,满定去之,得奇,大衍求一得乘率,乘衍数为用数,以各余米乘用,并之为总,满衍母去之,不满为所分,以元人数乘之,为共米。

各地量器的不同,只是表述在算草和解题术中:"文思院官斛八十三升;安吉州乡斛一百一十升;平江府市斛一百三十五升,各为其斛元率。"在课籴贵贱题中称:"文思院斛,每斗八十三合,安吉斗一百一十合。"

文思院,宋代官府手工工场之一,其职务,据《宋史·官职志》说:"掌选金银犀玉工巧之物,金彩绘素装钿之饰,以供舆辇册宝法物,凡器物之用。"可见,文思院所制官斛,当有定值。

原数 246 石及三个余数,都系"足斗"制。原数数值减余数所得差,再按相应"斛率"折算,恰好为整石数。不能不说有凑数的痕迹。

14.7.2　原术

这个问题反映了一次同余式组

$$N \equiv 32 \pmod{83} \equiv 70 \pmod{110} \equiv 30 \pmod{135},$$

此式满足可解条件。

术曰:以大衍求之。计算如下表(表 14.13)。

表 14.13　分粜推原题计算

名称	A	B	C
元数 A_i	83	110	135
定数 a_i	83	110	27
衍母 M	246510		
衍数 G_i	2970	2241	9130
奇数 g_i	65	41	4
乘率 k_i	23	51	7
用数 k_iG_i	68310	114291	63910
余数 R_i	32	70	30

续表

名称	A	B	C
各总 $k_iG_iR_i$	2185920	8000370	1917300
总数 $\sum_{i=1}^{n}k_iG_iR_i$	12103590		
解 N	24600		

14.7.3 化约过程

前面 14.4.9 计算细节中,我们交代过,由于排版的局限,以“ * ”号标记能抽出等数的待约数。

问题中的化约过程表示如下:

A *83		83		*83		*83		83
B *110	1	*110	5	*110	1	*110	1	110
C *135		*135		27		*27		27

求总等,实际上只是 1。秦九韶把这一步看成标准算法的第一部分,说:“以三率求总等,得一,不约。”第二部分处理三个数两两之间的求等相约。

注意 110 和 135 的求等相约,可以有两个结果:83,22 和 135;83,110 和 27。

有学者[15]认为:等 5 是单数,约偶 110 为 22,弗约奇 135,得 83,22 和 135。此说与本题结果相合。本题术文称“连环求等,约奇不约偶”,术草相合。

详细分析,见 15.6.1“关于定数组不唯一问题”。

14.8 程行计地题

14.8.1 原题原术

程行计地

问军师获捷,当早点差,急足三名,往都下节节走报。其甲于前数日申末到,乙后数日未正到,丙于今日辰末到。据供甲日行三百里,乙日行二百四十里,丙日行一百八十里。问自军前至都里数,及三人各行日数几何?

答曰:军前至都三千三百里,甲行一十一日,乙行一十三日四时半,丙行一十八日二时。

术曰:以大衍求之。置各行里,先求总等,存一约众,得元里。次以连环求等,约奇复乘偶,得定母,以定相乘,为衍母,满定除衍,得衍数,满定,去衍数,得奇,奇定大衍,得乘率,以乘衍数,得用数。次置辰刻正末,乘各行里,为实,以昼六时约之,得余里,各乘用数,并为总,满衍母去,得所求至都里,以各日行约之,得日辰刻数。

这个问题反映了一次同余式组

$$N\equiv 0(\bmod 300)\equiv 180(\bmod 240)\equiv 60(\bmod 180),$$

此式满足可解条件。

术曰:以大衍求之。计算如下表(表 14.14)。

表 14.14　程行计地题计算

名称	甲	乙	丙
元数 A_i	300	240	180
定数 a_i	25	16	9
衍母 M	3600		
衍数 G_i	144	225	400
奇数 g_i	19	1	4
乘率 k_i	4	1	7
用数 k_iG_i	576	225	2800
余数 R_i	0	180	60
各总 $k_iG_iR_i$	0	40500	16800
总数 $\sum_{i=1}^{n} k_iG_iR_i$	208500		
解 N	3300		

本题有这么两点特色:一是求定过程,应用求总等、两两连环求等和复乘三部曲。二是算草中一段文字,是探索秦九韶奇偶含义的典型句子。

术文中,"次以连环求等,约奇复乘偶",参见 14.12.6"复数格的原型"。

14.8.2　本题构思

秦九韶以"问军师获捷,当早点差,急足三名,往都下节节走报",作为情景。

题答中的"军前至都三千三百里",除以题问中的"据供甲日行三百里,乙日行二百四十里,丙日行一百八十里",得到甲 11 日、乙 $13\frac{3}{4}$日和丙 $18\frac{1}{3}$日。

利用宋时计时系统,用地支表示时辰:(1) 子;(2) 丑;(3) 寅;(4) 卯;(5) 辰;(6) 巳;(7) 午;(8) 未;(9) 申;(10) 酉;(11) 戌;(12) 亥。子正为一日之始。约定各问数度量的总度端,即第一天"当早点差",统一从卯初 5 点算起。"酉初为夜",以"昼六时"为"全日"。

从而演化成题问中所说,"其甲于前数日申末到,乙后数日未正到,丙于今日辰末到",可以换算成所行"余里"里数。即甲全日到,无余里。乙于未正到,余一百八十里,称为乙行不及全日之余里。丙辰末到,余六十里,称为丙行不及全日之余里。

有必要提一下,余里之前添上几字,所得“不及全日之余里”,实质上还是余数。参见14.5.3“不及的原意”。

14.8.3 化约过程

化约过程表示如下:

A	*300		300		*300	3	*100	4	25
B	*240	60	*4	1	4	(×3)	*4		16
C	*180		*3		*3		9	(×4)	9

甲丙之间先后有两个续等3和4,用来复乘,最后得到25和9。

秦九韶对续等3解释说:“次以丙甲求等,得三,于术约奇不约偶。盖以等三约,三因得一,为奇,虑无衍数。”即难以处理。“无衍数”一语表示:“或定母得一,而衍数同衍母者,为无用数。”

14.9 程行相及题

14.9.1 原题原术

程行相及

问有急足三名,甲日行三百里,乙日行二百五十里,丙日行二百里。先差丙往他处下文字,既两日,又有文字遣乙追付,已半日,复有文字续令甲赶付乙。三人偶不相及,乃同时俱至彼所。先欲知乙果及丙、甲果及乙得日并里,次欲知彼处去此里数各几何?

答曰:乙果追及丙八日,行二千里。

甲果追及乙二日半,行七百五十里。

彼处去此三千里。

术曰:以均输求之,大衍入之。置乙已去日数,乘乙行里为实,以甲乙行里差为法,除之,得甲及乙日数辰刻,以乘甲行,得里。次置丙既去日,乘丙行里为实,以丙乙行里差为法,除之,得乙及丙日数,以乘乙行,得里。然后置三人日行,求总等,约得元数,以连环求等,约得定母,以定相乘得衍母,各定约衍母,得衍数,满定,去衍,得奇,奇定大衍,得乘率,以乘寄衍,得用数。视甲及乙里为乙率,见乙及丙里为丙率,以乙日行满去乙率,不满为乙余,以丙日行满去丙率,不满为丙余。以二余各乘本用,并之为总,满衍去之,不满,为彼去此里。

算草中相关内容,我们分段安排插叙。

14.9.2　拼题的破绽

两个独立的追逐问题，合并条件与提问如下：

问有急足三名，甲日行三百里，乙日行二百五十里，丙日行二百里。先差丙往他处下文字，既两日，又有文字遣乙追付，已半日，复有文字续令甲赶付乙。……先欲知乙果及丙、甲果及乙得日并里。

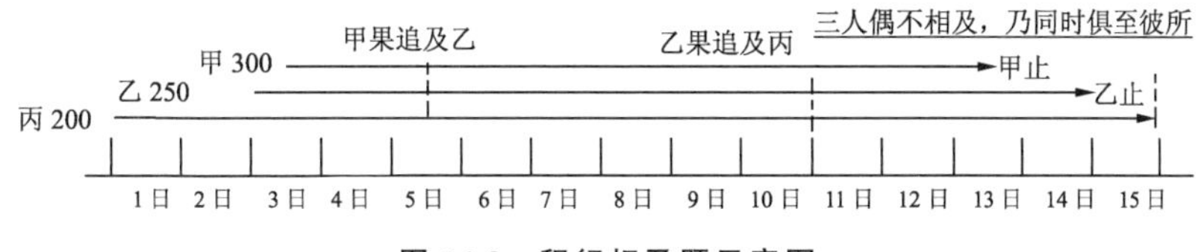

图 14.3　程行相及题示意图

甲追上乙：$\frac{250\times0.5}{300-250}=2.5$ 日，甲行 $2.5\times300=750$ 里，称作乙率。

乙追上丙：$\frac{200\times2}{250-200}=8$ 日，乙行 $8\times250=2000$ 里，称作丙率。

再增添条件和提问，组成全题：

三人偶不相及，乃同时俱至彼所。……次欲知彼处去此里数各几何。

套用大衍术格式，依次计算如下。求定计算的错误，造成后续混乱。

第一步，误算定数。

把三名急足 300，250，200 作问数，列出化约过程：

A	*300		*6		3		3
B	*250	(50)	250	误(×2)	*250	(×2)	125
C	*200		*4		*8		16

正确的定数应该为 3，125 和 8。定数乘积衍母 3000。秦九韶因三数有总等 50，就把下一步 6 和 4 的最大公约数 2，误认作续等。续等复乘，产生了 $4\times2=8$。最终成了 3，125 和 16。后面所有数据，如衍母 6000，也就跟着错。

第二步，大衍计算。

“各定约衍母得衍数(算草)”，求得甲 2000，乙 48，丙 375。

“求奇数(算草)”，求得甲 2，乙 48，丙 7。

“各以大衍(算草)”，求得甲 2，乙 112，丙 7，“各为乘率”。

“以乘率对乘衍数(算草)”，得甲 4000，乙 5376 和丙 2625，称泛用数。

“并三泛，得一万二千〇〇一，乃多衍母一倍，当半衍母六千得三千(算草)。”3000 是衍母 6000 之半，消甲 4000，余 1000。又消乙 5376，余 2376。丙 2625 不消。各为定用数。

“视甲及乙里为乙率，见乙及丙里为丙率，以乙日行满去乙率，不满为乙余，以丙日行满去丙率，不满为丙余(术文)。”

甲行 2.5×300＝750 里，是甲及乙所行里，称作乙率，与乙日行 250 并没有关系。乙行 8×250＝2000 里，是乙及丙所行里，称作丙率，与丙日行 200 也没有关系。由此所处的乙余与丙余，两个 0 都没有意义。

第三步，求解无门。

“以二余各乘本用，并之为总，满衍去之。不满，为彼去此里（术文）。”两个 0 所乘本用，得各总 0，并得总数 0。满衍 3000 去之，不满为 0。称“为彼去此里”，显然不宜。

很容易看出，秦九韶编造题目时，预定了答数三千里。3000 里是甲乙丙三人“日行”300，250 和 200 的最小公倍数。

算草结尾，秦九韶增添一句：

> 今乙丙二人所行，各皆适满，去之为无余。虽称同时俱至，乃各系全日所行，便以乙丙二人约六千里，得三千里，为彼去此里数。合问。

秦九韶承认这种适满与无余，改以“同时俱至，乃各系全日所行”为由，搪塞成衍母 6000 除以 2 人，得 3000 里，“为彼去此里数”。

我们只能说：此说反而暴露了题问中“三人……乃同时俱至彼所”的矛盾。

丙日行 200 里，行 3000 里，需要 15 天。

乙日行 250 里，行 3000 里，需要 12 天。乙于第 3 日卯初出发，行总行程 3000 里，只需 12 天，在第 15 日卯初，到达图中标“乙止”处。乙离 3000 里处，还要 250 里。

甲日行 300 里，第 3 日中午出发，行总行程 3000 里，只需 10 天，在第 13 日中午，到达图中标“甲止”处。甲离 3000 里处，还要 750 里。

因此，题问中“三人偶不相及”是事实，而“乃同时俱至彼所”永远做不到。见图 14.3 程行相及题示意图。

14.9.3 大衍计算

这个问题反映了一次同余式组

$$N \equiv 0 \pmod{300} \equiv 0 \pmod{250} \equiv 0 \pmod{200},$$

此式不满足可解条件。

我们列出程行相及题计算（表 14.15），可知错误之源，就在于求错定数。

表 14.15 程行相及题计算

名称	甲	乙	丙
元数 A_i	300	250	200
（误之源）定数 a_i	3	125	16
衍母 M	6000		
衍数 G_i	2000	48	375

续表

名称	甲	乙	丙
奇数 g_i	2	48	7
乘率 k_i	2	112	7
泛用数 k_iG_i	4000	5376	2625
正用数 k_iG_i	1000	2376	2625
余数 R_i	没有提到	0	0
各总 $k_iG_iR_i$		0	0
总数 $\sum_{i=1}^{n} k_iG_iR_i$	0		
解 N	?		

术曰：以均输求之，大衍入之。

《九章算术》卷六均输章中，均输术一般指按人口多少、路途远近、谷物贵贱，推算赋税与徭役的方法。就算法而论，属于配分比例。均输章有四个题目讨论追逐问题。

大衍入之，不过是借用大衍一套过程计算。

14.9.4　历史上的数码〇

零用〇的记号，是中国数学史中一项有趣的研究课题。

宜稼本本题中出现"一万二千〇〇一"，渊本津本作二万二千一。

宋景昌说："馆本作一万二千一。案：古书凡遇空位，皆不作圈。此书他处亦然。馆本是也。然观此足以见今人空位作圈，盖滥觞于宋时矣。""滥觞"指事物的起源。

今查余米推数题草算也有"甲得二百〇四"字样，但渊本津本作"甲得二百四"。

严敦杰先生在《中国使用数码字的历史》[16]中说："零用〇的记号，现在所知最早见于金历(1180)中。"算表中有"四百〇三"字样。"公元十三世纪我国北方有李冶撰《测圆海镜》(1248)，南方有秦九韶撰《数书九章》(1247)，他们的著作中不约而同都有〇号，则〇号的产生当在他们之前。""在数学著述中除以〇表数码外，凡遇穴位空位处也以〇表示，《数书九章》有连续用六个〇字。"

14.10　积尺寻源题

14.10.1　原题原术

积尺寻源

问欲砌基一段，见管大小方甎、六门、城甎四色。令匠取便，或平或侧，只用一色甎砌，须要适足。匠以甎量地计料，称用大方料，广多六寸，深少六寸。用小方：广多二寸，深少三寸。用城甎，长：广多三寸，深少一寸；以阔：深少一寸，广多三寸；以厚：广多五分，深多一寸。用六门甎，长：广多三寸，深多一寸；以阔：广多三寸，深多一寸；以厚：广多一寸，深多一寸。皆不合匝，未免修破甎料裨补。其四色甎，大方，方一尺三寸；小方，方一尺一寸；城甎，长一尺二寸，阔六寸，厚二寸五分；六门，长一尺，阔五寸，厚二寸。欲知基深广几何？

答曰：深三丈七尺一寸，广一丈二尺三寸。

术曰：以大衍求之。置甎方长阔厚为元数，以小者为单，起一。先求总等，存一位，约众位[列位多者，随意立号]，乃为元数。连环求等，约为定母。以定相乘为衍母。各定约衍母得衍数。满定去之，得奇。奇定大衍，得乘率。以乘衍数得用数。次置广深多少，数多者乘用，少者减元数。余以乘用，并为总。满衍母去之，不满，得广深。

今需砌一处长方形房基（一边称作广，另一侧边称作深），现有四种砖料：大方料，各边皆为11尺3寸；小方料，各边长1尺1寸；城砖，长、宽、厚各为1尺2寸、6寸和2寸5分；六门砖，长、宽、厚各为1尺、5寸和2寸。请匠人任取一种砖料，使砌基时都用整砖，砖可正置，也可侧置。匠人测量知，无论用何种料，都不能恰好全用整料，需用破砖裨补。根据所列出的数据，求该房基的广、深各是多少。

这个问题可由一次同余式组表示：

$$N\equiv 60 \pmod{130}\equiv 20 \pmod{110}\equiv 30 \pmod{120}\equiv 30 \pmod{60}$$
$$\equiv 5 \pmod{25}\equiv 30 \pmod{100}\equiv 30 \pmod{50}\equiv 10 \pmod{20},$$

此式满足可解条件。

把8个数据从小到大排列，以砖色为序列出数据来命名，如下表（表14.16）：

表14.16　砖色为序命名表

大方	城砖长	小方	六门长	城砖阔	六门阔	城砖厚	六门厚
金	石	丝	竹	匏	土	革	木
130	120	110	100	60	50	25	20

把全题综合起来，见表14.17。

表14.17　积尺寻源题计算综合

砖料	大方	城砖长	小方	六门长	城砖阔	六门阔	城砖厚	六门厚
元数 A_i	130	110	120	60	25	100	50	20
定数 a_i	13	11	8	3	25	1	1	1

续表

砖料	大方	城砖长	小方	六门长	城砖阔	六门阔	城砖厚	六门厚
衍母 M	85800							
衍数 G_i	6600	7800	10725	28600	3432	0	0	0
奇数 g_i	9	1	5	1	7	0	0	0
乘率 k_i	3	1	5	1	18	0	0	0
泛用数 k_iG_i	19800	7800	53625	28600	61776	0	0	0
正用数 k_iG_i	19800	7800	53625	28600	41184	1716	1716	17160
余数 R_i	60	20	30	30	5	30	30	10
各总 $k_iG_iR_i$	1188000	156000	1608750	858000	205920	51480	51480	171600
总数 $\sum_{i=1}^{n} k_iG_iR_i$	4291230							
解 N	1230							
余数 R_i	70	80	110	50	10	10	10	10
各总 $k_iG_iR_i$	1386000	624000	5898750	1430000	411840	17160	17160	171600
总数 $\sum_{i=1}^{n} k_iG_iR_i$	9956510							
解 N	3710							

14.10.2　八变表

多达八个问数的化约，十分繁复。这里采用八音为号，从大到小，顺序排列。

我们把冗长的化约过程归纳成如下的八变表（表 14.18—14.20）。

为求约后无等，从位于下位的木位开始。求等相约的两个待约数标以 * 号，待约数附以括号，注明所约等数或者是反约等数。

表 14.18　积尺寻源题一变

名称	一变							
金	130	130	130	130	130	130	*130	130
石	120	120	120	120	120	*120	120	120
丝	110	110	110	110	*110(约 2)	55	55	55
竹	100	100	100	*100(约 4)	25	25	25	25
匏	60	60	*60(约 4)	15	15	15	15	15
土	50	*50(约 2)	25	25	25	25	25	误 50
革	*25	25	25	25	25	25	25	25
木	*20(反 5)	*4	*4	*4	*4	*4(反 4)	*1	1

“反约”是数与位结合起来的产物，在于谋求约后无等。由于八个问数按降幂排列，只提位名而不提及数据。上下两位有等数时，一般而言约上位；如果上下两位仍有公因数，就改约下位，秦九韶称为“反约”。木 20 与革 25 之间的第一个化约，“反约”木 20；木 4 与石 120 之间的第六个化约，“反约”木 4。

求等得一，秦九韶称“不约”。我们不再标志，下同。

误录 25 为 50，此为本题中第一个错误。

表 14.19　积尺寻源题二变、三变

名称	二变							三变					
金	130	130	130	130	130	*130(5)	26	26	26	26	26	*26	26
石	120	120	120	120	*120(5)	24	24	24	24	24	*24	*24	24
丝	55	55	55	*55(5)	11	11	11	11	11	*11	11	11	11
竹	25	25	*25(约 25)	1	1	1	1	1	*1	1	1	1	1
匏	15	*15(约 5)	3	3	3	3	3	*3	3	3	3	3	3
土	*50(约 25)	2	2	2	2	2	2	*2	*2	*2	*2(反 2)	1	1
革	*25	*25	*25	*25	*25	*25	25	25	25	25	25	25	25
木	1	1	1	1	1	1	1	1	1	1	1	1	1

三变中，土 2 和石 24 的“反约”，无意中消除了上述二变中误录 25 为 50 的影响。

表 14.20　积尺寻源题四变到八变

名称	四变					五变				六变			七变		八变
金	26	26	26	*26	26	26	26	*26	26	26	*26	26	*26(约 2)	13	13
石	24	24	*24(约 3)	8	8	8	*8	8	8	*8	8	8	*8	8	8
丝	11	*11	11	11	11	*11	11	11	11	*11	*11	11	11	11	11
竹	*1	1	1	1	1	*1	1	1	1	1	1	1	1	1	1
匏	*3	*3	*3	*3	*3	3	*3	*3	3	3	3	3	3	3	3
土	1	1	1	1	1	1	1	1	1	1	1	1	1	1	1
革	25	25	25	25	25	25	25	25	25	25	25	25	25	25	25
木	1	1	1	1	1	1	1	1	1	1	1	1	1	1	1

14.10.3　若干细节

1　深字解

“匠以甎量地計料，稱用大方料，廣多六寸，深少六寸”，此基坑不知深度。几块砖上下叠着填入基坑,量得砖顶高出地面六寸。于是就说基坑深少六寸,这是以砖量地计料的直接结果。秦九韶的广是基坑广,深是基坑深。

宋景昌按:“此深字即仪礼南北以堂之深,非算术高深之深也。”

2　锥亍解

《九章算术》均输第十八题:“术曰:置钱锥行衰。”刘徽注:“此术,锥行者谓如立锥,初一,次二,次三,次四,次五,各均为一列衰也。”李籍《音义》:“下多上少,如立锥之形。”

3　约与展

“约之为一丈二尺三寸。”

本题求基地深处及余米推数、分粜推原等题对这种处理法均称“展为”。

本题对问数,指明“以小者为单”,使用收数格,对余数,实际上也是以“分”为单位,取整数,只是未加明确表明。最后求得的“不满”值 1230 分,再采取“约之”法,回复到原来的“收数”。

4　调用数

本题中又一次调了用数,同样,秦九韶依赖的仅仅是余数数据的巧合。

大衍总数术第二句注文中的“或三处同类,以三约衍母,于三处损之”,来源于积尺寻源题。

参见 14.13“不必要的调用数”。

14.11　余米推数题

余米推数

问有米铺,诉被盗去米一般三箩,皆适满,不记细数。今左壁箩剩一合,中间箩剩一升四合,右壁箩剩一合。后获贼,系甲乙丙三名。甲称当夜摸得马杓,在左壁箩满舀入布袋;乙称踢着木履,在中箩舀入袋;丙称摸得漆椀,在右边箩舀入袋。将归食用,日久不知数。索到三器,马杓满容一升九合,木履容一升七合,漆椀容一升二合,欲知所失米数,计赃结断三盗各几何?

答曰:共失米九石五斗六升三合。

甲米三石一斗九升二合。

乙米三石一斗七升九合。

丙米三石一斗九升二合。

术曰:以大衍求之。列三器所容为元数,连环求等,约为定母。以相乘为衍母,以定各约衍母得衍数,各满定母去之,得奇。以奇定用大衍求得乘率,以乘衍数,得用数。次以各剩米乘用,并之为总。满衍母去之,不满为每箩米,各以剩米减之,余为甲乙丙盗米,并之为共失米。

本题关键是先求出每箩原有米数。以合为基本单位，涉及了下列一次同余式组：

$$N\equiv 1(\bmod 19)\equiv 14(\bmod 17)\equiv 1(\bmod 12)。$$

三个模数两两互素，不必化约求定，也没有调用数的过程。

把余米推数题综合起来，为表 14.21。

表 14.21 余米推数题计算

名称	甲	乙	丙
定数 a_i	19	17	12
衍母 M	3876		
衍数 G_i	204	228	323
奇数 g_i	14	7	11
乘率 k_i	15	5	11
用数 k_iG_i	3060	1140	3553
余数 R_i	1	14	1
各总 $k_iG_iR_i$	3060	15960	3553
总数 $\sum_{i=1}^{n} k_iG_iR_i$	22573		
解 N	3193		

最小正整数解是 $N=3193$ 合。

一只箩的容积 3193 合。扣除余下米数，三贼所盗米分别为 3192 合、3179 合和 3192 合。

秦九韶采用最小单位“合”。按收数格，“命尾位分厘作单零，以进所问之数，定位讫”，最后，算得 $N=3193$。再“展为”3 石 1 斗 9 升 3 合，回复到原来的“收数”。

14.12 定数的检测

在讨论九个具体问题之后，我们分别讨论四个要点：求定数、调用数、大衍求一术的对角线乘积之和及大衍求一术是怎样诞生的。

《数书九章·序》中，秦九韶极力推崇大衍术，为可逆的过程：

圣有大衍，微寓于《易》。奇余取策，群数皆捐。衍而究之，探隐知原。

假定一个原数，用蓍卦取余数，称作奇，抛弃众多的商。而大衍术，能察知隐藏的原数。

秦九韶设定一个足够大的数,满去若干问数,得到各自余数。接着,利用他那个时代的数学知识和数学水平,动员所能利用的一切手段,诸如"约奇弗约偶""反约"等,把问数化成定数。最后,纳入大衍演算术,看结果与原设定数是否相同。

正向设计和反向计算,就是秦九韶确认理想定数的手段。

但由于理论知识并不完善,一旦遇到特殊的数据,这种方法会失效。

14.12.1　问数分类

把大衍类九题问数、元数、定数及相关同义词,列表如下(表 14.22):

表 14.22　大衍类九题问数、元数、定数表

题名	原求率实	问数及同义词	元数及同义词	定数	术草调用数
蓍卦发微	无	元数	元数 1,2,3,4	1,1,3,4	约奇弗约偶
古历会积	无	问数,通数 $365\frac{1}{4}$,$29\frac{499}{940}$,60	元法 114445,9253,225600	487,19,225600	约奇弗约偶;[本题欲求一会,不复乘偶];验元数奇偶同类
推计土功	1026	复数,通数,54,57,75,72	元数 54,19,25,24	9,19,25,24	约奇;多者,不约其少者
推库额钱	26950	直接提元陌	元陌 12,11,10,9,8,7,6	1,11,5,9,8,7,1	约奇弗约偶
分粜推原	24600	直接提元数	83,110,135	83,110,27;或 83,22,135	约奇不约偶
程行计地	3300	行里 300,240,180	元里,元数 300,4,3	25,16,9	约奇复乘偶;于术约奇不约偶;既丙九为奇,甲百为偶,此即是约偶弗约奇
程行相及	3000	日行 300,250,200	元数 6,250,4	3,125,16	
积尺寻源	深 3710 广 1230	置砖方长阔厚为元数	元数 130,120,110,100,60,50,25,20	13,8,11,1,3,1,25,1	今假八音为号位;反约
余米推数	9563	元数	元数 19,17,12	19,17,12	

14.12.2　格的设立

秦九韶把求定现象归纳成格。苦于归纳标准不严,无法做到不重不漏,不得不设立一些另类现象,以示补充。

元数格第一，统领全局。

元数者，先以两两连环求等，约奇弗约偶[或约得五，而彼有十，乃约偶而弗约奇]。或元数俱偶，约毕可存一位见偶。或皆约而犹有类数存，姑置之，俟与其他约徧，而后乃与姑置者求等约之。或诸数皆不可尽类，则以诸元数命曰复数，以复数格入之。

元数格从两两连环求等入手。复数格则从"求总等，存一位，约众位"入手。

元数格中有两种情况：① 约奇弗约偶；② 元数俱偶，约毕可存一位见偶。

①中的注文"或约得五，而彼有十，乃约偶而弗约奇"，五是奇，十是偶。"约偶"指约十，还暗示了定数组不唯一。

馆臣在分枭推原题下有按语说："五为中数，或约偶或约奇，皆可。"此题的问数组是83，110和135。按馆臣的奇偶观点，"或约偶"导致83，22，135，"或约奇"导致83，110，27，这两组都是定数组。

至于"元数俱偶"，如程行计地题100与4。等数4是偶数，无论除哪一个，都得一奇一偶。"约毕可存一位见偶"，约成数中有一个偶数。

"或皆约而犹有类数存，姑置之，俟与其他约徧，而后乃与姑置者求等约之"一句，秦九韶以"俟与其他约徧"，即两两连环求等，作为分界线。

我们曾说过，从操作手段来说，任何一组问数，两两之间求等相约，如某两数约后仍有等，"姑置之"，即这两数只约一次，不约第二次，直到两两连环毕。就数学实质而言，各约成数一定是相应问数的因数，各约成数的乘积一定是原来问数的最小公倍数，但各约成数之间并不一定两两互素。因此，只能称作准定数。

当各约成数乘积等于最小公倍数时，作为下一步的待约数，只要再求出等数，就是续等。凡续等，必须约一数复乘另一数，既保证两数互素，又保证最小公倍数不变。

因此，以"俟与其他约徧"作为判定续等的标准，恰巧与以最小公倍数作标准等价。此时这个等，肯定是续等，必须用来复乘。

秦九韶注意到这情况，但不明写复乘，却转向专门对付复乘的复数格，所以有第四段，用复数格处理。

一句话，秦九韶头脑中，衍母、(若干周期的)一会积和续等三个概念还是孤立的。

收数格第二。

收数者，乃命尾位分厘作单零，以进所问之数。定位讫，用元数格入之。或如意立数为母，收进分厘，以从所问，用通数格入之。

收数，取名于"收进分厘"。只有一题，古历会积题三百六十五日四分日之一"假令"成"三百六十五日二十五刻"，成了"尾位见分厘者"，也就作为收数的典型。但此题求定数具体计算中，没有当元数用过，说不上"定位讫，用元数格入之"，只是一条转化措施。

不考虑十进制因素的"收进分厘"，代之以"如意立数为母"，说成入通数格。

这么说来，收数格处理只是想当然，没有具体数例作背景，更没有理论上的推证。

通数格第三。

通数者，置问数通分内子，互乘之，皆曰通数。求总等，不约一位，约众位，得各元法数，用元数格入之。或诸母数繁，就分从省通之者，皆不用元各母，仍求总等，存一位，约众位，亦各得元法数，亦用元数格入之。

通数格根据特色操作，分成三段。特色操作是通分内子，只有一题古历会积题，冬至 $365\frac{1}{4}$，朔策 $29\frac{499}{940}$。特色操作用总等处理，即求总等，不约一位，约众位后，得各元法数。特色操作用“诸母数繁，就分从省通之，皆不用元各母”，还是“求总等，存一位，约众位，亦各得元法数”。

然而，推计土功题并没有与通数相关的数字例子。术文却在“得各县日筑复数”之后加注：“有分者通之，互乘之，得通数”。

复数格第四。

号称元数、收数、通数三格普遍适用的复乘求定之理，竟然只是从“急足之类”，即程行两题中硬凑出来的，详见本书 14.12.6“复数格的原型”。

14.12.3　奇偶的背景

我们考查一下，秦九韶借助的奇偶二字的背景。

商朝人好占卜，以火灼烧甲骨出现的“兆”(细小的纵横裂纹)，来预测未来的吉凶。甲包括龟的腹甲与背甲，骨多为牛的肩胛骨与肋骨。

甲骨文初发现于河南省安阳县小屯村一带，距今约 3000 多年。清光绪二十四年(1898 年)以前，当地的农民在采收花生时，偶然捡到一些龟甲和兽骨，被当成中药卖给药铺。经过鉴定，是比篆文、籀文更早的文字。

1928 年“中央研究院”历史语言研究所由董作宾领导，第一次有计划地对甲骨文进行考古，共有 6 人参加，至 1937 年，前后共进行 15 次。一共出土龟甲、兽骨有 24900 多片。

商务印书馆出版董作宾的《殷墟文字乙编》有一图，一块龟甲上刻烙着四组数字。这些数字分成奇数和偶数，由小到大排列：从左边数起，第一、三两列为奇数组，第二、四两列为偶数组。

一般认为，《周易》古经是商周(公元前 1700 年到公元前 255 年)之际卜辞的汇编，《系辞传》中介绍的筮法很可能就是由商代筮法演变来的。从这个角度看，这块龟甲大概是商代卜师的筮占工具，上面烙刻的正是两组天地数。

这是迄今所知的中国古代对数进行分类的最早记录。

奇偶如同阴阳一样，在中国传统文化中起着十分重要的作用。

阴阳五行的教义在中国古代非常流行，并且深入到当时科技的每一个领域。《周易·系辞传》有五个天数、五个地数。《周易·系辞传上》介绍筮法，说：“天一，地二；天三，地四；天五，地六；天七，地八；天九，地十。”又说：“天数五，地数五，五位相得各有合。天数二十有五，地数三十，凡天地之数五十有五。此所以成变化而行鬼神也。”

东汉（公元25年到220年）著名的学者郑玄（公元127年到200年）注称，五个天数是奇数1,3,5,7,9，视为正数，五个地数是偶数2,4,6,8,10，视为负数。这就意味着奇数是正数，偶数是负数。

这种对应的说法对中国古代的数学产生了极其深远的影响。

这是把以天与地或阴与阳为代表的事物对立属性，归为数的奇偶，从而借助数字来建构成对立统一的天人宇宙观。

14.12.4 奇偶的应用

大多数学者公认：根据对《数书九章》所有数例的分析，多数情况下，奇是单数，偶是双数；当两数求等相约时，作为公约数单数倍的待约数叫奇，作为公约数双数倍的待约数叫偶。

例如，6和4有最大公约数2，$6=2\times3$，$4=2\times2$。3是单数，6称奇，因为6约得奇。

再举一例，100和4有公约数4，$100=4\times25$，$4=4\times1$。25是单数，所以100为奇。而100和4两者都为奇，因为约得的都为奇。

“两两连环求等”指一定的顺序求出每一对元数的最大公约数。“约奇弗约偶”指在一般情况下，用最大公约数去处理待约数，能使商为单数的那一个待约数被约出单数，而保持另一个不变，为双数，因为一单一双，达到互素的可能性最大。

例如，对待约数6和4，$[6,4]\xrightarrow{2}[3,4]$意味着“约奇”，约成数3和4互素。因为3是单数，相应待约数6称作奇，化约后约成数只是有较大的互素可能性而已。

如果$[6,4]\xrightarrow{2}[6,2]$意味着“约偶”，约成数6和2有公因数2，称为“两位见偶”。

再有，对待约数4和100，如果用4去约，一种可能是1和100，另一种可能是4和25。1和25都算得上单数，两种情况都叫“约奇”。但是，前者$[4,100]\xrightarrow{4}[1,100]$导致“见一”，不得不设立补充原则“勿使见一太多”加以避免。于是，只能用后者，$[4,100]\xrightarrow{4}[4,25]$。

事实上，约奇的方法不能保证两个约成数互素，充其量只是一种较大可能性而已。

例如，$[20,25]\xrightarrow{5}[20,5]$，认定5是奇数，25是奇数。如果用“约奇”，所得[20,5]并不互素。改为“约偶弗约奇”，即5是奇数，约偶20，$[20,25]\xrightarrow{5}[4,25]$，才使得4和25互素。

显然，秦九韶意识到，“奇”“偶”功能有限，仅仅是探索使约成数互素的拐杖而已。

在积尺寻源题中，他企图避开“奇”和“偶”，寻求一个新方向，把数和位紧紧结合起来。把问数从小到大排列，“假八音为号位”，用当时流行的音调给位起名，便于区别。“先以小者”作主位，同其他数位求等相约，尽可能约大的数位。若这样做无法使约后互素，则“反约”自身。在这个冗长的求定算草中，只字不提“奇”“偶”字样。

但是，他仍然没法彻底解决最大公约数和补偿素因数最高次幂之间的关系，仅因此题数据特殊而没有暴露出问题来。

从理论完美的角度看，使用素数与素因子分解的概念，可使方法的叙述比较漂亮、简捷，但从算法角度来看却不然。首先，化约模数时，素数与素因子分解的概念并不是必需的。进一步，即使引入这些概念，具体将一个数分解成素因子的积时，还需要一套可行的算法，这种算法的复杂程度，至少不亚于判断一数是否为素数的算法。而秦九韶化约模数的算法，主要是辗转相除法。因此，从算法上看，秦九韶的方法更简便易行[17]。

14.12.5　三种基本算法

把秦九韶方法归纳成三种基本算法和两条补充原则，在数理上化成最简，不失为巧妙，适用性也最广。

基本算法 1　求总等化约术：求总等，不约一位，约众位。

基本算法 2　连环求等化约术：元数者，先以两两连环求等，约奇弗约偶。

基本算法 3　求续等化约术：两两连环求等，约奇弗约偶，复乘偶。或约偶弗约奇，复乘奇，皆续等下用之。

在两条补充原则“勿使两位见偶。勿使见一太多”之后，还表达了一种无可奈何的态度：“见一多则借用繁，不欲借则任得一。”

但此法是否符合原意，则另有一种看法，见下一节“复数格的原型”。

如果扩大至几个位上的数，有最大公约数，保留在某一位上，去化约其他位上的数。如基本算法 1，可以保持最小公倍数不变，但不能保证约成数互素。

例如，$(4,6,8)=2$，$[4,6,8]\xrightarrow{2}[2,3,8]$，约成数中的 2 与 8 不互素。

刘洁民[18]提供一个反例。一组自然数 $N_1=P_1\cdot P_2{}^3\cdot P_3{}^2$，$N_2=P_1{}^2\cdot P_2\cdot P_3{}^3$，$N_3=P_1{}^3\cdot P_2{}^2\cdot P_3$，这里 $(P_1,P_2,P_3)=1$，互素，其最小公倍数为 $\{P_1,P_2,P_3\}=\{(P_1\cdot P_2\cdot P_3)^3\}$。用总等 $P_1\cdot P_2\cdot P_3$ 存一位约众位，可以看到，不管存哪一位的数，永远得不到原来三数的最小公倍数 $(P_1\cdot P_2\cdot P_3)^3$。

14.12.6　复数格的原型

从原文、原术、原意的角度说来，我们可以看到，复数格前五句的原型就是程行两题[19]。

下表（表 14.23、表 14.24）中，标有星号的数指含有等数的待约数。待约数右边圆括号标的数指等数。圆括号中带乘号的数指续等，用来复乘。

例如,程行计地题草术分析表(表 14.23)第二行左起第四格为例,圆括号标的数 3 是 300 和 3 的等数,这个续等 3,约 300 为 100,复乘其所对应左边的 3。

表 14.23　程行计地题草术分析表

原术	置各行里,先求总等,存一约众,得元里	次以连环求等,约奇复乘偶			得定母
甲 乙 丙	*300 *240　(60) *180	300 *4 *3　(1)	*300 4　(3) *3　(×3)	*100　(4) *4　(×4) 9	25 16 9
原草	总等得 60,只存甲 300 勿约,乃约乙 240,得 4。次约丙 180,得 3	以丙乙求等,得 1,不约	以丙甲求等,得 3,于术约奇不约偶。盖以等 3 约 3,因得 1 为奇,虑无衍数。乃便径先约甲 300 为 100,复以等 3 乘丙 3 为 9	以乙 4 与甲 100 求等,得 4。以 4 约 100,得 25 为甲。复以 4 乘乙 4,得 16 为乙	各为定母
分析	① 尾位均见 10。 ② 求总等处理		③ 约甲 300(偶)弗约(奇) 3,复乘丙 3(奇)为 9 ④ 等 3 续等,用来复乘	⑤ 经求总等处理后,甲与乙还可求等。⑥ 续等约 100 复乘 4	得定数
复数格	② 求总等,存一位,约众位,始得元数	③ 两两连环求等,约奇弗约偶,复乘偶,或约偶弗约奇,复乘奇。④ 皆续等下用之		⑤ 或彼此可约,而犹有类数存者,又相减以求续等。⑥ 以续等约彼,则必复乘此	乃得定数

表 14.24　程行相及题草术分析表

原术	求总等,约得元数	以连环求等,约得定母		
甲 乙 丙	*300 *250　(50) *200	*6 250　(2) *4　(×2)	3 *250 *8　(2)　(×2)	3 125 16
原草	求总等,得 50,先约甲丙,存乙,得甲 6,乙 250,丙 4	以甲 6 丙 4,求等得 2。以 2 约甲为 3,复以 2 因丙为 8	次将乙 250,与丙 8 相约得 2,乃约乙为 125。复以 2 因丙为 16,定得甲 3,乙 125,丙 16	为定母
分析	① 尾位均见 10。 ② 求总等处理	③ 约甲 6(奇)为 3 弗约(偶)丙 4,复乘(偶)丙 4 为 8。 ④ 误以等 2 为续等来复乘	⑤ 经求总等处理后,丙 8 和乙 250,还可求等。⑥ 续等 2 约 250(奇)复乘 8(偶)	得定数
复数格	② 求总等,存一位,约众位,始得元数	③ 两两连环求等,约奇弗约偶,复乘偶,或约偶弗约奇,复乘奇。④ 皆续等下用之。	⑤ 或彼此可约,而犹有类数存者,又相减以求续等。⑥ 以续等约彼,则必复乘此	乃得定数

两张分析表中，依次标上序号。现按序号分析如下：

① 复数分类中，特地指明“急足之类”，即程行两题。复数格第一句“复数者，问数尾位见十以上者”，只有程行两题。

② 秦九韶在问数分类时说过元数、复数的区别：元数，谓尾位见单零者。复数，谓尾位见十或百及千以上者。“复数者”300，240，180 和 300，250，200，求总等处理后，得 300，4，3 和 6，250，4，“始得元数”。

③ 两两连环求等过程中，程行计地题，“于术约奇不约偶”改为“约甲 300 为 100”，即约偶不约奇。而程行相及题，“以 2 约甲为 3”，因甲 6(奇)丙 4(偶)，为约奇不约偶。

显然，复数格“约奇弗约偶”“或约偶弗约奇”直接取决于两题，并非特意对仗。

④ “皆续等下用之”的“皆”字，指两题。对照第③条，意味深长。

⑤ 第一次复乘之后，程行计地题 250 与 8，程行相及题 100 与 4，都还有等数。秦九韶笔下的“或彼此可约，而犹有类数存者”，相当于我们今天说，如果还有进一步的等数。“彼此可约”是现象，“犹有类数存者”是本质。

⑥ “以续等约彼，则必复乘此”，普遍适用。

再对照复数格的原文：

> 复数者，问数尾位见十以上者。以诸数求总等，存一位，约众位，始得元数。两两连环求等，约奇弗约偶，复乘偶，或约偶弗约奇，复乘奇，皆续等下用之。或彼此可约，而犹有类数存者，又相减以求续等。以续等约彼，则必复乘此，乃得定数。所有元数、收数、通数三格，皆有复乘求定之理，悉可入之。

秦九韶对从“程行”两题归纳出的复数格，有个总体认识：求总等，“始得元数”之后，必然是紧连着“两两连环求等，约奇弗约偶，复乘偶……”的。基于这样的认识，在 14.4.3 “古历会积原题”中，秦九韶特意交代：本题求总等后，本当“复乘偶”，仅因“本题欲求一会”，故“不复乘偶”了。

反过来，程行相及题问数是 300，250 和 200，正确的定数应该为 3，125 和 8。

秦九韶处理成：因三数有总等 50，下一步求出 6 和 4 的最大公约数 2，就误认作续等。于是续等复乘，产生了 4×2＝8。最终成了 3，125 和 16。这是太迷信复数格了。

14.13　不必要的调用数

14.13.1　调用数叙述

调用数依靠的只是数据巧合，没有帮助，也不至于危及全题。

秦九韶花了很大的精力来研究调用数法。在大衍总数术结尾，做了个小结：

> 置各乘率，对乘衍数，得泛用。并泛课衍母，多一者为正用。或泛多衍母倍数者，验元数，奇偶同类者，损其半倍[或三处同类，以三约衍母，于三处损之]，各

为正用数。或定母得一，而衍数同衍母者，为无用数，当验元数同类者，而正用至多处借之。以元数两位求等，以等约衍母为借数，以借数损有以益其无，为正用。或数处无者，如意立数为母，约衍母，所得以如意子乘之，均借补之。或欲从省勿借，任之为空，可也。然后其余各乘正用，为各总。并总，满衍母去之，不满为所求率数。

我们先证明孙子剩余定理中涉及用数的性质，再分成四种调用数类型加以讨论，最后再进行小结。

14.13.2 多一者为正用

秦九韶在孙子剩余定理中发现了一个涉及用数的性质：

$$k_1G_1+k_2G_2+\cdots+k_nG_n\equiv 1(\bmod M)。$$

在大衍总数术中，有明确记录：

置各乘率[k_i]，对乘衍数[G_i]，得泛用[k_iG_i]。并泛[k_iG_i]课衍母[M]，多一者为正用[k_iG_i]。

泛用指尚未调节的用数，正用指最终确定的用数。

我们把孙子定理表示为一般形式：

设有数 N 被 n 个两两互素的 $a_1,a_2,\cdots,a_n$ 除，所得余数分别为 $R_1,R_2,\cdots,R_n$。

$$N\equiv R_i(\bmod a_i)\ (i=1,2,\cdots,n)。$$

寻找一组数 k_i 满足

$$k_i\frac{M}{a_i}\equiv 1(\bmod a_i)\ (i=1,2,\cdots,n),$$

这里 $M=a_1\cdot a_2\cdot\cdots\cdot a_n$。

令 $G_i=\dfrac{M}{a_i}$，给定一次同余式的最小正整数解为

$$N=(R_1k_1G_1+R_2k_2G_2+\cdots+R_nk_nG_n)-pM,$$

这里 p 为整数。

Bicker Paul 提出过一个证明，现录如下：

因为 $a_1,a_2,\cdots,a_n$ 两两互素，衍母 $M=a_1\cdot a_2\cdot\cdots\cdot a_n$，且 $G_i=\dfrac{M}{a_i}$，有 $(G_1,a_1)=(G_2,a_2)=\cdots=(G_n,a_n)=1$。

把 $k_1G_1+k_2G_2+\cdots+k_nG_n$ 记作 S。由 $k_1G_1\equiv 1(\bmod a_i)$，$i=1,2,\cdots,n$，有

$$S\equiv k_1G_1\equiv 1(\bmod a_1),\quad S-1\equiv 0(\bmod a_1),$$
$$S\equiv k_2G_2\equiv 1(\bmod a_2),\quad S-1\equiv 0(\bmod a_2),$$
$$\cdots,\qquad\qquad \cdots,$$
$$S\equiv k_nG_n\equiv 1(\bmod a_n),\quad S-1\equiv 0(\bmod a_n)。$$

这就表明 $S-1$ 是 $a_1, a_2, \cdots, a_n$ 的倍数，$M=a_1 \cdot a_2 \cdot \cdots \cdot a_n$，因此 $S-1$ 是 $a_1 \cdot a_2 \cdot \cdots \cdot a_n$ 的倍数，即有

$$S-1 \equiv 0 (\bmod M) 或 S \equiv 1 (\bmod M)。$$

因而，有

$$k_1G_1+k_2G_2+\cdots+k_nG_n \equiv 1 (\bmod M)。$$

14.13.3 损去部分衍母

根据元数先验同类，再转换成“几约如意”，分拆衍母。这种调用数法是最容易想到的，参见古历会积题和推库额钱题。

大衍总数术第二句：

> 或泛多衍母倍数者，验元数，奇偶同类者，损其半倍[或三处同类，以三约衍母，于三处损之]，各为正用数。

在符合“泛多衍母倍数者”条件下，取决于元数之间的同类关系，实施调用数。显然，此句来源于古历会积题。术文有：

> 并诸泛以课衍母，如泛内多倍数者损之。乃验元数奇偶同类处，各损半倍[或三处同类者，三约衍母，损泛]，各得正用。

古历会积题算草说：

> 右列用数，并之共得4174953601，为泛用数，与衍母2087476800验之，在衍母以上，就以衍母除泛，得2，乃知泛内多一倍母数，当于各用内，损去所多一倍。按术，验法元图内诸元数，奇偶同类者，各损其半。今验法元图气元尾数是5，纪元尾数是600，为俱5同类，乃以衍母2087476800，折半，得1043738400，以损泛用图内气泛纪泛毕，其朔泛不损，各得气朔纪正用数，其气正用得983728800，朔正用549336000，纪正用554412001，列为正用图。

就是说，气用983728800＋朔用549336000＋纪用554412001＝4174953601。

法元图中，纪元法225600，尾数600。气元法114445，尾数5。故为俱5同类。

泛用图内，气泛2027467200，朔泛549336000，纪泛1598150401，各损衍母2087476800之半1043738400。得气正用得983728800，朔正用549336000，纪正用554412001。

我们摘录出相关表格（表14.25），并注上衍母字母：

表14.25 古历会积题调用数

名称	气	朔	纪
元法数 A_i	气分1373340	朔分111036	纪分225600
衍母 M	衍母2087476800(M)		

续表

名称	气	朔	纪
泛用数 k_iG_i	气泛 2027467200(−$M/2$)	朔泛 549336000	纪泛 1598150401(−$M/2$)
正用数 k_iG_i	气用 983728800	朔用 549336000	纪用 554412001
余数 R_i	气不及 4 日	朔不及 8 日	0

气泛中扣去半个衍母 1043738400,得气用 983728800。气用 983728800 乘气不及 4,这个 4 正好被半个衍母的 2 整除。

这样,使得在最后满去衍母 M 时与末调用数前,用数有变动,全题结论却没有影响。

三分衍母一事,出于推库额钱题下半段:

得六千九百三十,为甲用数,以甲用数减借出数,余亦得六千九百三十,为庚用数。今不欲使甲庚之借数同,乃验借出数一万三千八百六十,可用几约如意,乃立三。取三分之一,得四千六百二十,为甲用。取三分之二,得九千二百四十,为庚用。

先否认借出数 13860 的平摊,再"几约如意,乃立三"。得甲用 4620,庚用 9240。

14.13.4 借数转移

推库额钱题和积尺寻源题中,尝试了第二种调用数法:"至多处借之"。与上面的"损去部分衍母"类似,根据元数,先验同类,再转换成"几约如意",转移借数。

总数术中说:

或定母得一,而衍数同衍母者,为无用数,当验元数同类者,而正用至多处借之。以元数两位求等,以等约衍母为借数,以借数损有以益其无,为正用。

或数处无者,如意立数为母,约衍母,所得以如意子乘之,均借补之。

或欲从省勿借,任之为空,可也。

"如意立数"之举是秦九韶的盲目扩大化,"从省勿借"则是事实的描述。

关于借数的内容,涉及推库额钱题。算草中有这样一段描述无衍数:

次验诸衍数,有同衍母者,皆去之,为无衍数。

以两行对乘之,为用数,甲无,……,庚无。

甲、庚衍数 27720,与衍母 27720 相同,称无衍数,记为 0。奇数与衍数相乘,称无用数,也记为 0。

算草后面一段描述借数的移动:

次以推无用数者,惟甲庚合于同类处借之,其同类谓元陌列而视之。

今视甲 12,庚 6,皆与丙 10,戊 8,俱偶,为同类。其戊用数 3465,其数少,不可借,唯丙 10 之用数,系 22176,为最多,当以借之,乃以甲 12,丙 10,庚 6,求等得2,以等数2,约衍母27720,得13860,为借数,乃减丙用22176,余8316,为丙用数,乃以所借出之数13860为实,以元等2为法,除之,得6930,为甲用数,以甲用数减借出数,余亦得6930,为庚用数,今不欲使甲庚之借数同,乃验借出数13860,可用几约如意,乃立3,取三分之一,得4620,为甲用,取三分之二,得9240,为庚用,列右行。

我们摘录出相关表格(表14.26),括号标注相关数值的性质:

表14.26 推库额钱题调用数

名称	甲	乙	丙	丁	戊	己	庚
问数 A_i	12	11	10	9	8	7	6
定数 a_i	1	11	5	9	8	7	1
衍母 M	27720(M)						
泛用数 k_iG_i	0	2520	22176	15400	3465	11880	0
正用数 k_iG_i	4620($M/6$)	2520	8316($22176-M/2$)	15400	3465	11880	9240($2M/6$)
余数 R_i	10	0	0	4	6	0	4

验甲12、庚6、丙10、戊8为偶数,同类,戊用数3465最小,丙用数22176最多。求总数:

$$\left(0+\frac{M}{6}\right)\times 10+2520\times 0+\left(22176-\frac{M}{2}\right)\times 0+15400\times 4+3465\times 6+11880\times 0+\left(\frac{2M}{6}\right)\times 4$$

$$=\frac{10M}{6}+0+0+61600+20790+0+\frac{8M}{6}$$

$$=82390+3M。$$

调用数前、后,用衍母27720(M)除,都能得到26950,全仗余数的巧合。

还有一个是积尺寻源题。算草中有这样一段,用括号标记其与衍母的关系:

凡诸用数同类者,数必多,可互借以补无者。先验革元数25与木元数20为同类,求等得5,以等5约衍母85800(M),得17160($M/5$),乃于革用数(61776)内减出,以补木位,为木用,余44616,为革用。次验竹元数100与土50为同类,以求等得50,以等50约衍母85800(M),得1716($M/50$),亦于革用内各借与竹土为用数,革止余41184为用,得诸定用数。

我们摘录出相关表格(表14.27),括号标注相关数值的性质:

表 14.27 积尺寻源题调用数

名称	金	丝	石	匏	革	竹	土	木
元数 A_i	130	110	120	60	25	100	50	20
衍母 M	85800(M)							
泛用数 k_iG_i	19800	7800	53625	28600	61776($-M/5-M/50-M/50$)	0	0	0
正用数 k_iG_i	19800	7800	53625	28600	41184	1716($M/50$)	1716($M/50$)	17160($M/5$)
余数 R_i	60	20	30	30	5	30	30	10

先用具体数据计算一下。不调用数之前,得 1230。

$$19800\times60+7800\times20+53625\times30+28600\times30+41184\times5+1716\times30+1716\times30+17160\times10$$
$$=1188000+156000+1608750+858000+205920+51480+51480+171600$$
$$=4291230,$$

4291230 满去 85800,不满,广为 1230。

调用数方法是革 25 与木 20 元数同类,等数 5 约衍母,得 17160($M/5$)。从革用数 61776 移动至木用数,得 44616 和 17160。竹 100 与土 50 元数同类,以等 50 约衍母,得 1716($M/50$)。再从革用数 44616 中扣除,得 41184。

用数乘余数,求总数时,我们不考虑金、丝、石、匏四项,只看移动相关的革、竹、土、木四项。61776 扣除 17160($M/5$)得 44616,再扣除两个 1716($M/50$)得 41184。

$$41184\times5+1716(M/50)\times30+1716(M/50)\times30+17160(M/5)\times10$$
$$=61776(-M/5-M/50-M/50)\times5+1716(M/50)\times30+1716(M/50)\times30+17160(M/5)\times10$$
$$=61776\times5-M/5\times5-M/50\times5-M/50\times5+M/50\times30+M/50\times30+M/5\times10$$
$$=61776\times5-M/5\times5+M/5\times10-M/50\times5+M/50\times30-M/50\times5+M/50\times30$$
$$=61776\times5+M/5\times5+M/50\times25+M/50\times25$$
$$=61776\times5+M+M/2+M/2$$
$$=61776\times5+2M。$$

这样,在如术文“满衍母去之,不满,得广深”操作中,移动相关的革、竹、土、木四项,在调用数之前,与调用数之后,所得广深数据是一样的。

14.13.5 冒用

秦九韶对于多一者为正用的定理,并未透彻了解。

在程行相及题中,用此定理来弥补求定数的错误。算草说:

> 以乘率对乘衍数,甲得四千,乙得五千三百七十六,丙得二千六百二十五,为泛用数。

并三泛，得一万二千〇〇一，乃多衍母一倍，当半衍母六千得三千，以消甲四千，余一千，又消乙五千三百七十六，余二千三百七十六，丙不消，各为定用数。

我们摘录出相关表格(表 14.28)，并标上相关的字母：

表 14.28　程行相及题调用数

元数 A_i	300	250	200
定数 a_i	3	125	16
衍母 M	6000(M)		
泛用数 k_iG_i	4000($-M$)	5376($-M$)	2625
正用数 k_iG_i	1000	2376	2625

三个定数 3，125 和 8，误算成 3，125 和 16，衍母扩大一倍，成假衍母 6000。

“以乘率对乘衍数(算草)”，得甲 4000，乙 5376 和丙 2625，称泛用数。“并三泛，得一万二千〇〇一，乃多衍母一倍，当半衍母六千得三千(算草)。”3000 是假衍母 6000 之半。消甲 4000，余 1000。又消乙 5376，余 2376。丙不消。得到真的定用数。

这次调用数，是“并泛课衍母，多一者为正用”的冒用，只为弥补前面的计算错误。

14.13.6　凭空增加

在蓍卦发微题中，凭空增加一个衍母，凑出易曰“其用四十有九”(表 14.29)。

表 14.29　蓍卦发微题调用数

名称	上	副	次	下
元数 Ai	1	2	3	4
定数母 a_i	1	1	3	4
衍母 M	12			
泛用 k_iG_i	12	12	4	9
定用 k_iG_i	12	24	4	9
用数	49			

草算中原文如下：

以乘率对乘左行毕，左上得 12，左副得 12，左次得 4，左下得 9，皆曰泛用数。

次以右行 1，1，3，4 相乘，得 12，名曰衍母。复推元用等数 2，约副母 2，为 1。今乃复归之为 2，遂用衍母 12，益于左副 12 内，共为 24。

今验用数图。右行之 1，2，3，4，即是所揲之数。左行 12，并 24，及 4 与 9，并之得 49，名曰用数，用为蓍草数。故易曰“其用四十有九”是也。

求得泛用数37、衍母12后，在副列中“今乃复归之为2，遂用衍母12，益于左副12内，共为24”。于是在左副12内，凑出24。

在定用这一行，并之得49。名曰用数，故易曰“其用四十有九”是也。

14.13.7 调用数小结

孙子剩余定理中含有一个涉及用数的性质：“并泛课衍母，多一者为正用。”这是可以证明的。

最容易想到的调用数法就是根据元数的同类或转换成“几约如意”，分拆衍母。参见古历会积题和推库额钱题。

推库额钱题和积尺寻源题中，出现第二种调用数法：“至多处借之”。也是根据元数的同类，再转换成“几约如意”，转移借数。

但秦九韶对于多一者为正用的定理，并未透彻了解。

在程行相及题中，用此定理来弥补求定数的错误。

在蓍卦发微题中，凭空增加一个衍母，以凑出易曰“其用四十有九”。

我们看到，从泛用数到定用数的过程中，扣除移动的是衍母的倍数或分数。调用数法通过余数的特殊值，使得最后结果不受影响。

14.14 对角线乘积和

1996年6—10月，挚友列支敦士登高等中学(Liechtenseinisches Gymnasium)的比克尔先生(Bicker，Paul，1939—2001)，在苏州大学访问期间，发现并证明大衍求一术一个极有价值的内在性质：对角线乘积和性质。

在大衍求一术的每一张筹算小图中，右上角和左下角相乘的积，加上右下角和左上角相乘的积，其和恰好等于入算时布在第一小图右下角的数。

这一性质在第一张小图中成立，因为左下角是0；在最后一张小图中也成立，因为右下角是0。

下面用具体数据展示，数据选自秦九韶的“推计土功”题，解$k\cdot 20\equiv 1 \pmod{27}$，求出乘率$k=23$。(原为$k\cdot 3800\equiv 1 \pmod{27}$，因$20\equiv 3800 \pmod{27}$，而改用等价的20。)

下图(图14.4)共分成四列。右列第一列，上面五小图按大衍求一术计算，第六小图进一步运算，得到左下角数等于第一小图右下角数，相应于秦九韶讲的“蔀率即朔率”。右起第二列是相应商数。第三列是筹算板上四数的文字表示。第四列是相应的对角线乘积和的证明，n是除法次数。

$n=0, 1\cdot a_i+0\cdot g_i=a_i$	天元 1 g_i a_i		1 20 27
$n=1, c_1\cdot g_i+1\cdot r_1=a_i$	1 g_i $c_1=q_1$ r_1	$q_1=1$	1 20 1 7
$n=2, c_2\cdot r_1+c_1\cdot r_2=a_i$	$c_2=c_1q_1+1$ r_2 c_1 r_1	$q_2=2$	3 6 1 7
$n=3, c_3\cdot r_2+c_2\cdot r_3=a_i$	c_2 r_2 $c_3=c_2q_3+c_1$ r_3	$q_3=1$	3 6 4 1
$n=4, c_4\cdot r_3+c_3\cdot r_4=a_i$ $r_4=1$	$c_4=c_3q_4+c_2$ r_4 c_3 r_3	$q_4=5$	23 1 4 1
$(c_4\cdot r_3+c_3)r_4+0\cdot c_4=a_i$ $r_4=1$ $r_{4+1}=0$	c_4 r_4 $c_4r_3+c_3$ r_{4+1}	$q_5=1$	23 1 27 0

图 14.4 对角线之和恒等的示意图

证明 第一小图中，显然有 $1\times a+0\times g=a$。

令 $c_1=q_1, c_2=1+q_2c_1, c_3=c_1+q_3c_2, \cdots, c_i=c_{i-2}+q_ic_{i-1}, \cdots$。

对 $n=1, c_1g+1\times r_1=q_1g+r_1=a$。

对 $n=2, c_2r_1+c_1r_2=(c_1q_2+1)r_1+c_1r_2=c_1q_2r_1+r_1+c_1r_2=c_1(q_2r_1+r_2)+r_1=c_1g+r_1=a$。

对 $n=3, c_3r_2+c_2r_3=(c_2q_3+c_1)r_2+c_2r_3=c_2q_3r_2+c_1r_2+c_2r_3=c_2(q_3r_2+r_3)+c_1r_2=c_2r_1+c_1r_2=a$。

一般说来，对 $n=i, c_ir_{i-1}+c_{i-1}r_i=c_{i-1}r_{i-2}+c_{i-2}r_{i-1}=\cdots=c_2r_1+c_1r_2=a$。

因此，对于所有按照大衍求一术所绘的算图，包括第一小图，如果我们把大衍求一术第一小图左下角写上 0 的话，这个性质都成立。

现在考虑运算结尾部分的情况。在满足条件 $r_n=1$ 后的再进一步计算，会使 $r_{n+1}=0$。满足 $r_n=1$ 之后，$c_nr_{n-1}+c_{n-1}r_n=c_nr_{n-1}+c_{n-1}=a$。

再进一步，$r_{n+1}=0$，有

$$(c_nr_{n-1}+c_{n-1})r_n+c_nr_{n+1}=c_nr_{n-1}r_n+c_{n-1}r_n+c_n\times 0=c_nr_{n-1}r_n+c_{n-1}r_n$$
$$=c_nr_{n-1}+c_{n-1}=a。$$

这里的内容由比克尔先生在 International Congress of Mathematicians (Berlin, 1998.8)做过发言。

1998 年 10 月 4 日，数学史国际学术研讨会在武汉华中师范大学召开。来自北京大学、北京师范大学、辽宁师范大学、西北大学、湖北大学、香港大学等 30 余所院校及中国科学院自然科学史所、数学所等科研机构的代表，还有日、法、英、德、荷、丹、意等国代表，汇集于华中师范大学的科学会堂，共同探讨、交流数学史。比克尔先生在本次研讨会上也做过发言[20]。

14.15 大衍求一术诞生探索

秦九韶在《数书九章·序》中，自称："早岁侍亲中都，因得访习于太史，又尝从隐君子受数学。"

1208年开禧历所存求乘率术筹算原图操作，不知何人何时所定。不要说今天的人们不习惯，就是中世纪的秦九韶，也痛感不便。

秦九韶亲手设计1247年元闰朔率求乘率图，为每一个数值的布图费尽心机，也就有可能受到启示，逐步改进。参见图11.2"1247年秦九韶改良的大衍图"。

我们展示从元闰朔率求乘率图结构，演变到大衍求一术的可能过程[21]。

先删除原来双数的2，4，…，20十图，只用括号的数字表示，保留单数原图。形成下列算图(图14.5)。

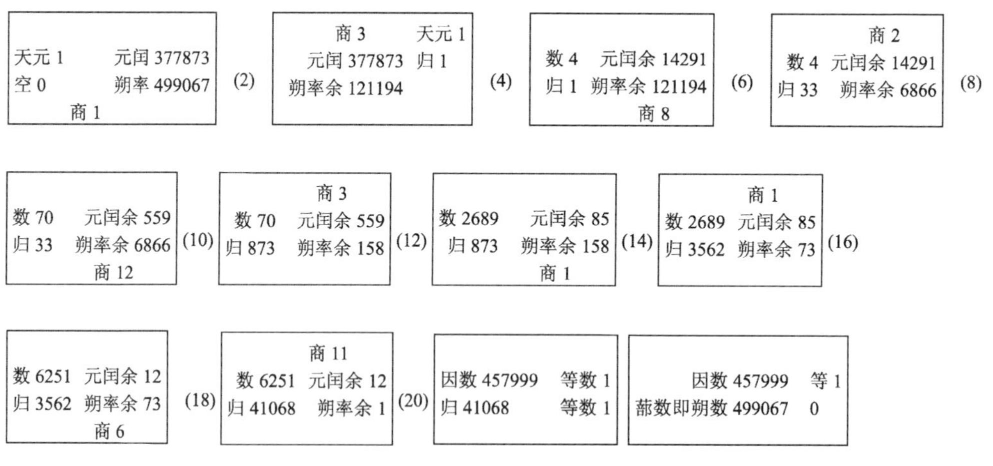

图14.5 删除双数图的大衍图

接着，略去注文，把商数移到两图之间，形成下列简图(图14.6)：

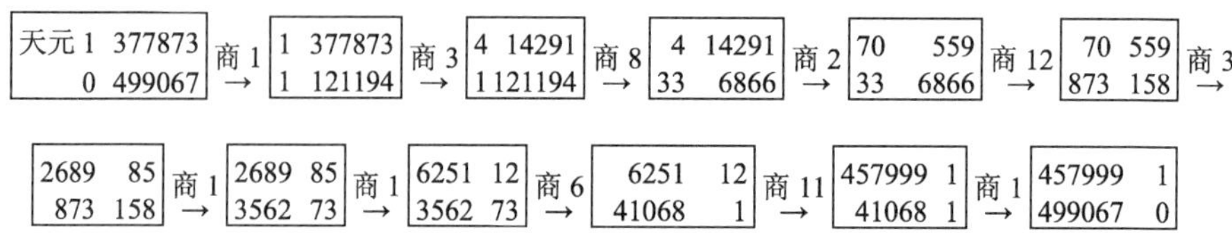

图14.6 改良大衍图的简图

有趣的是，包括首尾在内的每一张筹算小图，右上角和左下角相乘的积，加上右下角和左上角相乘的积，其和恰好都等于恒值，即首图右下角的数，也是尾图左下角的数。这个对角线乘积和的恒等性质，是数理与算筹摆法的奇妙结合。

我们在13.9.3“等数只是充分条件”中指出：等数是辗转相除过程中两个相等的余数，只是标志乘率的充分条件。只有处在右上位的等数自然值(或等数调节值)单独一个，才具有标志乘率的效力。

秦九韶工作中最重大的突破性贡献，就是把等数作乘率标志，改为以右上余数1作乘率标志，也就是只用了真正能标志乘率的那个等数自然值(或等数调节值)。在前人基础上，模仿设计求乘率图、简化排图，最后以简练的语言归纳出大衍求一术。

1247年大衍求一术原文如下：

诸衍数，各满定母去之，不满曰奇。以奇与定，用大衍求一入之，以求乘率[或奇得一者，便为乘率]。

大衍求一术云，置奇右上，定居右下，立天元一于左上。先以右上除右下，所得商数，与左上一相生，入左下。然后乃以右行上下，以少除多，递互除之，所得商数，随即递互累乘，归左行上下。须使右上末后奇一而止。乃验左上所得，以为乘率。或奇数已见单一者，便为乘率。

秦九韶回避首图的0，也回避最后0这个麻烦，以“右上末后奇一”准确地选定具有乘率标志效力的余数1。取消商数，略去最后一图。所有筹算图与大衍求一术术文的描述完全一致，体现出这样的数理含义：以除法为纲，把同一个循环的试商、留余、归算并入同一个算图。

秦九韶具有极高的数学造诣，归纳提炼的大衍求一术“整个算法几乎可以一字不差地搬到现代电子计算器上去实现”[22]。

秦九韶万世流芳，在伟大数学家高斯之前554年得到的大衍求一术，与线性不定方程现代序列解定理等价，而不定方程序列解法正是高斯同余式算法的核心。

至此，等数完成了标记乘率的阶段性历史使命。秦九韶的元数格说：“元数者，先以两两连环求等，约奇弗约偶。”等数回到求等相约过程中，重操最大公约数的老本行。

参考文献

[1] 吴文俊.从数书九章看中国传统数学构造性与机械化的特色[C]//吴文俊.秦九韶与数书九章.北京：北京师范大学出版社，1987：73—88.

[2] 斯科特.数学史[M].侯德润，张兰，译.北京：中国人民大学出版社，2008.

[3] 王翼勋.秦九韶演纪积年法初探[J].自然科学史研究，1997，16(1)：10—20.

[4] 李文林，袁向东.中国古代不定分析若干问题探讨[C]//自然科学史研究所.科技史文集：第8辑.上海：上海科学技术出版社，1982：106—122.

[5] 郭书春.秦九韶数书九章序注释[J].湖南师范学院学报，2004(1)：35—44.

[6] 罗见今.数书九章与周易[C]//吴文俊.秦九韶与数书九章.北京:北京师范大学出版社,1987:89—102.

[7] 李继闵.秦九韶求定数算法约奇弗约偶辨析[C]//吴文俊.中国数学史论文集(四).济南:山东教育出版社,1996:54—67.

[8] 吴文俊.中国数学史大系(五):两宋[M].北京:北京师范大学出版社,2000.

[9] 高亨.周易古经今注[M].北京:中华书局,1984.

[10] 沈宜甲.科学无玄的周易[M].北京:中国友谊出版公司,1984.

[11] 宋芝业,刘星.关于古代术数中内算与外算易位问题的探讨[J].周易研究,2010(2):88—96.

[12] 同[10].

[13] 王翼勋.从大衍术到大衍求一术[J].苏州:苏州大学学报(自然科学版),1990(1):16—18.

[14] 宋史六志[M]//历代天文律历等志汇编:第六册.北京:中华书局,1977:1944.

[15] 王渝生.秦九韶求定数方法的成就和缺陷[J].自然科学史研究,1987,6(4):308—313.

[16] 严敦杰.中国使用数码字的历史[C]//自然科学史研究所.科技史文集:第8辑.上海:上海科学技术出版社,1982.

[17] 李文林,袁向东.数书九章中的大衍类问题及大衍总数术[C]//吴文俊.秦九韶与数书九章.北京:北京师范大学出版社,1987:159—179.

[18] 刘钝.大哉言数[M].沈阳:辽宁教育出版社,1995:131.

[19] 同[13].

[20] 徐品芳,孔国平.中世纪数学泰斗秦九韶[M].北京:科学出版社,2007:268.

[21] 同[13].

[22] 同[4].

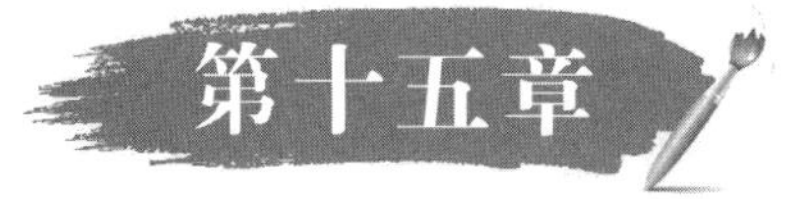

第十五章 清代学者的研究

清代学者的研究成果是我们研究中国历法史、数学史的指路明灯。

没有先辈们的艰难踏荒，就没有今天我们对上元积年的认识。

15.1 披荆斩棘功不可没

乾嘉学派学者对古代天文历法的研究，历来为后世学者所重。钱大昕为第一位系统研究三统历者，有《三统术衍》3卷，《三统术钤》4卷。此后李锐有《三统术注》3卷，董祐诚有《三统术衍补》1卷，成蓉镜有《三统术补衍》1卷，陈沣有《三统术详说》4卷，等等。

15.1.1 秦九韶著作的流传

本书13.1.3"《数书九章》的命运"中，我们曾简略提到，秦九韶于1247年写成其数学杰作，当时流传不广。

明《永乐大典》(1403—1408)收录此书，名《数学九章》。万历年间，王应遴自文渊阁中抄出，赵琦美(1563—1624)再抄录，书名为《数书九章》。

清《四库全书》的编纂，起于乾隆三十八年(公元1773年)，第二年正式开始编修。到四十六年(公元1781年)完成第一部，其中收《永乐大典》本中的《数学九章》九卷，并由四库馆臣校注[1]。

从此，秦九韶著作广为流传，清代学者研究此书蔚然成风。

四库馆臣研究成果卓著，功不可没。在四库全书《数学九章》各本上，四库馆臣留有姓名者，文渊阁本上署名：详校官钦天监博士古之雄，灵台郎倪廷梅覆勘；藏于北京图书馆的文津阁本上署名：详校官钦天监灵台郎倪廷梅，纪昀覆勘；藏于浙江图书馆的文澜阁本上署名：详校官钦天监天文生，王熙年。

就年代而言，当然以文渊阁本为先。古之雄为详校官，倪廷梅为灵台郎，前者具体工作较多，后者名望与责任较重，但何人做何贡献，已不可考。我们只能视为一个特定环境下形成的学术小组，以馆臣一词称之较宜。

四库馆臣做了一些校勘，特别是对于大衍总数术部分，不乏真知灼见。但很多场合却是师心自用，随意改动而不留校勘记录。

大衍总数术涉及一次同余式组问题，数理深奥，秦九韶术文又是言简意赅，良莠相混，自然是清代学者研究的重点，相关论著极多。

张敦仁(1754—1834)于李潢(？—1811)家得赵倚美抄本，与李锐(1769—1817)日夕讨论，写成《求一算术》[2]三卷。焦循(1763—1820)手录四库本中大衍类两卷，由李锐略加校注。焦循写《大衍求一释》[3]，附《求一古法》，又于《天元一释》[4]中介绍了李锐的部分研究心得。

道光间(1821—1850)，沈钦裴得赵倚美本，校勘部分章节，其弟子宋景昌以沈校赵本为蓝本，参考毛岳生(1790—1831)复校的李校四库本，参酌订补，于1842年刻成宜稼堂本《数书九章》，并别作札记。宋景昌校勘各家，集各家之大成，包括四库馆臣、李锐、沈钦裴、毛岳生和宋景昌自己的研究心得。今人研究清代学者的研究成果，多以此为依据[5]。

骆腾凤(1770—1840)于1815年写成《艺游录》[6]二卷，对秦术有所研究。

在前人研究的基础上，时曰醇于1861年写成《求一术指》[7]一卷，黄宗宪于1874年写成《求一术通解》[8]二卷，都做出杰出贡献。

15.1.2 我们的评点

从数学角度上讲，一次同余式组有四个关键：(1) 可解条件；(2) 一次同余式组解法；(3) 两两互素模问题；(4) 乘率。

在传统数学中，除了从未有人提及可解条件外，公元4世纪的剩余定理解决了第二个关键；1247年的秦九韶解决了第四个关键；1861年才由时曰醇解决了第三个关键。

我们试图在李俨、钱宝琮前辈们的基础上，分可解条件、求定数、求乘率、一次同余式组解法四个理论环节，简略回顾清代学者的争鸣意见及对于数论的贡献。一方面，把散见在各书中的点滴体会汇集归纳，探索有关数学思想的发展，庶不埋没古人成就；另一方面，对弄清秦九韶大衍总数术本意，也是有所裨益的[9]。

15.2 可解条件问题

钱宝琮[10]指出："元数不是两两互素的一次同余式组有可解的条件。设 A_i 为元数，$N \equiv R_i \pmod{A_i}$，$i=1,2,\cdots,n$，若诸元数中两个元数 A_i 和 A_j 有最大公约数 d，那末，$N-R_i$ 和 $N-R_j$ 都能被 d 整除。故在所有 $R_i-R_j \equiv 0 \pmod{d}$ 的条件下，上列一次同余式组应是可解的。"

清代学者同秦九韶一样，都没有讨论过可解条件问题。具体证明，详见本书5.8"线性不定方程可解条件”。

传统数学倾向于计算,一般设题造术时,数据均可经过试算调整,因而没有注意到:一旦任取剩余值,是否会影响一次同余式组的求解。

《数书九章》中,古历会积题众多失误的核心在于以纪周法立式替代开禧历岁周法。程行相及题硬性拼合两个追逐题,仍然算出解来。就是因为相关的数据,不易试算调整。

15.3 求定数法

15.3.1 定数三条件

在数学史上,怎样化约非两两互素的问数为两两互素的定数?

秦九韶是第一个研究的先驱者,但并未完全解决这个问题。要把非两两互素模化为两两互素的定数,有很高的条件。

钱宝琮[11]指出:对非两两互素的问数 A_i,“必须各取 A_i 的因数 a_i 作为定数,使诸 a_i 两两互素,诸 a_i 的连乘积 M 为诸元数的最小公倍数”,此外,还要注意各素因数的最高次幂,必须保留在原因数的定数中。我们简称为定数三条件和保留最高次幂的要求。

秦九韶没有素数概念,他所依赖的只是两数的等数。

求等数的减法形式、除法形式,算至两余数相等,两余数合称等数。也就是,自然余数之后,采用商数损一调节举措得到调节余数。调节余数等于自然余数,合称等数。自然余数为等数自然值,调节余数为等数调节值。等数值是两个正整数的最大公约数。

为方便描述,我们约定:同一个模,对于整个问题来说,分成问数和定数;对于化约过程的每一步来说,分成待约数和约成数;最后的达成数才称定数。

15.3.2 对奇偶的探讨

商朝人好占卜,以火灼烧甲骨出现的“兆”(细小的纵横裂纹),预测未来的吉凶。甲包括龟的腹甲与背甲,骨多为或牛的肩胛骨与肋骨。

平时我们讲周易为卜筮之书,其实卜与筮是有区别的。卜为龟卜,卜是在龟甲上钻孔之后用火烧,根据其裂纹的形象断之以吉凶,主要是利用象,具体、直观,比较简单。筮是用竹作筹码,占筮则是利用数进行抽象的数学运算,当然比较复杂了。

数学运算要有一定的规程和方法,这种规程和方法叫作筮法。筮法是依靠数而建立的。这个数并不是一般的数,而是天地之数。所谓天地之数为阴阳之数、奇偶之数。天地之数是 1,2,3,4,5,6,7,8,9,10 的相合之数,天数等于 1,3,5,7,9 的相加数,地数等于 2,4,6,8,10 的相加数,所以天数是 25,地数是 30,舍去尾数不用,而用整数 50。

馆臣在元数格按语中提出:“约奇弗约偶,专为等数为偶者言之;若等数为奇者,则约偶弗约奇;而等数为五与十者,又有或约奇或约偶者矣。”

大多数学者公认的是，根据对《数书九章》所有数例的分析，多数情况下，奇是单数，偶是双数；当两数求等相约时，作为公约数单数倍的待约数叫奇，作为公约数双数倍的待约数叫偶。

馆臣在分粜推原题按语中说："五为中数，或约偶，或约奇，皆可。但不约可以再约者。"所谓"可以再约者"，至少含有等数的平方次幂。此题待约两数 110 与 135 都不含等数 5 的平方。可见"不约可以再约者"等价于定数保留最高次幂的要求。

张敦仁、李锐、焦循笔下的奇偶，完全是等数单双的同义词，与馆臣的理解有所不同。

焦循在《天元一释》(1800 年)中，介绍李锐观点："欲令无可约，须先令无等；欲令无等，则两两相约时，须先令约得之数，皆为奇数。盖凡两奇与一奇一偶相约，或有等或无等；凡两偶相约，必有等。"并推崇："元和李尚之(即李锐)解奇偶为元数，其说最详。"

焦循自己在《大衍求一释》稿本中，只局限于从 1 到 10 的十个数字中任取两数来讨论奇偶相约问题，观点与李锐同。

张敦仁在《求一算术》(1803 年)的"约分"条中，也用类似观点，分析数的奇偶与约后无等之间的内在联系，指出此法所起的作用十分有限。

宋景昌在《数书九章札记》推库额钱题按语中，没有明确表达自己的看法，只转载馆臣的观点，"约奇弗约偶，馆案云：此为等数为偶者言之；若等数为奇者，则约偶弗约奇"。

骆腾凤在《艺游录》中只提到一句："凡以等数约者，必令约得数为二奇或一奇一偶(一、三、五、七、九为奇，二、四、六、八、十为偶)，乃可求一。"

时曰醇、黄宗宪摒弃奇偶之争提出的求定数法，都不需要应用奇偶(单双)概念。

今天，关于秦九韶奇、偶两字的含义，国内数学史界尚无定论，论著很多[12-17]。我们的管见是：奇可作零对数解。奇偶一般作单双解。两数求等相约时，也根据除以等数求得商数的单双，称两数为奇或为偶。两待约数可分为一奇一偶时，优先约奇，遇有困难，再改约偶。这样做，有利于一步求等相约，就能约后无等。因为两待约数中至少一个为双数时，约后无等的约成数必为一单一双。

15.3.3 对元数格的研究

秦九韶通数格与收数格，内容不深，清代学者主要研究元数格与复数格。

秦九韶元数格认为：

> 元数者，先以两两连环求等，约奇弗约偶[或约得五，而彼有十，乃约偶而弗约奇]。或元数俱偶，约毕可存一位见偶。或皆约而犹有类数存，姑置之，俟与其他约徧，而后乃与姑置者求等约之。或诸数皆不可尽类，则以诸元数命曰复数，以复数格入之。

秦九韶并未指明"而后乃与姑置者求等约之"一句中的"等"是否"续等"。馆臣在元数格按语中，第一个指明："皆约而犹有类，俟约遍求等约之者：逐条两两取约毕，犹有二数可约者,求得等数为续等。”

张敦仁在《求一算术》连环相约条中,试图规定两两求等相约的顺序,以求改进:“置各问数识其位,自上而下列之。先以上位与下诸位各求等,依约分术约一存一,为第一变。……每自上而下,以一位与下诸位各求等约之,为一变。讫,各为泛母,……依再约术约一乘一,为一变。讫,各为定母。”显然,张敦仁受秦九韶积尺寻源题求定法的启发,明确概括出上述规格化的算法。但他的“约分术”“再约术”并未摆脱秦九韶奇偶分析法的束缚,这个算法也就无法在数理上达到完美。

15.3.4　对复数格的研究

大衍总数术复数格,按宜稼堂本所载为:

> 复数者,问数尾位见十以上者。以诸数求总等,存一位,约众位,始得元数。两两连环求等,约奇弗约偶,复乘偶,或约偶弗约奇,复乘奇,皆续等下用之。或彼此可约,而犹有类数存者,又相减以求续等。以续等约彼,则必复乘此,乃得定数。所有元数、收数、通数三格,皆有复乘求定之理,悉可入之。

馆臣在复数格“约奇弗约偶,复乘偶。或约偶或约奇,复乘奇”字样下,按语为:

> 此四语有误,应作约奇弗约偶,复乘偶,或约偶弗约奇,复乘奇。然皆续等下用之,此处可省。

把“或约奇”校勘成“弗约奇”之说,经钱宝琮首先采纳后,今天已得到一致公认。“皆续等下用之”六字应当恢复,也得到大多数学者认可。

“皆续等下用之”六字正反映出,秦九韶在处理程行计地题和程行相及题时,想指明“续等”为两题第一次复乘的共同原因。因此,这六字不能省去。

《数书九章札记》程行计地题条下,录入李锐的观点:“……故六十为总等,此存一约总后,即求续等”,所论正确。

清代学者中,只有馆臣在通数格按语中探讨了复数格、通数格中多次出现的“求总等,存一位,约众位”一语,称“凡度之后,等数仍可约者,此数必当存之”。这表明馆臣强烈地意识到求定数保留最高次幂的要求。

15.3.5　时曰醇求定数定理

时曰醇,字清甫,世为嘉定(今上海嘉定)人。其生平简述,见本书4.4“三色差分解法”。时曰醇的著作还有《今有术申》一卷及《求一术指》一卷,而《百鸡术衍》二卷为其代表作。

在《求一术指》(1861年)中,时曰醇的具体方法如下:

> 约分。任从问数中某位约起皆可。兹概从第一位起,约遍;又递用次位为主,与前后诸位遍约。……总之,两数相约不过一彼一此。初求得等,不妨任意约之。既约彼,仍有等,则反约此而乘彼,仍有等,再反约此而乘彼,必得之矣。

该方法中,实际上运行(1)子程序:以两个待约数求出约成数。(2)定向补偿:每步需要定向补偿素因数最高次幂。待约数如在三个以上,则运行(3)主程序:处理两两之间的子程序,使得两两互素。

今以数例演示子程序。

两个待约数,更相减损求出等数。以等数之值选择要约的数,定名为“彼”位。未约的另一个就叫“此”位。

例如,两个待约数 A:$54=2\times3^3$ 有最高次幂 $3^3=27$,B:$72=2^3\times3^2$ 有最高次幂 $2^3=8$。更相减损求出最大公约数 $18=2\times3^2$。

用 18 化约,分成约 B:72,约 A:54 两部分,比较各自的定向补偿素因数最高次幂。

先看 18 约 B 的部分,得到约成数“彼”$a=54$ 和“此”$b=4$。

乘积 $ab=54\times4=216=2^3\times3^3$ 是 $A=54$ 和 $B=72$ 的最小公倍数。但 $a=54$ 和 $b=4$ 是相应待约数 $A=54$ 和 $B=72$ 的因数,54 和 4 并不互素,只能称作准定数。

更有甚者,彼位 $B=72$ 约去了 $18=3^2\times2$,成了 $b=4$,破坏了素因数的最高次幂 $2^3=8$。

两约成数 $a=54=2\times3^3$ 和 $b=4=2^2$ 不一定互素。再次更相减损,彼位和此位之间有第二个最大公约数 2,叫作续等。定向补偿素因数最高次幂。按法则,指定反约。“既约彼,仍有等,则反约此而乘彼”,此位上的 $54=2\times3^3$ 化约为 $27=3^3$,而彼位上的 $4=2^2$ 用续等 2 乘,得到 $8=2^3$。

所丧失的待约数的素因数最高次幂 2^3,就此凭借复乘而补回,得到 $8=2^3$。

于是,约成数 27 和 8,满足素因数最高次幂的要求,满足了定数三条件,成为定数。

现在再看 18 约 A 的部分,得到约成数“彼”$a=3$ 和“此”$b=72$。

乘积 $ab=3\times72=216=2^3\times3^3$ 是 $A=54$ 和 $B=72$ 的最小公倍数。但 $a=3$ 和 $b=72$ 是相应待约数 $A=54$ 和 $B=72$ 的因数,3 和 72 并不互素,只能称作准定数。

更有甚者,彼位 $a=3$ 约去了 $18=3^2\times2$,破坏了素因数的最高次幂 $2^3=8$。

两约成数 $a=3$ 和 $b=72$ 不一定互素。再次更相减损,彼位和此位之间有第二个最大公约数 3,叫作续等。

按法则,指定反约。“既约彼,仍有等,则反定向补偿素因数最高次幂。约此而乘彼”,此位上的 $72=2^3\times3^2$ 化约为 24,而彼位上的 3 用续等 3 乘,得到 $9=3^2$。

所丧失的待约数的素因数最高次幂 2^3,就此凭借复乘而补回,得到 $8=2^3$。

两个待约数 54 和 72,得到约成数 27 和 8,满足素因数最高次幂的要求,从而满足了定数三条件。

处理所有问数间关系的主程序(3)。

上面两个待约数 54 和 72,得到约成数 27 和 8,满足素因数最高次幂的要求,从而满足了定数三条件。如果有三个待约数 54,72,75,视作 27 与 75 第二组,8 与 75 第三组,用子程序再算。最后，得到三个待约数的约成数，作为定数。

这些操作，用素因数概念来介绍似乎相当啰嗦，其实在筹算板上执行相当简单。下面的方括号仅仅表示处在筹算板上的同一组数据。

下面再举两例。

例如，对问数 A:300 和 B:250，可演算如下。由于先约 250，下边数位称为“彼”。

$$\begin{bmatrix}300 & \text{此}\\ 250 & \text{彼}\end{bmatrix}\xrightarrow{50}\begin{bmatrix}300 & \text{此}\\ 5 & \text{彼}\end{bmatrix}\xrightarrow{5}\begin{bmatrix}60 & \text{此}\\ 25 & \text{彼}\end{bmatrix}\xrightarrow{5}\begin{bmatrix}12 & \text{此}\\ 125 & \text{彼}\end{bmatrix}。$$

也可以先化约 A，由于先约 300，上边数位称为“彼”。于是

$$\begin{bmatrix}300 & \text{彼}\\ 250 & \text{此}\end{bmatrix}\xrightarrow{50}\begin{bmatrix}6 & \text{彼}\\ 250 & \text{此}\end{bmatrix}\xrightarrow{2}\begin{bmatrix}12 & \text{彼}\\ 125 & \text{此}\end{bmatrix}。$$

这里，$[a,b]\xrightarrow{d}[c,b]$表示用 a 和 b 的公因数 $(a,b)=d$ 去化约 a，$c=\dfrac{a}{d}$。

现在我们以程行计地题为例，其中有三个问数 A:300，B:240 和 C:180。采用素因数分解，A:300＝22×3×52，B:240＝24×3×5 和 C:180＝22×32×5，可得定数 A:25＝52，B:16＝24 和 C:9＝32。

采用时曰醇的方法，有

A	＊300	60 彼	＊5	5 彼	25
B	＊240	此	＊240	此	48
C	180		180		180
A	＊25	彼	＊5	彼	25
B	48	5	48	5	48
C	＊180	此	＊180	此	36
A	25		25		25
B	＊48	12 彼	＊4	4 彼	16
C	＊36	此	＊36	此	9
A	25				
B	16				
C	9				

筹算板上留下 A:25，B:16 和 C:9，就是求得的约成数。

1985 年，在呼和浩特第二次全国数学史年会上，本人用近代数论概念表述和证明了时曰醇的这些话，并建议命名为时曰醇求定数定理[18]。

1995 年，刘钝[19]指出，事实上，关于续等复乘的思想早已经出现在秦九韶的著作中，只不过时曰醇表达得更细致罢了。

15.3.6 黄宗宪的素因数分解求定数法

《求一术通解》(1874年)一开始,黄宗宪介绍了素因数分解法。接着,黄宗宪企图改进秦九韶的大衍求一术,提出"求定母法",转录如下。方括号中为原文小字注。

求定母法,前法析泛母毕,乃遍视各同根[如三与三、五与五之类]。取某行最多者用之,余行所有,弃之不用。再视本行所有异根[如三与五之类],或少于他行,则弃之[因他行已用,则此行必弃];抑或多于余行,亦用之。或与他行最多者等,则此两行随意用之[用此则弃彼,用彼则弃此]。以所用数根连乘之,即得本行定母。若某行各根皆少于他行者,则此行无定母。

例如,对元数132和126,依次用已知数根,即素数2,3,5,7,11,…,求出132中有素数2,2,3,11,在126中有素数2,3,3,7。也就是,$132=2^2\times3\times11$ 和 $126=2\times3^2\times7$。

素数2的幂 2^2 保存在132行中,而3的幂 3^2 保存在126行中,7和11保存在原来的行中,再由乘法得到定母 $2^2\times11=44$ 和 $3^2\times7=63$。

15.4 求乘率的方法

张敦仁、骆腾凤、黄宗宪都曾考虑改良秦九韶的方法。从数理上讲,这些方法基本上是一致的,但各人所用的术语、布算各不相同,很难用较短的篇幅介绍清楚。

这里想分别依同一个数例演算四法,或许对比较鉴别有所裨益。

推土计功题中,用现代数学符号可表示为:求 $3800k\equiv1(\text{mod }27)$ 中的 k 值,答案是 $k=23$。

15.4.1 秦九韶大衍求一术

秦九韶改进了大衍术,使之成为完善的规格化算法,并取名为大衍求一术。原文如下:

大衍求一术云,置奇右上,定居右下,立天元一于左上。先以右上除右下,所得商数,与左上一相生,入左下。然后乃以右行上下,以少除多,递互除之,所得商数,随即递互累乘,归左行上下。须使右上末后奇一而止。乃验左上所得,以为乘率。

算例演示如下(图15.1),在下方特地注上商和归算过程,以便后文参考。

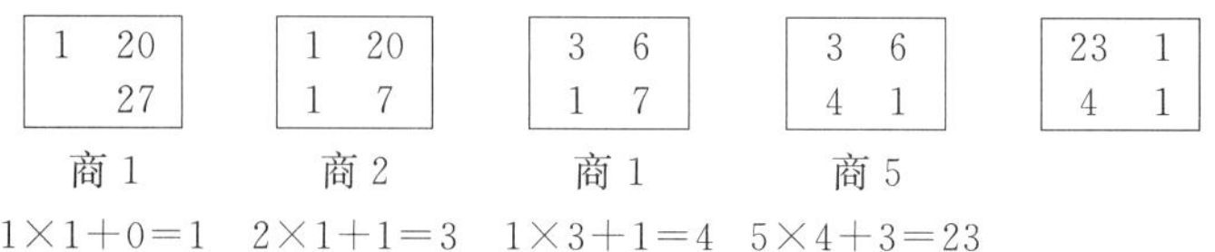

图15.1 大衍求一术的演算

当右上得1时,验左上所得23,便为乘率。算图之下,附上商和序列计算。

15.4.2　张敦仁大衍求一

张敦仁(1754—1834)，字古余，山西阳城人，其《求一算术》三卷(1803年)中的求乘率方法，原文如下：

大衍求一(以乘率乘少数，满多数去之，必余一，犹大衍之奇一，故曰大衍求一)

术曰：列少数于上，多数于下，所得为第一数。有余，复以下除上，所得为第二数。如是上下相除，所得以次命之(如第三数、第四数之类)。上位余一(如上位除尽，即减得数一为余一；如上位五，下位一，常法以一除五，得五，除尽。此术以一除五，则为四，余一，与常法不同)即止不除。乃列各得数于左行，立天元一为右行第一数，以左行第一数乘之，得右行第二数(此无上位可加，故即为第二数)。复置右行第二数，以左行第二数乘之，加入右行第一数，得右行第三数。每置右行数，以左行相当之数乘之(谓第一第二位数相当)，以右行上位加之，得右行次位(右行位数恒多于左行一位。如左行有四数，右行即有五数，此第五数即乘率也)。

今按照张敦仁的大衍求一法演算(图15.2)。

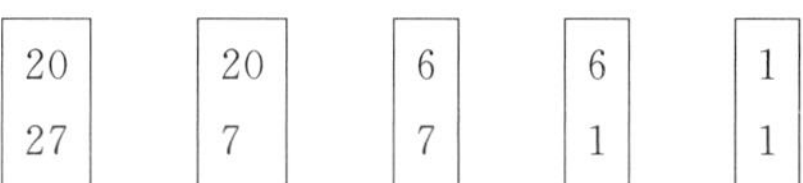

图15.2　张敦仁大衍求一术的演算

辗转相除后，左右行记下商数、天元一，称作第一数、第二数……(表15.1)

表15.1　张敦仁大衍求一术的分析

左行	右行	演算
第一数1	1天元一为第一数	
第二数2	1第二数	(1×1=1)
第三数1	3第三数	(2×1+1=3)
第四数5	4第四数	(1×3+1=4)
	23第五数	(5×4+1=23)
左行	右行“右行位数恒多于左行一位”	

15.4.3　骆腾凤的大衍奇定相求法

骆腾凤(1770—1842)，字鸣冈，号春池，江苏山阳人。《艺游录》二卷(1815年)中求乘率的大衍奇定相求法，原文[20]如下：

大衍求一术云,置奇右上,定居右下,立天元一于左上。先以右行上下两位,以少除多,所得商数,乃递互乘归左行,使右行末后奇一而止。乃验左行所得,以为乘率。

凡大衍求一法,先列一奇元于左,空定元于中,正奇数于右,在上位。次列空奇元于左,一定元于中,负定数于右,在下位。其理为:一奇元比空定元多奇数,空奇元比一定元少定数也。凡奇命为正,定命为负,奇余恒得正,定余恒得负。

以定母除衍数,不满法者为奇,是奇恒少于定也。法以奇数商除定数,定必有余,故第一次即以商除数乘一奇元、空定元、正奇数,而与空奇元、一定元、负定数相减[奇元、定元以加为减],则得几奇元比一定元少定余数。

今按照骆腾凤的大衍奇定相求法演算(图 15.3)。算图中正负号及旁注均系我们依意加入,引号中为原文,横线则依原文。

3800 满 27 去之,不满 20 为奇,27 为定。“凡奇命为正,定命为负,奇余恒得正,定余恒得负。”

	左行 奇元	中行 定元	右行	
	1	0	+20	奇正
	0	1	−27	定负
	1	0	+20	抄奇行
×)			1	商(定除以奇所得,只考虑正值)
	1	0	+20	乘积行
+)	0	1	−27	抄定行
	1	1	−7	第一和行,“定余恒为负”
×)			2	商(奇除以定余所得,只考虑正值)
	2	2	−14	乘积行
+)	1	0	+20	抄奇行
	3	2	+6	第二和行,“奇余恒为正”
×)			1	商
	3	2	+6	乘积行
+)	1	1	−7	抄第一和行
	4	3	−1	第三和行
×)			5	商,留下余数 1
	20	15	−5	乘积行
+)	3	2	+6	抄第二和行
	23	17	+1	

图 15.3 骆腾凤的大衍奇定相求法演算

我们可以验算:23×20−17×27=1。

15.4.4　黄宗宪的反乘率

秦九韶大衍求一术只求乘率。黄宗宪《求一术通解》提出一法,兼求出乘率与反乘率。在中国传统数学中,反乘率概念是个创新。

现把原文转录如下。方括号中为原文小字注。

> 列定母于右行,列衍数于左行[左角上预寄一数],辗转累减[凡定母与衍数辗转累减,则其上所寄数,必辗转累加],至衍数余一即止,视左角上寄数为乘率[若求反乘率,至定母余一即止,视右角上寄数为反乘率]。
>
> 按,两数相减,必以少数为法,多数为实。其法上无寄数者,不论减若干次,减余数上仍以一为寄数。其实上无寄数者,减余数上以所减次数为寄数。其法上实上俱有寄数者,视累减若干次,以法上寄数亦累加若干次于实上寄数中,即得减余数上之寄数矣。

求寄数法中列出所有余数,记录运算全过程,比起大衍求一术,在书写格式上有所改进。

我们求解 $3800x=27y+1$。3800 满 27 去之,不满 20 为奇,27 为定。按法计算如下(图 15.4)。

衍数	甲定	
$^{1}3800$	27	
右累减左余,余 7		左上角预寄一数
$^{1}20$	27	
左减右一次,余 7		仍寄一数
$^{1}20$	7^{1}	以次数一,乘左上寄数一,仍得一,寄右角上
右减左二次,余 6		
$^{3}6$	7^{1}	
左减右一次,余 1		以次数二,乘右上寄数二,加入左上寄数一,得三,仍寄左角
$^{3}6$	1^{4}	
右减左五次,余 1		以次数一,乘左上寄数三,仍得三,加入右上寄数一,得四,仍寄右角
$^{23}1$		
左行余 1 即止。其左角寄数二三,为乘率		以次数五,乘右上寄数四,得二十,加入左上寄数三,得二十三,仍寄左角

图 15.4　黄宗宪乘率与反乘率演算

当左边衍数行的余数出现 1 时,1 左上角的寄数 23 就是乘率。当右边定母行的余数出现 1 时,1 右上角的寄数 4 就是反乘率。显然,乘率与反乘率都是寄数,在位置上左右相反。

我们可以验算:23 是乘率,$23\times20-17\times27=1$;4 是反乘率,$4\times20-3\times27=-1$。

15.5 黄宗宪的贡献

15.5.1 黄宗宪其人

1874 年,黄宗宪在清代学者工作基础上,继秦九韶之后,对一次同余式组问题做出了全面的贡献。

黄宗宪,湖南新化人,1871 年拜著名数学家丁取忠为师,研究一次同余式组问题、用割圆术计算三角表,协助丁取忠校订多种算书。

黄宗宪 1874 年写成《求一术通解》,作为丁取忠主编的《白芙堂算学丛书》中的一种出版。书中首次在理论上对求一术和剩余定理给出不十分严密的证明。1876 年,黄宗宪跟随清政府第一位驻外公使郭嵩焘赴英国,后又去法国、西班牙,于 1882 年回国。作为一个在中国传统数学研究方面已经取得重大成果的学者,他接触西方数学,极大地开阔了眼界。

黄宗宪那个时代,欧几里得《几何原本》早已传入中国,素数概念随之而进入中国。确切地说,欧几里得《几何原本》第Ⅶ、Ⅷ、Ⅸ卷是算术内容,主要讲数论,其中第Ⅶ卷命题 1、2 给出欧几里得算法,第 22 到 32 命题论述素数。

15.5.2 求定母法的背景

本书 15.3.6“黄宗宪的素因数分解求定数法”中,我们介绍过:黄宗宪的方法与高斯方法在原理上一致,但背景不同。

在《求一术通解》(1874 年)卷首例言中,他介绍探索此法的动机:

> 一求定母,旧术极繁,至《求一术指》,稍归简捷,而约分之理,仍不易明。今析各泛母为极小数根,了如指掌。遇题有多式者,一索无遗。

显然,黄宗宪通过研究中国前辈们的“旧术”,把从西方数学中传入的素数概念,同中国人长期占领先地位的一次同余式组问题结合起来,独立于高斯,直接在他的朋友时曰醇已臻完善的求定数法基础上,提出了素因数分解求定数法。

15.5.3 一次同余式组的解

第二卷中,黄宗宪“反乘率”“新术”共分两段,均带有按语。变量并没有用任何现代数论符号表示,而是用清代流行的干支符号来表示。每当新定义一个量,加圆圈标出,第二次、第三次使用子程序时,有关量正上方分别加两撇、三撇,以示区别。

现在为排版本文的方便,改用圆括号代替圆圈,把两撇、三撇加在有关量的右上角。方括号中为原文小字注。

> 术曰:先取题中减数最大者命为(甲),其本位剩数为(子)。又取略小于甲之减数为(乙),其本位剩数为(丑)。

从整个定理的角度看，他首先考虑前两个模和它们的余数，把所有的问数作降幂排列：

$$\begin{matrix} A_1 & > & A_2 & > & A_3 & > & \cdots & > & A_n \\ r_1 & & r_2 & & r_3 & & \cdots & & r_n \end{matrix}$$

接着，他提出只处理两个模的子程序：

乃以甲乙求等，以等约乙[无等不约。或以等约乙，得数，与甲仍有等者，则用析根法求之。后仿此]。

黄宗宪介绍解法如下：

甲乙相乘得(甲′)，以乙累减子，余(丙)。又以乙累减甲，余(丁)。于丙内减去一丑[不足减者，加一乙以减之。下同]，余(戊)。

以乙[比定母]丁[比衍数]对列两行，求得反乘率。以乘戊，得(己)。甲己相乘，得(庚)。并子庚，得(辛)。以甲′累减辛，余(子′)。[以上为一次求法。]

解的后面，还加了两个注：

按凡题中有三次减数者，其求法有二次；有四次减数者，其求法有三次。以后减数每增一次，其求法亦每增一次。

按其三次四次以往，仿此求之。唯叠次各干支字上，多加一′为识耳。

这些句子表明，黄宗宪用$(n-1)$次子程序去处理n个一次同余式。

注的后面有三个数例，反映了前面所讲的内容。

15.6　一次同余式组的解法

15.6.1　关于定数组不唯一问题

从同一组非两两互素问数中，有时可以求得多组定数，都符合定数的条件要求。

时曰醇在《求一术指》(1861年)的例言中，第一次明确提出这个问题：

偏者补之：算法二式者补其一(如秦题积尺寻源)；三式者补其二(如张题五星积岁)。在用算者只用一式，即得所求。

时曰醇用相当长的篇幅，用两个不同的定数组分别演算积尺寻源题：其“第一式，先以金为主位相约”，定数组是13，24，11，25，1，1，1，1；其“第二式，先以匏为主位相约”，定数组是13，8，11，25，3，1，1，1。时曰醇演题结尾处原文如下：

(先求广数)以上第一式第二式，各并得总数五百六十六万四千栿三十，满衍母八万五千八百去之，不满一千二百三十分。约之，为一丈二尺三寸，即基元广数。乃求其深，亦依前列二式用数，……以上第一式，并得总数一千一百六十七万二千五百一十，第二式，并得总数九百九十五万六千五百一十，各满衍母八万五千八百去之，各不满三千七百一十分。约之，为三丈七尺一寸，即基地深数。

在详细分析的基础上，他在约分求等条中提出：

……与前后诸位遍约。后遍约得定母，与前遍所约之定母，数互同者，草不并述，只为一式。数不同者，则有第二式第三式。

黄宗宪在《求一术通解》的书首例言中，透彻指明素因数分解法可以揭示定数组的不唯一现象：

今析各泛母为极小数根，了如指掌，遇题有多式者，一索无遗。

产生这种现象的实质是：定数要求保存的是素因数的最高次幂，至于此幂与其他幂，如果分居于几个问数中，用黄宗宪求定母的话说：

或与他行最多者等，则此两行随意用之（用此则弃彼，用彼则弃此）。

现在往回推索其渊源。

馆臣肯定意识到这个现象。馆臣在分粜推原题下有按语说：“五为中数，或约偶或约奇，皆可。”此题的问数组是 83，110 和 135。按馆臣的奇偶观点，“或约偶”导致 83，22，135，“或约奇”导致 83，110，27。这两组都是定数组。

问题是秦九韶有没有意识到这个现象。

我们认为，元数格注文“或约得五，而彼有十，则约偶而弗约奇”一句的背景，正是馆臣所揭示的分粜推原题。不过，我们的奇偶观点比馆臣有所深化。按本文前面所列我们对秦九韶“奇”“偶”含义的理解，此题正文中 110 与 135 可分一“奇”135 和一“偶”110。用等数 5 优先约“奇”，可使约后无等，导致定数组为 83，110 和 27。这是常用的一般规律。我们推测，可能在归纳大衍总数术时，注意到约得等数 5，而“偶”110 的尾部有十，用 5 约“偶”110 而弗约“奇”135，也可做到约后无等，这时导出的另一组数是 83，22 和 135。本题各数据有利于试算，从而得知这另一组数也是定数。于是在元数格中以小字注的形式加入了这一行文字。

如果我们这个看法成立，就可以认为，秦九韶对特殊题目中的特殊等数 5，已经认识到了定数组不唯一现象。

为此，这里列作第一个注记。

15.6.2 关于“并泛课泛母，多一”

清代学者一般都不重视大衍总数术中的调用数问题。只有骆腾凤在《艺游录》（1815 年）求用数条中提到：“凡并各用数，以衍母除之，必余一。”这实际上重复了秦九韶的话：“并泛课泛母，多一。”这是个有趣的数论命题。

在本书 14.13.2“多一者为正用”中，我们已经详加分析 Bicker，Paul 给出的证明。这里列作第二个注记。

15.7　对治历演纪三题的探索

15.7.1　馆臣的工作

秦九韶在推气治历题中给出的两个数据：一个是庆元四年(公元1198年)戊午岁岁首冬至，确切地说，在庆元三年(公元1197年)十一月；另一个绍定三年(公元1230年)庚寅岁冬至，不是庚寅岁岁首，而是岁尾，在此年十一月，确切地说，应该是绍定四年辛卯岁之始。

馆臣按："绍定三年庚寅岁之冬至实绍定四年辛卯岁之始，辛卯距戊午三十四年，积年三十三。"这是正确的。

全题之后，馆臣按："气骨者，年冬至时距甲子日子正初刻后之日分也。岁余者，岁实去六甲子之余日分也。斗分者，岁实去三百六十五日之余分也。此未知岁实之法，故先以前后两气骨相减，余数为实，以积年为法，除之，岁余约五日余。纪日六十，故实数内累加六十日，至商得五日上而止。则实数为积岁，余之数以积年除之，得岁余日分。既得岁余，以甲子积年六乘之得甲子积岁。余与前测气骨相加，满纪法去之，余即甲子气骨也。"

这就从每一个历法名词的含义出发，论证了秦九韶算法的正确性。

15.7.2　沈钦裴的工作

沈钦裴没有去探求秦九韶的原意，只是代古人演题，学术上并无价值。

沈钦裴认为："治历推闰问开禧历，以嘉泰四年甲子岁天正冬至为一十一日四十四刻六十一分五十四秒。治历演纪草云置本历上课所用嘉泰甲子岁气骨一十一日四十四刻六十一分五十四秒。与此所求气骨分秒，俱不合，改推于后。"于是，另取基础数据，改推出一十一日四十四刻六十一分五十四秒，称："为所求甲子年气骨之数，与治历推闰问治历演纪草，合。"

15.7.3　毛岳生对推气治历题的评点

本书13.2.6"我们的评判"中，我们以张培瑜《三千五百年历日天象》为依据，确认开禧历编历岁嘉泰甲子岁(1204年)冬至点数据，精确到分：公历1203年12月15日9时04分乙亥，称现今精确气骨值。

于是，1208年的开禧历气骨值为"一十一日四十四刻六十一分五十四秒"，折算为1203年12月15日10时42分乙亥，比现今精确气骨值晚1小时38分钟！

而秦九韶天道值"一十一日三十八刻二十分八十一秒八十小分"，折算成1203年12月15日9时10分乙亥。未载于史册，未用于编制历法，只比现今精确气骨值晚了6分钟！

有趣的是，据《数书九章·札记》卷二载，毛岳生早就依据郭守敬的《授时历议》做过类似的评点工作，但只凭差值六刻相同，不顾起算点不同，似未成功。

先看《授时历议》，其中元史志第五历二以授时历自测的天道，评点各历有：

取汉以来诸历积年日法及行用年数，具列于后，仍附演积数法，以释或者之疑……

《统天历》[庆元五年己未杨忠辅造，行八年，至开禧丁卯，先天六刻]，积年，三千九百一十七。日法，一万二千。

《开禧历》[开禧三年丁卯鲍澣之造，行四十四年，至淳祐辛亥，后天七刻]，积年，七百八十四万八千二百五十七。日法，一万六千九百。

我们看授时历的测天数据：统天历，至“开禧丁卯”岁岁首，“先天六刻”。

于是《授时历议》说：从“先天六刻”的“开禧丁卯”起，行四十四年，“至淳祐辛亥”“后天七刻”。这就是说，按照《授时历》，丁卯“先天六刻”到辛亥“后天七刻”，44 年间后移 13 刻，每岁后移 0.295 刻。

						55 戊午	56 己未	57 庚申	58 辛酉	59 壬戌	60 癸亥
01 甲子	02 乙丑	03 丙寅	04 丁卯	05 戊辰	06 己巳	07 庚午	08 辛未	09 壬申	10 癸酉	11 甲戌	12 乙亥
……											
25 戊子	26 己丑	27 庚寅	28 辛卯	29 壬辰	30 癸巳	31 甲午	32 乙未	33 丙申	34 丁酉	35 戊戌	36 己亥
37 庚子	38 辛丑	39 壬寅	40 癸卯	41 甲辰	42 乙巳	43 丙午	44 丁未	45 戊申	46 己酉	47 庚戌	48 辛亥

这张表中，丁卯到辛亥，确是 44 年。

毛岳生称：

《授时历议》云，统天历，庆元五年己未杨忠辅造，行八年，至开禧丁卯先天六刻。道古此问戊午岁冬至日分，较开禧历所推适先六刻，盖由当时实测如此。

第一句话来自《授时历议》，讲的是己未年造的统天历，“行八年”“至开禧丁卯”，丁卯岁首冬至“先天六刻”。

第二句“道古此问戊午岁冬至日分，较开禧历所推适先六刻”中提到的“道古此问戊午岁冬至日分”，当然来自推气治历题。“开禧历所推”只能理解成“本历上课所用嘉泰甲子岁气骨”，为“一十一日四十四刻六十一分五十四秒”。

“推气治历”中秦九韶“甲子年气骨之数”天道值“一十一日三十八刻二十分八十一秒八十小分”，比开禧历气骨值，确实可算出甲子岁首“适先六刻”。

固然,两个先天六刻值虽似相同,起算点“丁卯”岁与“甲子岁”却相差 4 岁。这 4 年中,如前所论,每岁后移 0.295 刻,4 年 1.18 刻有余。毛岳生只凭差值六刻相同,不顾起算点不同,判断出“道古此问”“甲子岁”天道值是实测的,结论十分草率。

15.7.4 对治历推闰题的探索

全题之后,馆臣按:“此题若置冬至日分,内减经朔日分,余九日六十九刻五分九十二秒,得闰骨策,比原草仅多一百六十九分秒之四十八。盖草中气骨内弃小分二十六,朔骨分内进二十二,并之为一百六十九分秒之四十八。其不径相减,而必用通分约分,累乘累除者,为向后推算用耳。”

秦九韶是先处理小分,得以日法为单位的数据,再行计算。馆臣讨论先用日刻分相减,再考虑小分问题。

15.7.5 对治历演纪题的探索

1 馆臣的工作

四库馆臣处理此题原术、原草、原图,相当谨慎,做了六项按,不乏真知灼见。

(1) 批评秦九韶调日法。

馆臣按:“此题术草皆曰何承天调日法,而宋书所载何承天法,并无其率,且各用数亦与此不同。今细按其草,日法已有定数,所调者朔策余分也。然从来朔策余分,皆以实测之朔策分、岁实分,两母子互乘相通即得,并无所谓调法。今所载强弱母子四数,大约已有朔策余分与日法分,相约而得,非别有所本。”

(2) 揭示“一亿”之限,并无实质价值。

馆臣按:“按此数似虚设,不过取一亿之数为限耳。此所求过限,又将改率数以迁就之矣。”

(3) 对“斗分见偶则弃,见奇则收为偶”,仅作一核算,认可计算无误。

馆臣按:“按此系弃分以下数不用也。分为偶数即用其数,分为奇数则秒微进一分,并为偶数,如无秒微,即加一分。又按算中用数以日法分一万六千九百分为主,斗分定为四千一百零八为偶数。气骨分亦定,为偶数。其各时刻分皆由日分比例而得,故变时刻分为日分,求之无不合。”

(4) 全题后,馆臣对奇定相求作按,未有创见。

馆臣按:“按此术草内,奇定相求,有等数,又有因数、蕃数之异。盖等数即度尽定奇两数之数。因数为奇数之倍数,任倍定奇二数相较,但得一等数,则奇之倍数,即为因数蕃数者,奇数最大之倍数也。任倍奇定至两边相等无较数,则奇数之倍数,即谓之蕃数也。等数甚小者,因数不患其甚大,有蕃数以限之也。草中尚多讹舛,正之于后。”

(5) 对求入元岁作按,亦无创见。

馆臣按:“按气元一万九千五百,乃前蕃数三百二十五,以六十乘之之数。盖求入元岁用六十倍者，故此仍用六十倍也。又按，此皆用六十年岁实分求得之数，与用一岁实分求得之数同。盖因积年数为六十度尽之数，则得数必远也。今依其数另设一题，以明其法。”改用剩余定理重新计算，意义不大。

(6) 探究入元岁之术理中，六十年的作用，称“此立法之意也”。

馆臣按：“按求入元岁法，用斗分与日法分，求等率、乘率。盖以六十年之岁实积分，与纪法分相约，后以六十除纪法，得日法分，为定。以六十除岁实积分，得斗分为奇，求得蔀数乘数，皆与六十年之岁实积分，与纪法分所求者同，唯等数则为六十之一，故以六十乘之，为乘分，以约气骨分，然后以乘数乘之，满蔀数去之，所得用数为六十年之周数，故以六十乘之，始为年数，此立法之意也。然以六十年为周数，则六十年之间，其气骨数有合者，则不可得，故所得年数，较以岁实分纪分相求者为远也。”

2 沈钦裴的工作

在题答“入元岁九千一百八十”之后，沈钦裴按：“入元岁误，下文入闰闰缩皆误。”

在题答“气元率一万九千五百”之后，沈钦裴按：“气元率可以不设。下文元闰元数气等率蔀率因数朔积年皆误。”

在“斗分与日法用大衍术入之”至“为入元岁”之后，沈钦裴按：“气定骨，为岁余之积，非斗分之积，当以岁余与纪率，用大衍术入之，求等数因率蔀率，以等数约气定骨。得数，以乘因率，满蔀率去之，不满，为入元岁。”

在“以纪法乘日法为纪率，以等数约之，为气元率”之后，沈钦裴按：“在新术，即蔀率也，可以不设。”此处所谓新术，为沈钦裴杜撰。

在“虚设一亿，减入元岁，余为实，元率除之，得乘限”之后，沈钦裴按：“有蔀数以为之限，乘限数亦可不设。”宋景昌不同意，认为“未可废也”。

在“不满在乘限以下，以乘元率为朔积”之后，沈钦裴按：“当以不满乘蔀率为朔积年。”

在“非特置算系名”，宋景昌称：赵本“原本系名作繁多，沈氏钦裴云，当作系名，从之”。

此题最后，沈钦裴又误批入元岁：“沈氏钦裴曰，此所求入闰闰缩元闰朔因数朔积年，皆因入元岁而误。求入元岁，当以岁余为奇，纪率为定，用大衍术求之，得蔀率。此蔀率者，是甲子子正初刻与冬至一会之年数也。若如元术，以斗分与日法，用大衍术求得蔀率，则是子正初刻与冬至一会之年数。五周而后为甲子子正初刻冬至也[一会戊子，再会壬子，三会丙子，四会庚子，五会甲子]。每岁气骨分，为岁余所积，满纪率去之之数，非斗分所积满日法去之之数。有气骨分求入元岁，而以斗分与日法，用大衍入之，与率不相通，此其所由误也。又虚设气元率，乘元限数以强合之，而积年之不可知已多矣。今别立术草，并设问于后，以课元术新术之疎密焉。”

沈钦裴杜撰所谓长篇新术，并无学术意义。

3　宋景昌的工作

宋景昌处理比较谨慎。一是仔细作文字上的核对工作，二是全文转录其师沈钦裴工作，三是介绍李锐《日法朔余强弱考》一书。

宋景昌纠正沈钦裴二处错误，语气相当宛转。

对沈钦裴按："有蔀数以为之限，乘限数亦可不设。"宋景昌不同意，认为："此盖恐积年过于一亿，运算繁多，故设乘限为元数之限。假使历过元数，大于乘限，则日法朔余，便须改设，并蔀数亦改求矣。唐宋演撰家，相沿如此，未可废也。"

对沈钦裴长篇新术，宋景昌持批评态度："元术惟甲子岁为可知，其余皆不可知。先生新术，则岁岁可知。疎密相去远矣。但删去气元率不用，而即以入蔀岁为入元岁，似尚未尽。盖新术蔀率一千六百二十五，为冬至与日名甲子一会，第可谓之蔀，未可谓之元。又历十二蔀而冬至与年名甲子一会，始可谓之元也。古人命名，各有取义，未可混耳。"

宋景昌改推李锐《日法朔余强弱考》，称调日法"此术自授时术不用日法积年以来，少有知者，惟李氏锐《日法朔余强弱考》，实足阐不传之秘。其书刊行已久，并不悉录，录其调日法术"。

15.8　古历会积题的探索

15.8.1　四库馆臣的工作

四库馆臣的批评集中在三点：一是糅合古历与开禧历，"题数已不相蒙"；二是以所求率实"如纪元法而一"；三是"以气元法除衍母"。

馆臣精辟指出秦九韶错误"乃求纪周法，非求岁周法也，故不合"，功不可没。

对题问段，馆臣按："此题岁实、朔策皆古法用数，淳祐丙午岁合朔冬至干支，乃宋开禧法所步，题数已不相蒙，即推算无误，亦未合，况不能无误耶。"意思是，用古历的岁实、朔策与秦九韶时代的合朔冬至干支，拼凑出题目，胎里出毛病，"题数已不相蒙。"即使"推算无误，亦未合"，何况，无法做到没有错误。

对题答段，馆臣按："按答数皆不合。"

对术文段，馆臣按："如纪元法而一，以气元法除衍母二语皆误，故得数不合，皆当以气分为法，盖气分即岁实分也。"

对秦九韶术文的立题意图段，馆臣按："此数语盖因得数不合而自解之，然算家终以得数为准，得数不合，则无以取信于人矣。"

对草算所求率实段，馆臣按："求积岁应以甲子距冬至前之日分，乘纪用数为纪总，以合朔距冬至前之日分，乘朔用数为朔总，并纪总朔总，满衍母去之，以岁实分除之，即已过积年。草内以冬至距甲子前之日分乘气用数，合朔距甲子前之日分乘朔用数，并之，乃求纪周法，非求岁周法也，故不合。”

对草算合问段，馆臣按：“此纪元即纪分，以纪分除率实，乃纪周数，非已过年数也。求一会积年，当以气分为法，以气元为法，亦误。此二数既误，余数无是者矣。然题已不合，既法合，数亦不能合也。”

对古历会积的调用数处理法，馆臣没有深究。

总之，由于馆臣的主导思想是：“算家终以得数为准，得数不合，则无以取信于人矣”，因此，没有看出秦九韶在古历会积题中考核剩余定理的一般化倾向。

15.8.2 沈钦裴的工作

沈钦裴怀疑秦九韶“淳祐丙午十一月丙辰朔初五日庚申冬至，初九日甲子”一语。用开禧历冬至、朔策、甲子，假令至淳祐丙午十一月丙辰朔初五日庚申冬至，另行设题。用四分术推算，讨论以下四种情况：① 甲子在天正朔前；② 甲子在气朔之间；③ 甲子与冬至同日；④ 天正朔冬至同在日首。可惜，错在在岁首冬至还是岁尾冬至这个问题上，相差一年。

宋景昌不同意先生的意见：“案，是书所引，系淳祐丙午岁终冬至，先生所推，系丙午岁前冬至，相差一载，故其数不合，非有误也。”“道古所用天正冬至日名，俱不误。但略去小余。故以求历过年数，有不合耳。先生所推，乃是淳祐丙午岁前冬至，即淳祐乙巳十一月冬至也。求淳祐丙午十一月朔及冬至，当以淳祐丁未立算。”所论正确。

我们认为，沈钦裴确实意识到，秦九韶在调查甲子日在所处十一月中逐日移动的情况却没有完整研究秦九韶的用意，没有理解“所得历过年数，尾位虽伦，首位必异。今设问以明大衍之理，初不计其前多后少之历过”的真谛。学术价值不大。

15.8.3 李锐、毛岳生的工作

李锐没有搞清调用数错误的实质，企图用自己错误的方法去替代错误的方法。

在“按术验法元图内诸元数奇偶同类，各损其半”之后，李锐说：“损泛用为定用，当验元数有若干位同等，不问奇偶，即以若干位数约衍母，于若干位泛用内减之为定。如此术元数气朔纪三位，以十二为总等，则三位同等，即以位数三约衍母，以减三位泛用，为定用，不必止损二位也。”

李锐说：“求已过积年，当先求纪总朔总，是也。然依问题，以丙辰到庚申相距四日，为朔余，以庚申到甲子相距四日，转减纪法六十，余五十六日，为纪余，推纪总朔总，以求历过年，亦不得其数。”

李锐承认了馆臣的工作后，目标转到余数取整问题上，进一步琢磨“假令至淳祐丙午十一月丙辰朔初五日庚申冬至，初九日甲子”一句，承认丙辰到庚申为朔余 4，指截算点为冬至；改用“以庚申到甲子相距四日，转减纪法六十，余五十六日，为纪余”，指截算点为冬至。不过，李锐还是“不得其数”，陷入困境，没找到秦九韶错误的原因。

毛岳生为了验证李锐的“不得其数”，说：以纪余 56 日，56×4×940＝210560 为纪余分，210560×纪用 554412001＝116736990930560，为纪总。朔余 4×分母（940×4）＝15040，15040 为朔余分，15040 × 549336000 ＝ 8262013440000，为朔总。并二总 124999004370560。满 2087476800 衍母，商是 59880，得实 893586560。毛岳生自己算错。在 893586560 的千万位上，误记 9 为 8，作 883586560。再以这个错误数字计算下去：883586560 ÷ 1373340 ＝ 643，余 528940。以这个正确数字 893586560 计算下去：893586560÷1373340＝643，余 915560。

我们看到，毛岳生自己笔录数字失误，再以此为基础计算下去，永远“不得其数”。

李锐说：“盖四分术一章十九年，而气朔会，每岁闰十日九百四十分日之八百二十七，即入章第一年之朔余也。自此每岁累加十日八百二十七分，满一月二十九日四百四十九分，去之，尽十九年，无朔余。适足四日，而无小余者。”

我们看到，李锐讨论秦九韶的四日与八日，应该讲清无小余是不合法的。最后一句“适足四日，而无小余者”，没能达意。

对于古历会积题算草最后“合问”，馆臣按：“此纪元即纪分，以纪分除率实，乃纪周数，非已过年数也。求一会积年，当以气分为法，以气元为法，亦误。”

李锐于此附和说：“四分术纪法一千五百二十，是为气朔甲子一会积年。若一万八千二百四十，乃十二纪法之数，气朔甲子凡十二会，不得云一会积年也。”

总体说来，李锐没有抓住馆臣关于一次同余式组设立错误的正确方向上走，而是陷在余数取整上做文章。毛岳生以误纠误，更无建树。

15.8.4　宋景昌的工作

作为最终执笔完成者，宋景昌处理一般比较谨慎。

除了仔细校对外，宋景昌独立完成一注：“原本（赵本）淳字上空格。案：此条及天时类推气治历一条，年号皆空格，可知此为宋人旧本，未经改易，今悉仍其旧。”

宋景昌称：“沈氏钦裴用四分术开禧术推之，以正其误，法最详尽”，全文转录保存。转录之后，宋景昌案：“道古所用天正冬至日名，俱不误。但略去小余。故以求历过年数，有不合耳。先生所推，乃是淳祐丙午岁前冬至，即淳祐乙巳十一月冬至也。求淳祐丙午十一月朔及冬至，当以淳祐丁未立算。今改推于后。”

宋景昌术同前，即沿用沈术，另立草：开禧上元甲子距淳祐丁未，岁积 7848223，满气蔀率 1625，去之，余 1098，为入蔀岁。入蔀岁 1098×岁余 88608＝97291584，97291584 满纪率 1014000，不满 961584，为气骨。气骨 961584÷日法 16900＝56 大余，小余 15184。甲子算外，因 56 查得庚申。与元间合。

积算 7848223 × 岁率 6172608 ＝ 48444004075584 气积，48444004075584 满朔率 499067，不满 82271，闰骨。闰骨 82271 小于气骨 961584，气骨 961584－闰骨 82271＝

879313 朔骨,879313 朔骨÷日法 16900,大余 52,小余 513。甲子算外,因 52 查得丙辰。与元间合。

如求历过积年,气骨 961584×纪正用 4741195653413376=4559057881191847747584 纪总,闰骨 82271×朔正用 62700580488000=5158439457328248000 朔总,纪总+朔总=4564216320649175995584,满衍母 5005885554696000,不满 48444004075584,所求率实。

所求率实 48444004075584÷气分 6172608=7848223,为历过年数,即丁未年距算也。

我们认为,宋景昌的做法还是可称道的。

参考文献

[1] 秦九韶.数学九章[M].四库全书文渊本:第 797 集.上海:上海古籍出版社,1989:368—384.

[2] 张敦仁.求一算术[M].刊本,1803.

[3] 焦循.大衍求一释[M].自然科学史研究所藏的转录本,抄自北京大学图书馆.

[4] 焦循.天元一释[M].刊本,1800.

[5] 李迪.关于秦九韶与数书九章的研究史[C]//吴文俊.中国数学史论文集(四).济南:山东教育出版社,1996:8—21.

[6] 骆腾凤.艺游录[M].刊本,1815.

[7] 时曰醇.求一术指[M].如扫叶斋重校本,1879.

[8] 黄宗宪.求一术通解[M].白芙堂算学丛书,1874.上海龙文书局,1888.

[9] 王翼勋.清代学者对大衍总数术的探讨[C]//梅荣照.明清数学史论文集.南京:江苏教育出版社,1990:317—333.

[10] 钱宝琮.秦九韶数书九章研究[C]//钱宝琮等.宋元数学史论文集.北京:科学出版社,1966.

[11] 同[10].

[12] 李文林,袁向东.中国古代不定分析若干问题探讨[C]//自然科学史研究所.科技史文集:第 8 辑.上海:上海科学技术出版社,1982:106—122.

[13] 钱克仁.秦九韶大衍求一术中的求定数问题[C]//第三届中国科学史国际讨论会论文集,1984.

[14] 莫绍揆.秦九韶大衍求一术的新研究[C]//吴文俊.秦九韶与数书九章.北京:北京师范大学出版社,1987.

[15] 李继闵.关于大衍总数术中求定数算法的探讨[C]//吴文俊.秦九韶与数书九章.北京:北京师范大学出版社,1987.

[16] 梅荣照.秦九韶是如何得出求定数方法的[J].自然科学史研究,1987,6(4):294—300.

[17] 王渝生.秦九韶求定数方法的成就和缺陷[J].自然科学史研究,1987,6(4):301—307.

[18] 王翼勋.秦九韶、时曰醇、黄宗宪的求定数方法[J].自然科学史研究,1987,6(4):308—313.

[19] 刘钝.大哉言数[M].沈阳:辽宁教育出版社,1995:131.

[20] 骆腾凤.艺游录[M].中国科学技术典籍通汇·数学卷第 5 册.长沙:河南教育出版社,1993:156.

第十六章 三统历探索

这一章中，我们依据整数对现象发展的内在逻辑，以三统历相关史料为基础，从历法萌芽讲起，一步步探索历法早期的构建，从而追溯上元积年的本原。

起步于天度圈观念的中国历法，必然走上上元积年演算之路。

我们惊叹刘歆的聪明才智，他竟然利用不符合天象的岁星超辰，推衍出流传一千五百年的上元积年概念。我们深深缅怀落下闳，这位力挽狂澜、功不可没又急流勇退的民间天文学家。我们更深深缅怀一代代不知名的畴人子弟，他们积累历数，传播文明。

16.1 历数背景

16.1.1 历法萌芽

原始之民，巢居空处，无四时观念，亦不辨方位。

日出而作，日落而息。以太阳周期所定的“日”，应是他们最早认识的时间单位。月亮的亮光是人们夜间活动的关键要素。月亮的圆缺变化是意义重大的天象。约 30 日圆缺周期的“月”，是人们认识的一个较长的时间单位。说到认识更长的时间单位“年”，则要困难得多，涉及寒暑、雨旱，渔猎、采集，乃至农业生产活动。对草木枯荣、动物迁徙出入的观察，是探索一年长度的最早方法。

所谓观象授时，便是出于对某些星象的观测。

传说在颛顼帝时代，已设立“火正”，专司大火星(心宿二、天蝎座 α 星)的观察，以黄昏时分大火星正好从东方地平线上的升起，作为一年春天的开始。大约公元前 2400 年发生的这些事是观象授时的初期形态。

据《尚书·尧典》记载，传说中的尧帝，命羲、和两兄弟分别观察在黄昏时鸟、火、虚、昴四颗恒星正处于南中天的日子，来确定春分、夏至、秋分和冬至，划分一年四季。据研究，与此四仲中星相符合的年代，应在公元前 2000 年左右。

由甲骨文的有关卜辞，殷商时期(约前 1300—前 1046)行用的历法是阴阳历。年有平年、闰年之分，平年 12 个月，闰年 13 个月。一年长度大约已用圭表测量确定。又以新月作为一月的开始，月有大月、小月，偶有连大月的出现。这时的人们已得知朔望月长度应略大于 29.5 日。岁首已基本固定，季节和月名有了基本固定的关系。应该说，此时阴阳历已经初具规模，但从甲骨文中偶有 14 月甚至 15 月的记载来看，闰月的设置还需由经常性的观测来修订，带有较大的随机性。

西周使用阴阳历。周天子有所谓“颁朔”的制度，每年要预先向各诸侯国颁布来年朔闰的安排。此时已将朔作为一月的开始。

春秋末，孔丘在杞国夏人故地访得夏小正。它把一年分为 12 个月，每月列有物候、天象、气象、农事等内容，集物候、观象授时和初始历法于一身。反映了大约源于夏代的一种历法传统，即把一年月份的划分与特定的天象相对应，以黄昏时若干恒星的见、伏或南中天的时日，以及北斗斗柄的指向等，作为一年中某一个月份起始的标志。这是一种不考虑月相变化的阳历系统。大约在战国时期兴起的月令则是夏小正历法系统的直接继承者，是阴阳家的历法主张与治国方略的结合体[1]。

太阳周天 19 次，月球周天 235 次，日月相会于星空背景原点。这种现象早在公元前五六百年就已发现。

学者们公认，古六历的岁实 $365\dfrac{1}{4}$ 日、朔策 $29\dfrac{499}{940}$ 日、闰法 19 年 7 闰三要素，是长期摸索、反复推求而得的[2]。把尽可能准确的天象观察和数学方法有机地结合起来，牺牲步朔的一点点精度，折中协调年、月、日长度，所推出误差约 661 秒的回归年长度 $365\dfrac{1}{4}$ 日，也可能为当时粗略的圭表测量所证实。使用近似的置闰规则 19 年 7 闰。因日的分母 4，$4\times19=76$ 年。这 76 年含 $365\dfrac{1}{4}\times76=27759$ 日，含朔望月 940 个，其中平常月 $12\times76=912$ 个，闰月 $7\times4=28$ 个。相除得 $\dfrac{27759}{940}$ 日 $=29\dfrac{499}{940}$ 日，称为朔策，误差约 23 秒。

约成书于公元前 1 世纪的《周髀算经》卷下，就有：“十九岁为一章。”

春秋、战国之交，取回归年长度 $365\dfrac{1}{4}$ 日，并采用 19 年 7 闰闰周的古四分历悄然而生。从战国到西汉早期，这个历法系统不断充实与发展，吸取阴阳家、星占家等的研究成果，把关于二十四节气、12 个月太阳所在宿次和昏旦中星，以及关于交食和五星位置初始推算等，作为历法研究内容，奠定了中国古代历法的基础。

春秋初期，一般把闰月放在冬十二月之后，称作岁终置闰。

仲春、仲夏、仲秋和仲冬等四个节气，首现于春秋时代。立春、春分、立夏、夏至、立秋、秋分、立冬、冬至等八个节气名称记载在战国后期，公元前 239 年完成的《吕氏春秋》“十二月纪”中。二十四节气名称首见于西汉初的《淮南子·天文训》。

二十四节气是太阳周年视运动的反映。现行公历中，日期基本固定，上半年在 6 日、21 日，下半年在 8 日、23 日，前后不差 1—2 天。但在农历中，节气日期却不容易确定。

公元前 104 年，邓平、落下闳等制定的太初历正式把二十四节气订于历法，明确了二十四节气的天文位置。太初历明确采用不包含中气的月份定为闰月的方法，引进了交食周期和交点年长度的概念和具体数据。以上元为历元，并以此作为推算气、朔时刻及五星位置等的共同起算点，建立了具体方法，定出了新的五星会合周期，列出了五星在一个会合周期内的动态表，以及在此基础上预推五星位置的方法，引用了二十四节气太阳所在宿度表和二十八宿赤道宿度表等。

公元前 7 年，刘歆改造太初历而成的三统历是我国现存的第一部完整的历法。

16.1.2　历数之源

远古的人们，采集渔猎，探索植物生长过程及动物活动，认识到气候变化与月亮圆缺。他们以农牧为主，为了掌握农时，必须对天象作尽可能精细的观察。

古人以太阳一日的视角差为一度，观察天体运行，积累数据，形成历数。

班固《汉书·律历志》三统历以历数开宗明义。司马迁《史记·历书》也有类似论述。

> 夫历《春秋》者，天时也，列人事而因以天时。……是以事举其中，礼取其和，历数以闰正天地之中，以作事厚生，皆所以定命也。……
>
> 历数之起上矣。传述颛顼命南正重司天，火正黎司地，其后三苗乱德，二官咸废，而闰余乖次，孟陬殄灭，摄提失方。尧复育重、黎之后，使纂其业，故《书》曰："乃命羲、和，钦若昊天，历象日月星辰，敬授民时。""岁三百有六旬有六日，以闰月定四时成岁，允厘百官，众功皆美。"其后以授舜曰："咨尔舜，天之历数在尔躬。"舜亦以命禹。至周武王访箕子，箕子言大法九章，而五纪明历法。故自殷、周，皆创业改制，咸正历纪，服色从之，顺其时气，以应天道。三代既没，五伯之末，史官丧纪，畴人子弟分散，或在夷狄，故其所记，有黄帝、颛顼、夏、殷、周及鲁历。

《书》即《虞书》，记载唐尧、虞舜、夏禹事迹，是公元前 10 世纪《尚书》的组成部分。

尧、舜、禹视历数为立国之本，代代相传。周武王灭商建周，访殷代遗贤，箕子呈上"五纪明历法"的"大法九章"。三国曹魏时孟康说，"五纪"指岁月日星辰。唐颜师古说，"大法九章"是《洪范》九畴，九畴中"三曰农用八政，四曰协用五纪"。

历数一词为唐孔颖达《左传》桓公十七年《疏》所明确："晦朔弦望交会有期，日月五星行道有度。历而数之，故曰历数也。"

日行一度，以东汉《续汉书·律历志下》描述最详："天之动也，一昼一夜而运过周，星从天而西，日违天而东，日之所行与运周，在天成度，在历成日。"

中国古代一向重视"历数"。后继王朝用"历数"宣传，作为夺取政权的依据。

欧洲历法的背景与此不同。

有鉴于此，李约瑟[3]描述道："在这个农业国家（指中国）里，历法是由皇帝颁布的，并由效忠于他的臣民加以奉行，这是从最早的时期开始就已贯穿在中国历史中的一条继续的线索。""希腊的天文学家是隐士、哲人和热爱真理的人［这是托勒密（Ptelemy）谈到伊巴谷（Hipharchus）时所说的话］，他们和本地的祭司一般没有固定的关系；中国的天文学家则不然，他们和至尊的天子有着密切的关系，他们是政府官员之一，是依照礼仪供养在宫廷之内的。"

16.1.3 星空划分

地球绕太阳公转。从地球上看，太阳慢慢在星空背景上移动，一年正好移动一圈。太阳如此"走"过的路线就叫"黄道"。换句话说：地球公转轨道平面无限扩大而与天球相交的大圆就是黄道。

黄道带宽 18 度，环绕地球一周为 360 度。黄道面包括了所有行星的运转，也包含了星座。约每 30 度范围内有一个星座，总计十二个星座，称黄道十二宫。黄道十二宫是个占星术术语，起源于巴比伦。从春分点起，依次为白羊座、金牛座、双子座、巨蟹座、狮子座、处女座、天秤座、天蝎座、射手座、摩羯座、水瓶座、双鱼座。

中国古代则把星空划分成二十八宿。二十八宿按东北西南四个方位分作四组，每组七宿，分别与四种颜色、五种动物形象相匹配，叫作四象（图 16.1）。对应关系如下：

东方苍龙，青色，角、亢、氐、房、心、尾、箕。

北方玄武，黑色，斗、牛、女、虚、危、室、壁。

西方白虎，白色，奎、娄、胃、昴、毕、觜、参。

南方朱雀，红色，井、鬼、柳、星、张、翼、轸。

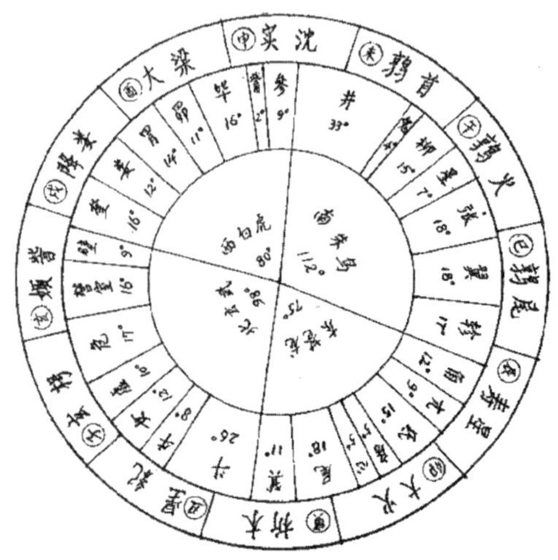

图 16.1　二十八宿示意图

16.1.4　五星轨迹

五星的说法，早在战国时期就有了，分别叫辰星、太白、荧惑、岁星、镇星。地上的五行配上天上的五颗行星，叫金、木、水、火、土。《史记·天官书》中有："天有五星，地有五行。"

五个行星合起来称五纬，亦称五曜。日月同五星合起来，称七政。《尚书·尧典》中记载："在璇玑玉衡，以齐七政"。

金星是太阳和月亮外，天空中看起来最亮的天体，最亮时比著名的天狼星还要亮十度。金星于黎明见于东方叫启明，黄昏见于西方叫长庚。

五星之中，古人特别注意对木星的观测。木星，古名岁星或岁。有人认为甲骨文中的岁字即指岁星。《史记·天官书》中提到的摄提、重华、应星、纪星等，都是岁星的别名。《淮南子·天文训》中记载道，"岁星之所居，五谷丰昌。其对为冲，岁乃有殃……故三岁而一饥，六岁而一衰，十二一康。"

五星在天空中运动，呈现一条复杂的曲线。

以木星为例，站在地球上看，木星视运动有三种形式：一是地球的自转所引起周日运动；二是地球绕日和木星绕日的合成恒星背景间的运动；三是木星相对于太阳的位置变化。整个合运动就如示意图 16.2 所示。

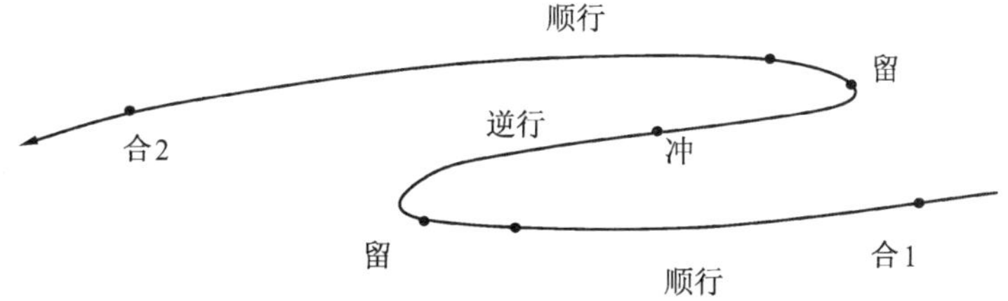

图 16.2　岁星运行示意图

16.1.5　数字神秘主义

早期人们对于数字关系的认识不透，不免产生数字神秘主义。

太初历法的数据源于对太阳、月亮和金、木、水、火、土五星的观测、记录与计算，数据和研究方法是科学的。但历家对历法上所定的数据，不是直截了当地说明来自实测，而是把它与黄钟律、《易》、《春秋》的哲理融合起来，使人感到神秘莫测。

三统历附会黄钟律。唐朝僧一行更将它与《易》的大衍学说联系起来，阐其历学数据出于大衍。因而，把历学研究引入歧路，走向狭谷，使读者望而生畏，视天算之学为绝学。

这种文化现象由来已久。秦始皇对皇权神授说，不仅乐于接受，更是大力提倡，使星占术和阴阳五行说在学术上合法化。汉代籖纬之学盛行，就是受其影响。汉武帝采纳董仲舒的"罢黜百家，独尊儒术"，提倡三纲五常，使皇权神化，以巩固政权，稳定社会。汉代历学理论是在这样的时代背景下滋生的，因而也就酝酿着若干神秘主义的倾向。

刘歆就是在这样的时代思潮下阐发三统历历议的。

16.2 天度圈

16.2.1 日行一度

古人以太阳一天的视角差作一度，来测量一段时间中月亮、五星等天体的运行。

东汉《续汉书·律历志下》描述为："天之动也，一昼一夜而运过周，星从天而西，日违天而东，日之所行与运周，在天成度，在历成日。"

太阳一日一度，一年一周。据四分历(85年)"周天度"和乾象历(223年)"天度"之说，我们称太阳一年这一圈为天度圈。

四分历一岁 $365\frac{1}{4}$ 日，四分历天度圈等分成 $365\frac{1}{4}$ 份。

三统历一岁 $365\frac{385}{1539}$ 日，三统历天度圈就等分成 $365\frac{385}{1539}$ 份。

天度圈概念在中国历法史上的实践意义和理论意义，怎样估计都不会过高[4]。

早期历法中较为精确的日行值，往往是利用周天一年的天度圈，通过平摊而求得的。

例如，西汉初《淮南子·天文训》上有这样一句："十二岁而行二十八宿。日行十二分度之一，岁行三十度十六分度之七，十二岁而周。"这就是说，一岁 $365\frac{1}{4}$ 日，天度圈 $365\frac{1}{4}$ 度。岁星十二岁而行一周，12 岁平摊，岁星一年行 $30\frac{7}{16}$ 度。算到岁星一天行 $\frac{1}{12}$ 度/日，为岁星日行率。再反过来，1 年行 $\frac{1}{12}$ 度/日 $\times 365\frac{1}{4}$ 日 $=30\frac{7}{16}$ 度。12 年行 $30\frac{7}{16}$ 度/年 $\times 12$ 年 $=365\frac{1}{4}$ 度。可知，十二岁一周，涉二十八宿。

16.2.2 岁星纪年

春秋战国诸侯割据，各以诸侯即位年次纪年。例如，公元前 700 年这一年，在一地称周平王元年，到了另一地，称秦襄公八年。这会造成人们交往诸多不便。

木星视运行一周天约 12 年。古人把周天划分成 12 个特定星空区域，称十二星次，简称次，取名星纪、玄枵(xiāo)、娵(jū)訾(诹 zōu 訾)、降娄、大梁、实沈(chén)、鹑首、鹑火、鹑尾、寿星、大火、析木。木星所在星次可以纪年，故称岁星。

十二星次以星纪为起始。星纪，十二星次之一。与十二辰相配为丑，与二十八宿相配为斗、牛、女三宿。《尔雅》所载标志星为斗、牛。《左传·襄公二十八年》："岁在星纪，而淫于玄枵。"杜预注："岁，岁星也，星纪在丑，斗牛之次，玄枵在子，虚危之次。"

三统历说："斗纲之端连贯营室，织女之纪指牵牛之初，以纪日月，故曰星纪。"这个"星纪，初斗十二度，大雪。中牵牛初，冬至。于夏为十一月，商为十二月，周为正月。终于婺女七度。"星纪共 30 度。三统历岁术说："数从星纪起，算尽之外，则所在次也。"

一岁一星次的岁星纪年，具有极大的优越性。《左传》《国语》等书中，常常见到"岁在星纪""岁在鹑火"等字样。

古人以日出时岁星现于东方地平线，作为岁星与太阳的视相交。改用我们熟悉的数学语言，称之为双交点。

认定双交点在星空背景上所处的点为背景点。背景点与双交点组成三交点。

那么，双交点界定太阳与岁星的会合周期，三交点界定太阳、岁星与背景点的大周。

日出时岁星现于东方地平线，假定背景点处于星纪的斗十二度。一个会合周期后，$398\frac{5}{11}$日$-365\frac{1}{4}$日$=33\frac{9}{44}$日，第二个双交点位于日出之后$\frac{9}{44}$日（此时为日出后，约 4.9 小时，时近中午），岁星为阳光所盖。要到 11 个会合周期后，$398\frac{5}{11}$日$\times 11=365\frac{1}{4}$日$\times$12，三交点才回到星纪的斗十二度，在日出时岁星重现于东方地平线。

这个周期，三统历称为小周，是大周中特定的最小值。

天象观测呼唤数学，推动数学；反过来，数学进步又深化了人们对天象的认识。

我们可以借用熟悉的时针、分针钟面，来解释岁星 12 岁一周天。

先讲三交点。分针、时针处钟面零点，形成的是三交点。

分针在钟面上转 1 圈，表示 1 小时，相当于恒星周期。

这 1 圈分成 12 格，时针转 1 格，表示 1 小时。

12 小时中，时针只行 1 圈，分针行了 12 圈，超越时针 $12-1=11$ 次。11 个相交点把 12 小时隔成 11 段。每段长 $1\frac{1}{11}$小时，相当于会合周期。

时钟模型清晰地解释了岁星 12 岁相交 11 次的会合周期和恒星周期。

假定四分历下 12 年岁星行 12 次，即一周天。144 年行 144 次，12 个周天。

12 年中，太阳 12 圈，岁星 1 圈。圈数之差 11，12 年 11 个交点，分成 11 个会合周期。12 个岁实除以 11 个会合周期，就是会合周期长度。根据四分历岁实 $365\frac{1}{4}$日，平摊得一会合周期$\frac{1461\times 12}{4\times 11}$日$=398\frac{5}{11}$日。

16.2.3　数学突破

遥远星空上周而复始的天体运动，历法编撰的需求，刺激出各种数学分支的萌芽。

中国古代历法灿烂辉煌，历法数学是世界数学史上的奇葩。

1932 年，钱宝琮[5]指出："古代算学本为天文历法之附庸。"

天文历法本来深奥难解，文明之初的探索神秘莫测，书录时回避要害，又不免闪烁其词，现存史料更易残缺不全。要想只凭若干数值挖掘内在关联，揣摩古代算法，谈何容易。

我国历法之完备而见于史册者，以三统历为最古。三统历假托黄钟，附会易著，玄妙其词，后人读之，视为高深，莫可究诘。

清代乾嘉学派的钱大昕、李锐、董祐诚、陈澧、成蓉镜等学者，或重在正伪舛、脱误、去衍，或重在详细解释基本数据，或重在以本法推算、算术缀之，多方位研究汉武帝时代的三统历。李锐对中国历法史研究的贡献是不可磨灭的。李锐在《日法朔余强弱考》中第一个涉及了求一问题，并用来解二元一次不定方程。

近代三统历研究上最重大的两个数学突破是吕子方[6]做出的。一个是大周三算法，一个是数学上的连分数算法，我们称密近简化算法。

张秀熟为吕子方的《中国科学技术史论文集》作序，称："著名物理学家、四川大学教授吕子方先生殁后十又八年，生平所著关于中国古代科技史的论文，始得由中国科学院成都分院自然辩证法研究室搜集、整理、校订，四川人民出版社编辑出版，与当代广大学者见面，作进一步共同探讨，此诚我国学术界一件盛事。"

中共四川省委原书记杨超曾为此书题词："发展科学，振兴中华。"

1951 年 5 月，吕子方"以科学实测为基础，以探讨三统历法，故第一章统母、第二章纪母，纯以实测及古传数字为出发点，以求所用基本数字之来源。如日法八十一，木星大周年数为一千七百二十八等是也。"何鲁为之作序，盛赞吕子方的突破："析以新法，动中窾要，尤能明古人之用心，使二千年前之成绩焕然一新，厥功甚伟。"

吕子方所说日法 81、木星大周 1728，是密近简化分数$\frac{43}{81}$，$\frac{1583}{1728}$的分母，适应历法编排的需要。

此说引起学术界热议，但吕子方直接用现代术语连分数描述 2000 年前的数值操作，充其量涉及存在性，未曾涉及构造性，不免难以迅速获得公认。

1999 年，王渝生[7]对历法数学中的研究，纵论针砭，深中肯綮：

> 历法中的绝大多数数据都应该是科学地选取和经过运算，符合实际天文观察，因而是有一定方法的。所谓"调日法"就是如此。唐一行、北宋周琮、南宋秦九韶、清李锐都对其有不同的解释，我们也只能提出一点管见。况且，算理上的分析并不能代替对历史事实的确定，任何结论都必须有史料上的依据。"例不十，法不立"，仅有孤证那是不够的。

岁月悠悠，战乱频仍，典著茫茫，更有豕亥鱼鲁难免，相关直接史料的寻找，几无可能。

近百年来，围绕连分数的历法应用的论争，告诫我们仔细掂量掂量手中依仗的算理分析。

研究古人数值解法，我们无意求助于现代符号公式的展现，而是既考核现代数学原理，更关注传统数学筹算原图。我们所命名的密近简化算法，毕竟只是一厢情愿之词。

不能不感叹，刘歆刻意凑合计算岁星岁数的基础数据，再挂靠周易"乾坤之策"，这种荒诞之举竟成了不可或缺的过硬史料。前有岁星纪年法 12 岁作小周，后有岁星超辰的延伸，刘歆应用密近简化算法研究木星大周，来龙去脉，一清二楚。

16.2.4　人造行星数例

1962 年华罗庚以人造行星、地球绕太阳运行为例，深入浅出地介绍怎样估算人造行星发射后再次接近地球的时间[8]。为与天度圈有别，我们用括号加注基准圈，简述如下。

假定地球绕太阳一圈(基准圈 1 年，太阳视运动为 1 年)360 天(基准圈的划分)，人造行星绕太阳一圈 450 天。因 450 和 360 的最小公倍数是 1800 或$\frac{450}{360}=\frac{5}{4}$，5 年后，人造行星走 4 圈，再次接近地球。

地球绕太阳一圈，重新划分成 $365\frac{1}{4}$天(基准圈的划分)。人造行星仍然是绕一圈 450 天。

顺便说说，因为基准圈的划分不同，所说的两个 450 天，时长不等。

以$\frac{1}{4}$天作单位，绕太阳一圈各为 1800 和 1461 单位。辗转相除得商 1，4，3，4，2，1，2。可以排出连分数 $1+\frac{1}{4}+\frac{1}{3}+\frac{1}{4}+\frac{1}{2}+\frac{1}{1}+\frac{1}{2}$，逐次删除尾部，有渐近分数序列：1，$1+\frac{1}{4}=\frac{5}{4}$，$1+\frac{1}{4}+\frac{1}{3}=\frac{16}{13}$，$1+\frac{1}{4}+\frac{1}{3}+\frac{1}{4}=\frac{69}{56}$，$1+\frac{1}{4}+\frac{1}{3}+\frac{1}{4}+\frac{1}{2}=\frac{154}{125}$，…。也可用同一商数的两序列值之比 $1+\frac{1}{4}=\frac{5}{4}$，$1+\frac{1}{4}+\frac{1}{3}=\frac{16}{13}$，$1+\frac{1}{4}+\frac{1}{3}+\frac{1}{4}=\frac{69}{56}$，$1+\frac{1}{4}+\frac{1}{3}+\frac{1}{4}+\frac{1}{2}=\frac{154}{125}$，…，求$\frac{1800}{1461}$的渐近分数序列$\frac{5}{4}$，$\frac{16}{13}$，$\frac{69}{56}$，$\frac{154}{125}$，…。

可知，$\frac{5}{4}$表示 5 年后人造行星走 4 圈接近地球；$\frac{16}{13}$说明 16 年后人造行星走 13 圈，精密些；$\frac{69}{56}$说明 69 年后人造行星走 56 圈，更精密些；$\frac{154}{125}$的精密程度自然更好。

我们意识到，渐近分数接近程度越高，分子、分母数值越大。反过来，降低分子、分母数值的位数，就有可能取得简化的渐近分数。

华罗庚的人造行星数例，帮助我们认识天度圈、日行一度、历数的实践意义和理论意义。正是天度圈圈数之比蕴含的巨大潜力，刺激出密近简化算法，更进一步刺激出大衍术求解满去式，算出上元积年。

16.2.5 密近简化

西方数学发展史上大多数权威公认，连分数的近代理论开始于蓬贝利。

连分数尾部逐次删除，形成渐近分数系列。每个渐近分数的分子、分母是同一商 q_k 相关的 P_k，Q_k 序列值。

现代数论教科书[9]上有这样的渐近分数定理：

定理 若连分数$[q_1,q_2,\cdots,q_k]$的渐近分数是$\frac{P_1}{Q_1},\frac{P_2}{Q_2},\cdots,\frac{P_n}{Q_n}$，则在这些渐近分数之间，下列关系成立[注：这里我们已经假定各渐近分数是存在的。事实上，当 $q_2=0$（或 $q_2q_3+1=0$）时，$\frac{P_2}{Q_2}$或$\frac{P_3}{Q_3}$即不存在]：

$$P_1=q_1,P_k=q_kP_{k-1}+P_{k-2},k=3,\cdots,n,$$

$$Q_1=1,Q_k=q_kQ_{k-1}+Q_{k-2},k=3,\cdots,n。$$

可见，渐近分数并非只有一种求法。随着辗转相除的展开，各商所对应的两个 P，Q 序列之比也会形成渐近分数。

1208 年的求乘率筹算原图深深地刻着发展进程的烙印，它涉及三阶段的整数对现象：两整数辗转相除得一系列商，为第一阶段；第二阶段计算的只是单组 Q 序列值；第三阶段依据某条件，关联某序列值为所需的乘率。此时的入算两整数，或为线性不定方程两系数，或为线性同余式系数与模，或来自传统数学满去式。

为适应古代历法编排，古人需要简化渐近分数的分母，简化渐近分数的分子，而使得渐近分数维持尽可能精确的值，不妨称为密近简化算法。密近指与原比值之差的微小程度，简化特指分子、分母位数的减少。

现在我们理解了 1208 年的开禧历，掌握了大衍术背后的整数对现象。

通过剖析公元前 7 年三统历的大周概念，确认公元之前的落下闳、刘歆已经掌握了密近简化算法。在史实上，密近简化算法的出现先于求乘率术。但在数理上，密近简化算法内含于上元积年求乘率术。

正是整数对现象发展的内在逻辑，支撑我们跨越上下 4000 年，探索上元积年的本原。

然而，这只是说到数理上的存在性，我们还要考虑传统数学筹算方面的构造性。因为根据 1208 年的开禧历分析此前 1215 年的三统历只是臆想。

如果没有发现以岁星岁数为代表的大周概念，我们真不知道怎样跨越开禧历之前 1200 多年的漫长时光，去证明公元之初历法家已经知晓密近简化算法。

天象观测呼唤数学，推动数学，反过来，数学进步又会深化人们对天象的认识。

我们相信，以开禧历、三统历相关史料为基础，依据整数对现象的内在逻辑一步步向远古探索，有可能追溯上元积年的本原，有希望窥见中华文明的曙光。

16.3 太初历到三统历

16.3.1 缅怀落下闳

公元前 104 年的太初历是汉武帝时代历法改革的重大成果。

汉武帝为改历，下过七次诏书。第一次是接到公孙卿等人“宜改正朔”的上言，下诏御史大夫儿宽，与博士们共议此事。第二次是接到儿宽等人都赞同改历后，下诏给御史，决定改历。第三次是诏公孙卿等人，让他们具体处理改历的事务。第四次是接到大典星射姓等人奏报“不能为算”之后，另选多人编算新历。第五次是下诏给司马迁，让他用邓平所造八十一分律历。第六次诏，使人校验律历。第七次诏，等校者太监淳于陵渠回奏，称邓平历法最密后，诏定用邓平法，且给邓平加官。

落下闳(前 156 年—前 87 年)，字长公，巴郡阆中人。现存相关史料寥寥无几。

落下闳出场于第四次诏书之后。“乃选治历邓平及长乐司马可、酒泉侯宜君、侍郎尊及与民间治历者，凡二十余人，方士唐都、巴郡落下闳与焉。都分天部，而闳运算转历。”落下闳“以律起历”，提出“律容一龠，积八十一寸，则一日之分也”。“于是，皆观新星度、日月行，更以算推，如闳、平法。”邓平、落下闳定的朔望月长度是“一月之日二十九日八十一分日之四十三”。再根据 19 年 7 闰规律，推算出太初历岁实 $365\dfrac{385}{1539}$日。

落下闳退隐于第七次诏书后。本来，改历大事，功成名就，邓平加官，顺理成章。落下闳却“拜侍中，辞不受”，留下一言：“后八百岁，此历差一日，当有圣人定之。”

太初历从太初元年(公元前 104 年) 开始颁行。后经西汉末年刘歆改编，把太初历更名三统历。直用到后汉章元和二年(公元 85 年)，施行 188 年。

我们赞成吕子方对落下闳日法 81 来源的推测。据司马迁《史记 · 历书》所提：“巴落下闳运算转历”，可以假定落下闳涉及密近简化术，以古六历$\dfrac{499}{940}$作源，试算出太初历的$\dfrac{43}{81}$。

囿于史料，我们无从知晓具体筹算的展示，只能列出序列值算表如下(表 16.1)：

表 16.1　940 和 499 序列值计算表

K	辗转相除	商	Q 序列	P 序列	P/Q
			令 $Q_0=0$	令 $P_0=1$	
1	$940=499\times1+441$	$q_1=1$	令 $Q_1=1$	$P_1=q_1=1$	1
2	$499=441\times1+58$	$q_2=1$	$Q_2=q_2=1$	$P_2=1+q_2P_1=2$	2/1
3	$441=58\times7+35$	$q_3=7$	$Q_3=1+q_3Q_2=8$	$P_3=P_1+q_3P_2=15$	15/8

续表

K	辗转相除	商	Q 序列	P 序列	P/Q
4	58=35×1+23	$q_4=1$	$Q_4=Q_2+q_4Q_3=9$	$P_4=P_2+q_4P_3=17$	17/9
5	35=23×1+12	$q_5=1$	$Q_5=Q_3+q_5Q_4=17$	$P_5=P_3+q_5P_4=32$	32/17
6	23=12×1+11	$q_6=1$	$Q_6=Q_4+q_6Q_5=26$	$P_6=P_4+q_6P_5=49$	49/26
7	12=11×1+1(自然余数)	$q_7=1$	$Q_7=Q_5+q_7Q_6=43$	$P_7=P_5+q_7P_6=81$	81/43

表中第7次商(q_7)1算出43与81,分母值81为3的倍数。例如,《汉书》所载"闳运算转历,其法以律起历",当时人们对音律的认识,主要是三分损益律。太初历、三统历的历法数值基本都与3有关。

表16.1中第4次除法导出9与17之比,第6次除法导出26与49之比。$\frac{9}{17}$和$\frac{26}{49}$两值引起我们极大的兴趣。何承天的弱率和强率也是从古六历的$\frac{499}{940}$中推导出来的。

我们深深缅怀落下闳,这位力挽狂澜、功不可没,又急流勇退的民间天文学家。

16.3.2 太初历改编

公元前7年,刘歆根据太初历改编三统历。

刘歆生活在动荡的西汉末年,政治上、人品上有着诸多缺陷,这里不予评述。刘歆在学术上不愧为一代大师和巨匠,是我国历史上著名的目录学家、经学家、历史学家。他在思想文化许多领域都有重大成就,在自然科学上也是位具有独立创造才能的人才。例如,现在台湾地区的"台北故宫博物院"中,由刘歆监制的律嘉量斛,采用3.1547作圆周率,在度量衡发展史上具有极大价值。

刘歆是位开拓性极强的学者,所进行的一系列改造,无论是创举还是败笔,都对后世历法产生了重要的影响。

今人得知三统历详情,全凭班固传述之功。公元1世纪,班固根据其父班彪收集的材料,整理撰写《汉书》。班固这样介绍刘歆:"至元始中,王莽秉政,欲耀名誉,征天下通知钟律者百余人,使羲和刘歆等典领条奏,言之最详。故删其伪辞,取正义著于篇。"并极力推崇其"推法密要":"至孝成世,刘向总六历,列是非,作五纪论。向子歆,究其微眇,作三统历及谱,以说春秋,推法密要,故述焉。"

太初历、三统历日法都是81,都以太初元年前十一月甲子朔旦冬至为历元。人们一直把太初历与三统历混为一谈。

例如,贾逵(174—228)论历[10]第一句就是:"自太初元年始用三统历,施行百有余年。"多处史料观点相似,如:"班彪因曰:自太初元年始用三统历。"何承天说:"曾不记刘歆之生,不逮太初。"郭守敬《授时历议》也说:"三统历西汉太初元年丁丑邓平造。"

清代学者对古代天文历法的研究,历来为后世学者所重[11]。钱大昕为第一位系统研究三统历者,有《三统术衍》3卷、《三统术钤》4卷。此后李锐有《三统术注》3卷,董祐诚有《三统术衍补》1卷,成蓉镜有《三统术补衍》1卷,陈沣有《三统术详说》4卷,等等。

2000年来,多少学者孜孜不倦,从历史学、现代天文学、考古学、数学、考据学等多个角度,多少宏著,反复耕耘这些史料。

幸赖近年来学者们深入研究,我们才知晓太初历与三统历的实质区别(表16.2)[12]。

表16.2　太初历、三统历区别

名称	太初历	三统历
二十八宿	用甘氏体系,仅有个别调整	用石氏体系
岁星周期	12年1周天	144年行145次
历元	近距历元	太极上元
基本周期	1朔望月$29\frac{43}{81}$日,1回归年$365\frac{385}{1539}$日	完全袭用太初历,但又暗中提出新见
冬至点	在建星或牵牛前五度	在牵牛初,又承认在牵牛前四度五分

五条中三条属于历法计算,岁星周期、历元和基本周期都涉及密近简化算法。

公认,刘歆提出太极上元概念,第一个实际上计算太初历、三统历上元积年值。

岁星超辰与天象明显不符,却在上元积年求索的过程中起过重大的推动作用。

世间万事万物,总是一分为二的。太初历对于天文学的研究具有巨大的贡献。太初历研究太阳视运动,研究月亮及金木水土火的运行和会合周期,奠定了中国历法的独特体系,远胜于古六历的阴阳历体系。所谓"日月如合璧,五星如连珠"的研究,使中国历法成为天体历的雏形,在世界历学发展史上具有领先的地位。

三统历所用数据虽属粗疏,但记述五星的会合周期,与《淮南子》《史记》和今日马王堆中所见帛书《五星占》相比较,大有进步。记载的推算日月食周期和推算月食方法,在世界天文学史上有其地位。中国近2000年历法,基本上是循着它的方向前进的。

刘歆正是观测、统计和研究木星的运动,创设了岁星超辰。我们去其糟粕,取其精华,才可透过岁星超辰与天象的不符,理解其推动上元积年概念的作用。

16.3.3　三统历概述

《律历志》分成上、下两卷。

上卷前半部分讲律,说五件事。一曰备数,二曰和声,三曰审度,四曰嘉量,五曰权衡。备数说明数的基础:"本起于黄钟之数。"和声说明八音、五声、十二律:"阴阳相生,自黄钟始。"审度说明分、寸、尺、丈的长短:"本起于黄钟之长。"嘉量说明龠、合、升、斗的多少:"本起于黄钟之龠。"权衡说明铢、两、斤、钧物的轻重:"本起于黄钟之重。"遵循《虞书·舜典》

说的“乃同律度量衡”，来阐发“所以齐远近，立民信”的道理。《律历志》上卷后半部分，叙述历数的起源、沿革，以及太初改历的理由、方案、论争过程。

下卷七节分为前、后两部分。前部分为：一曰统母，二曰纪母，三曰五步，四曰统术，五曰纪术，六曰岁术。后部分的世经是根据三统历术推算的古史历表。

(1) 统母，列出日月运行的数据。

(2) 纪母，列出五星运行的数据。

(3) 五步，为五星运行逐日观察的实测记录。

(4) 统术，推算日月的运行。

(5) 纪术，推算五星的运行。

(6) 岁术，推算岁星所在。

(7) 世经，列出古史的历表。起自上古，下迄光武。上溯太昊、炎帝、黄帝、少昊、颛顼，以至帝喾，不著年岁。唐尧即位 70 年；虞舜即位 50 年；夏后氏 17 王，430 岁；殷商 31 王，629 岁。和《史记》所载不合。从周文王 42 年至春秋 386 年，与《史记·鲁世家》所载相符。从春秋尽哀公 14 年，凡 242 年。周 36 王，凡 867 年。秦 5 世，凡 49 年。汉元年至更始二年，凡 230 年。末纪光武 33 年，都用三统历计算，推岁星所在[13]。

只有辩证地分析三统历，才能认识到前人开垦草莽的伟大贡献。

16.3.4 世经意图

刘歆作世经，目的是“以说《春秋》”。班固说过：“至孝成世，刘向总六历，列是非，作五纪论。向子歆，究其微眇，作三统历及谱，以说春秋，推法密要，故述焉。”

《世经》乃是刘歆对古史归纳而成的一份年谱。

从年代学的角度来考虑，上古史料本来零乱，越往古，王朝的年代越难断定。例如，关于周武王伐纣的年代，历代研究提出的年份至少有数十家。刘歆所说，也算其中一家。

岁星纪年法行用期间，古人著书录入当时所见岁星所在，总以实际观察为准。12 个星次划分明确，岁星位置清晰可辨，应该并无多大观察误差。

战国时期出现了甘德、石申等著名的天文占星家。从后人引用的著作来看，他们的工作涉及恒星观测、五星位置及运动的观测。这在相当大的程度上是为占星服务的。中国古代占星术在秦汉时代又有重大的发展。

据《开元占经》记载，甘德曾测得木星会合周期为 400 日。马王堆汉墓帛书五星占的行星行度部分中，木星的会合周期为 395.44 日。

《世经》所载古传史料中的岁星纪年和朔旦冬至，古之纪年条款，除少数用殷历、周历外，大部分用三统历岁术推算过，体现 144 年超一次。岁星超辰不符合岁星 11.86 年一周天、约 86 岁超出一次的真实规律。

16.4 元的演变

古代历家所谓运算转历的第一步，是选定若干周期，依某些算法，构建成元。

我们把四分元、太初元、三统元和开禧气元合并叙述，可以表达元的要点与延承。

16.4.1 四分元

司马迁的《史记·历书》对汉代历家编制历法的基本条件、数学逻辑、历谱计算及古代历法原则作过有益探索，属于四分历的范畴。

1996 年 3 月，刘次沅[14]依据成书于西汉中期的《史记·历书》，对汉代历家编制历法的基本条件、数学逻辑、历谱计算及古代历法原则，作过有益探索。

东汉编欣、李梵等人编成的东汉四分历，于汉章帝元和二年(85 年)颁行，并在百余年间不断改进。它纠正了太初历(三统历)回归年和朔望月长度均偏大的弊病，恢复到古四分历的水平，并作出了不少新的探索。

东汉四分历基本构思与古六历相差不大，后世一般认定其历术为古六历的延续。

《续汉书·律历志下》记述的四分术，选用岁实、朔望月、日名干支周期和岁名干支周期四项，用周期齐同算法，逐步构建章、蔀、纪、元。

> 岁首至也，月首朔也。至朔同日谓之章，同在日首谓之蔀，蔀终六旬谓之纪，岁朔又复谓之元。是故日以实之，月以闰之，时以分之，岁以周之，章以明之，蔀以部之，纪以记之，元以原之。然后虽有变化万殊，赢朒无方，莫不结繫于此而禀正焉。

约定第一岁岁首冬至与第一个朔望月月首同处起始点。

岁实 $365\dfrac{1}{4}$日与朔望月 $29\dfrac{499}{940}$日齐同成章 19 岁$\left(=365\dfrac{1}{4}\text{日}\times19=29\dfrac{499}{940}\text{日}\times235=6939\dfrac{3}{4}\text{日}\right)$，冬至朔旦一会“至朔同日”，并非夜半。

寻求日的完整，齐同成蔀 76 岁$\left(=19\text{岁}\times4=6939\dfrac{3}{4}\text{日}\times4\right)$，冬至合朔“同在日首”夜半。

寻求日名干支周期完整而齐同成纪 1520 岁(=76 岁×20=555180 日=60 日×9253 日名干支周期)，甲子日零时冬至朔旦一会，称“蔀终六旬”，60 日周而复始。

寻求岁名干支周期完整而齐同成元 4560 岁(=1520 岁×3=60 岁×76 岁名干支周期)，甲子岁甲子日零时冬至朔旦一会。称“岁朔又复”，60 岁周而复始。

如果周期不止一个，有两方面的考虑：一是约定相关周期的总起点，二是需要综合成反映这些相关周期的更大周期，当作单个周期进行度量。

齐同处理法最早可见于《续汉书·律历志下·历法》[15]："察日月俱发度端，日行十九周，月行二百五十四周，复会于端，是则月行之终也。"约定的"俱发度端"，与"复会"的"端"，构成日和恒星月两个周期所综合成较大周期的首尾。

约定基本周期回归年、朔望月、干支纪日、干支纪岁的总"度端"上元，并把4个基本周期逐级齐同成适当大周期，四分历就可把周期度量基本公式各种可能变化，或过剩或不足的数据，统统归算到齐同后的大周期。

齐同，等量齐观，在中国古代哲学和传统数学中有着深刻的背景。庄子《齐物论》体现万事万物自然齐同的境界。刘徽在注《九章算术》合分术中，用齐同阐释通分的理论依据："凡母互乘子谓之齐，群母相乘谓之同。同者，相与通同，共一母也。齐者，子与母齐，势不可失本数也。""乘以散之，约以聚之，齐同以通之，此其算之纲纪乎。"刘徽又以齐同解释方程术的直除消元法。

16.4.2 太初元

太初历基准数据中，并无积年之说，只有上元，只有4617岁。

> 乃以前历上元泰初四千六百一十七岁，至于元封七年，复得阏逢摄提格之岁，中冬十一月甲子朔旦冬至，日月在建星，太岁在子，已得太初本星度新正。

太初历重视的是太岁。"太岁在子"，子只是十二地支之首。据汉人所编分类词典《尔雅·释天》，"阏逢摄提格"为太岁纪年名之一，对应甲寅。

依据汉武帝第五次诏书，后世学者认定，八十一分律历为邓平所造。

《汉书》载"闳运算转历，其法以律起历"。司马迁说："巴落下闳运算转历。"

我们揣摩，落下闳以日法81、19岁7闰、日名干支周期60日为基础，确定太初元4617年，依据如下算法：

(1) 密近简化算法。吕子方推测，落下闳以古六历朔策$\dfrac{27759}{940}$日$=29\dfrac{499}{940}$日作源，以连分数算出太初历的$29\dfrac{43}{81}$日$=\dfrac{2392}{81}$日。我们只需把连分数之说换成等价的密近简化算法。

(2) 写岁换分算法。由$81\times19=1539$分，写岁换分，1539分成为1539岁。

(3) 写日换分算法。1章19岁7闰235历月，月分2392分。1章$2392\times235=562120$分。写日换分，成为562120日。分摊到1539岁，岁实$\dfrac{562120}{1539}$日$=365\dfrac{385}{1539}$日。

(4) 齐同算法。三倍562120日，才是日名干支周期60日的28106倍，故1539岁$\times3=$太初元4617年。

(5) 交食循环、日月合璧。一章235个朔望月和135月日食周期的齐同，有235月$\times$

27＝135 月×47＝6345 月＝12 $\frac{7}{19}$月×513。一会 513 岁，九倍为太初元 4617 年。这也正是定日法值为 81 的有力支柱。

《续汉书·律历志中》强调，确定元的组成在先，定日法的值等在后："太史令虞恭、治历宗䜣等议：建历之本，必先立元，元正然后定日法，法定然后度周天以定分、至。三者有程，则历可成也。"显然，这条原则也源于落下闳。

落下闳的写日换分、写岁换日，乃至写岁换分，因更换各字眼的单位之比，而固定扩大的比率。例如，一日 16900 分，写日换分意味着扩大 16900 倍。

16.4.3　三统元

三统元的界定点为"前"十一月(太初历称"中冬"十一月)甲子日夜半朔旦冬至。上元积年是多个元的集合。刘歆侧重岁星，首创岁星超辰，作三统历的基石。

> 汉历太初元年，距上元十四万三千一百二十七岁。前十一月甲子朔旦冬至，岁在星纪婺女六度，故《汉志》曰：岁名困敦，正月岁星出婺女。

刘歆另辟蹊径，以日法 81 与章岁 19 之积 1539 为统法。写岁换分，定出一统 1539 岁，三个统 4617 年，构建三统元。

4617 年含日名干支周期 28106 个。三个统分别命名天统甲子、地统甲辰、人统甲申，就是源于各自的统首日，分别为甲子(0)、甲辰(40)、甲申(20)。

然而，4617 年中容不下岁名干支周期，给刘歆留下了很大的困难。

16.4.4　开禧历气元

天文观察的精确化需要更大的元周期来度量漫长的上元积年。

1208 年的开禧历利用日名干支周期、岁名干支周期和天度圈基础构建气元。日法 16900 分、等数 52 和气元 19500 岁，是历法整数论浑然一体的三个环节。

秦九韶这样介绍气元的算法："以纪法乘日法，为纪率。以等数约之，为气元率。"

古人用干支周期记日，可称纪法 60。据日法值："以纪法乘日法，为纪率。"60×16900＝1014000，称为纪率。如以纪法 60 记年，则纪率也可记 1014000 年。

斗定分 4108 和日法 16900 入大衍术，求得等数 52，同时求得蔀率 325。"以等数约之，为气元率"：60×16900÷52＝19500。

日是分的 16900 倍，岁是日的 365 $\frac{4108}{16900}$倍，则岁是分的 6172608 倍。反映气纪关系的气元率以年岁记之，用 19500 年度量漫长的演纪积年。

秦九韶在《数书九章·序》中刻画过上元积年与元之间的数理关系："奇余取策，群数皆捐。衍而究之，探隐知原。"以元度量从上元至近期编历岁岁首的总时段，得到元个数与余数，数学上属于带余除法。根据元周期长度和余数，用大衍术反求出元的个数，数学上属于求解线性同余式。

天象观测呼唤数学，推动数学；反过来，数学进步又深化了人们对天象的认识。

我们相信，以开禧历、三统历相关史料为基础，依据整数对辗转相除序列现象内在逻辑，一步步向远古探索，有可能追溯上元积年的本原，有希望窥见中华文明的曙光。

16.5 三统历

16.5.1 刘歆其人

刘歆(约前 53—公元 23)，刘向之子，字子骏，沛(今属江苏)人。少能诗书，善属文。汉成帝建始三年(约前 30 年)，奉诏与父一起校书。刘向去世，歆继父业，任中垒校尉。汉成帝、哀帝之际(约前 7 年)，改太初历为三统历。公元前 6 年汉哀帝初，受大司马王莽推荐，任侍中太中大夫、迁骑都尉、奉车光禄大夫等职。在其父《别录》的基础上，集六艺群书，著录《七略》，为我国历史上第一部图书分类目录。刘歆创建古文经学派。公元 1 年王莽秉政后，刘歆复任中垒校尉以及羲和、京兆尹，封红休侯。公元 9 年王莽篡位后，被任命为国师。后怨王莽杀其三子，图谋诛杀王莽，事泄自杀。

刘歆在政坛上，一生浮沉，并不成功，在学术领域上毁誉参半，在天文、历法、数学上多有建树。

值得一提的是，刘歆曾主持度量衡制度改革，监制一批度量衡标准器。以“台北故宫博物院”现存的“律嘉量斛”最为有名。

学者们[16]相信，刘徽、祖冲之在圆周率计算上有重大成就，可能与“律嘉量斛”的研究有关。祖冲之继承和发展了刘徽割圆术的工作，求得盈数三丈一尺四寸一分五厘九毫二秒七忽和朒数三丈一尺四寸一分五厘九毫二秒六忽的圆周率值。更应用密近简化算法，求出密率为圆径一百一十三，圆周三百五十五，约率为圆径七，周二十二。

16.5.2 岁星大周

让人难以置信的是，中国历法史上绝无仅有的超辰值，竟是我们今天破解三统历的钥匙。

三统历的最高宗旨体现天人感应、受命于天。刘歆自信岁星运动是万世不易的天象基准，深信其推算的精确。

貌似无关的诸多事物，凭着算法的内在逻辑居然紧紧相联，这不能不使我们惊讶。人们一直困惑的上元积年，涉及面错综复杂，千丝万缕，却无不指向大周，特别是岁星大周。

岁星大周是三统历构思的主线，分五步走。

(1) 古传岁星 12 年 11 见。据三统历岁实，算出岁星会合周期值 398.4547 日。

(2) 刘歆人为改动 $398\frac{4547}{10000}$成 $398\frac{7064}{10000}$日，用密近简化法调试，算出 1728，1583 和

145。把1728岁认作岁星岁数，1583次认作见数，145认作岁星周天数。

有关密近简化法源泉的史料，留待后文16.6“大周三算法”中再详加讨论。

(3) 纪母中明确周易的坤(巛)策144的作用：“木金相乘为十二，是为岁星小周。小周乘巛(坤字古体)策，为千七百二十八，是为岁星岁数。”小周12乘以144，导出大周1728。

(4) 总论中更是以特殊推一般，说：“天以一生水，地以二生火，天以三生木，地以四生金，天以五生土。五胜相乘，以生小周，以乘乾坤之策，而成大周。”五胜相乘，得五星小周。小周乘上216或144，得到大周。

(5) 总论中，以“五星会终”138240年，是太极上元23639040年的基础之一。138240年源于木星1728年的80大周、火星13824年的10大周、土星4320年的32大周、金星3456年的40大周和水星9216年的15大周。

查《汉书・律历志》所载，三统历法共分七章：一统母，二纪母，三五步，四统术，五纪术，六岁术，七世经。统母、纪母为立法之源，五步乃五星会合周期动态段研究，统术、纪术、岁术是推算日月五星及岁星所在之次，而世经为年代学篇章，其中少数用殷历、周历外，大部分用三统历术推算其前史料中的岁星纪年和朔旦冬至，考古之纪年，以证其术。

显然，一部三统历法分这样的七章，就是依赖岁星超辰这条主线建立起来的。

16.5.3　日行率与超辰

中国历法史上绝无仅有的岁星超辰就是这样诞生的。

一个岁星大周，1728年有12个144年。岁星1728年走145周天，1周天分12星次，共145×12星次。平摊到144年，岁星行145星次，比144年古传位置144星次，超一次，刘歆称之为岁星超辰。

于是，刘歆用岁星超辰值作为三统历计时体系的基准，编成推岁之术：

> 推岁所在，置上元以来，外所求年，盈岁数，除去之，不盈者以百四十五乘之，以百四十四为法，如法得一，名曰积次，不盈者名曰次余。

再以岁术推演世经数据。

此外，岁星1728年走145周天，每年$\frac{145}{1728}$周天。平摊每日$\frac{145}{1728}$度，就是岁星日行率。

16.5.4　超辰剖析

刘歆这样导出三统历的支柱性概念：超辰。

岁星1728年走145周天，平均分摊到年，每年$\frac{145}{1728}$周天；平均分摊到日，每日$\frac{145}{1728}$度，成为岁星日行率。1728年有12个144年，1周天有12星次。岁星1728年走145周天145×12星次，平均分摊到144年，岁星行145次，比144年古传位置144次超一次，是为岁星超辰。

如果平均分摊到周天，则是 11.917 年一周天。

现代天文学上，木星约 11.8622 年一周天。

我们不妨依超辰概念，计算超出一星次所需年数。设经过 x 年，视位置 $\frac{x\text{周天}}{11.8622\text{岁}}$ 比理想位置 $\frac{x\text{周天}}{12\text{岁}}$ 超 1 次：$\frac{x\text{周天}}{11.8622\text{岁}}-\frac{x\text{周天}}{12\text{岁}}=\frac{1\text{周天}}{12\text{岁}}$，整理得 $12x=11.8622(x+1)$，$0.1378x=11.8622$，$x\approx86.0827$ 岁。由此可算出经 86 岁或 87 岁，超出一次。

祖冲之《驳议》术文曰：岁星"行天七匝，辄超一位"，说是 84 年超一辰。元嘉历何承天用 86 年超一辰法。大衍历用 85 年超一辰法。

16.5.5 岁星动态表

古人以满天星斗为背景，目测日月五星，东升西落，周而复始。

日、月、五星与背景点的视相交判定，是目测条件下最容易也是最可靠的举措。

两个天体越过某背景点，到再次视相交，经历一周天的这个时段，称为恒星周期。

日出时，岁星现于东方地平线，作为视相交。两次相交点界定的时段为岁星会合周期。

岁星与太阳的视相交点处在同一背景点上，构成三交点，所界定的时段称大周。

对地球上的观察者说来，五星在恒星背景上的运动，比太阳月亮的运动更为复杂，是地球与行星绕日运动的合成。以外行星木星为例，表现为晨始见(早晨出现在东方)、顺行(从西向东运动)、留、逆行、留、顺行、伏(没入日光而不可见)、合(与太阳位置相合)、晨始见……周而复始运动。

中国古代历算家将诸行星会合周期内各动态段的运行状态列成表格，称为五星动态表(表 16.3)。

由于表中数值是多次观察的平均，加上某一时刻观测到的行星位置，就能求得任一时间行星的平均位置。这是隋代以前的历法中一直采用的方法。

表 16.3　三统历岁星动态表

段名	晨始见后顺	始留	逆行	留	顺行	伏	一见
每段日数(A)	121	25	84	$24\frac{3}{7308711}$	$111\frac{1828362}{7308711}$	$33\frac{3334737}{7308711}$	$398\frac{5163102}{7308711}$
每日行度(B)	$\frac{2}{11}$	0	$-\frac{1}{7}$	0	$\frac{2}{11}$	不盈$\frac{1}{11}$，应为不盈$\frac{1}{10}$	日行度$\frac{145}{1728}$
每段行度($A\times B$)	[22]	[0]	[−22]	[0]	$\left[20\frac{1661286}{7308711}\right]$	$3\frac{1673451}{7308711}$	共行 $33\frac{3334737}{7308711}$

这里的公分母 7308711 最令人困惑，因 7308711 分之一天即今 0.011821 秒，精度

惊人。

计时精度是受到科技水平制约的，尽管一天分百刻的计时制在周以前就出现了。《续汉书·律历志》中所描述“孔壶为漏，浮箭为刻，下漏数刻，以考中星”，在汉代有了很大的发展。汉武帝时期（前140—前87）发明的浮箭漏，替代了单壶泄水型沉箭漏。最迟在东汉初（公元1世纪初），出现了二级补偿式浮箭漏。东汉以后，日误差大多在1分钟以内，最好的可达20秒左右[17]。

欧洲的机械钟，14世纪时的日误差最大为2小时，最小为5到10分钟，一般为±20分钟。公元1715年英国人格林汉姆（Graham，George）把直进式擒纵机构用到机械摆钟上，计时精确度才达到日误差几秒的数量级。

其实，7308711是岁星见数1583与元数4617的乘积，涉及岁星岁数1728岁。单独一个分母的取值，没有适当的分子值配合，不直接决定分数之值。

各段日数栏，为示其精确，竟有“复留，二十四日三分而旋”一值，三分即今0.035463秒。把数值人为调整得如此严密，正是传统历法整数论的特色。

从原文来看，五步各项相加得总日数 $398\dfrac{5163102}{7308711}$、总行度 $33\dfrac{3334737}{7308711}$ 度，最后约简得日行率 $\dfrac{145}{1728}$ 度。透过表面现象我们看到，是先算出日行率 $\dfrac{145}{1728}$ 度，再分出五步的。

五步是刘歆掌握密近简化算法的证据之一！

16.5.6 西方的观察

以哥白尼的方法为例，我们知道西方天文观察走的是另一条道路。

尼古拉·哥白尼[18]（1473—1543），波兰天文学家、数学家、教会法博士、神父，是西方文艺复兴时期的号手，现代天文学的创始人。

1506年哥白尼在弗罗恩堡大教堂担任教士。哥白尼特意把教堂围墙上的箭楼作宿舍兼工作室，设置了一个小小的天文台，用自制的简陋仪器，开始了长达30年的天体观测。正是在这里，他写下了震惊世界的巨著《天体运行论》，其中选用的27个观测事例，就有25个是他在这个箭楼上观测记录的。

《天体运行论》共有6卷。在第五卷第一章中探讨“行星的运行和平均行度”时，对五大行星的会合周期（即相对于地球的会合运动周期）和恒星周期的关系，作了精彩的描述和分析。实际上提出了计算行星两种周期的依据。根据哥白尼提出的日心体系理论，还可以推导出行星会合周期与恒星周期的关系式。

哥白尼大胆地把宇宙的中心从地球移到太阳，提出：“太阳是宇宙的中心，所有行星都围绕太阳运转；地球不是宇宙的中心，而是绕太阳运转的一颗普通行星。”“人们每天看到的太阳由东向西运行，是因为地球每昼夜自转一周的缘故，而不是太阳在移动。”“火星、木星等行星在天空中有时顺行，有时逆行，是因为它们各依自己的轨道绕太阳转动，而不是因为他们行踪诡秘。”

可见，哥白尼依靠把圆周划分成360度，测视角差，取得数据。这种观察方法，与中国古代方法是完全不同的。

16.6 大周三算法

16.6.1 早期史料

三交点界定的大周，是刺激历法发展的核心概念[19]。

早期历法家，在一日一度、一年一圈的天度圈基础之上，以率为基础，构思出三个算法：一是相约算法；二是终而率之算法，即密近简化算法，从观察所得会合周期，调出所需历法数据；三是周天圈数差算法。这三个算法合称为大周三算法。

密近简化前期工作中，刘歆原文只字未提“相约”，东汉四分历、乾象历、景初历等现存史料上，也只是片言只语。然而，正是算理内在的凝聚力，支持我们根据景初历史料提出相约算法[20]。

公元85年东汉四分历的“五星之数生也，各记于日，与周天度相约而为率……以率去日率，余以乘周天，如日度法为度之余也”，已经提到相约算法和周天圈数差算法。

公元223年乾象历只提相约算法：“各以终日与天度相约，为周率、日率。……五星度数、度余。”

现存史料中，以237年杨伟景初历[21]推五星术，叙述最为清楚。所说周天度、天度和一岁之日是同一件事。原文为：

> 五星者，木曰岁星，火曰荧惑星，土曰填星，金曰太白星，水曰辰星。凡五星之行，有迟有疾，有留有逆。曩自开辟，清浊始分，则日月五星聚于星纪。发自星纪，并而行天，迟疾留逆，互相逮及。星与日会，同宿共度，则谓之合。从合至合之日，则谓之终。各以一终之日与一岁之日通分相约，终而率之，岁数（周家录校勘记曰：岁数岁下岁衍文）岁则谓之合终岁数，岁终则谓之合终合数。二率既定，则法数生焉。……各以合数减岁数，余以周天乘之，如日度法而一，所得则行星数度也，余则度余。

16.6.2 相约算法

远古开天辟地，日月五星聚于星纪，各自运行，有快有慢，相互追逐，促使人们产生了岁星会合周期的概念。

古传岁星12年11见。借用四分历岁实$365\frac{1}{4}$日，可以算出岁星会合周期$365\frac{1}{4}$日$\times 12\div 11=398\frac{5}{11}$日$\approx 398.4545$日。借用刘歆的三统历岁实$\frac{562120}{1539}$日，可以算出岁星会合

周期 $\frac{562120\times12}{1539\times11}=\frac{6745440}{16929}=398\ \frac{7698}{16929}\approx398\ \frac{4547}{10000}$日。

三统历的岁星会合周期数据，载于三统历五步："一见，三百九十八日五百一十六万三千一百二分。"又据纪母所记："见中日法七百三十万八千七百一十一"，核算知岁星会合周期 $398\ \frac{5163102}{7308711}$日$\approx398\ \frac{7064}{10000}$日，这是刘歆实际应用的值。

$398\ \frac{4547}{10000}$日必须改成 $398\ \frac{7064}{10000}$日，否则无法算出岁星岁数的 1728 和 1583。

岁星与太阳的前后两次双交点，界定会合周期。约经 $398\ \frac{7064}{10000}$日，岁星与太阳重合一次。归到每一日，岁星与太阳每一日重合$\frac{7064}{10000}$次。乘"一岁之日"$\frac{562120}{1539}$日，即每一年，岁星与太阳重合$\frac{\frac{562120}{1539}}{398\ \frac{7064}{10000}}=\frac{5621200000}{6136091496}$次。也就是说，每经 6136091496 岁，岁星与太阳重合 5621200000 次。

利用单会合周期的"一终之日"，与太阳的"一岁之日"相约，可平摊到太阳、岁星的每日重合次数。写岁换日，可知晓太阳、岁星的每岁重合次数。再扩大到整岁数与整次数之比，得到的多会合周期集合，界定点就是以岁星、太阳与某背景点的三交点。前后两个三交点界定的时间段是大周。

16.6.3　终而率之算法

岁星与太阳每经 6136091496 岁重合 5621200000 次。这个大周分子分母数值太大，不适合编制历法，需要简化。这种需求催生了密近简化算法。

我们采用序列值计算表，计算 6136091496 和 5621200000 如下(表 16.4)：

表 16.4　6136091496 与 5621200000 序列值计算表

K	辗转相除	商值	Q 序列	P 序列	P/Q
			令 $Q_0=0$	令 $P_0=1$	
1	$6136091496(a)=5621200000(b)\times1(q_1)+514891496(r_1)$	$q_1=1$	令 $Q_1=1$	$P_1=q_1=1$	
2	$5621200000=514891496\times10(q_2)+472285040(r_2)$	$q_2=10$	$Q_2=q_2=10$	$P_2=1+q_2P_1=11$	
3	$514891496=472285040\times1(q_3)+42606456(r_3)$	$q_3=1$	$Q_3=1+q_3Q_2=11$	$P_3=P_1+q_3P_2=12$	12/11

续表

K	辗转相除	商值	Q 序列	P 序列	P/Q
4	472285040 = 42606456 × 11 (q_4) + 3614024(r_4)	$q_4=11$	$Q_4=Q_2+q_4Q_3=131$	$P_4=P_2+q_4P_3=143$	
5	42606456=3614024×11(q_5)+2852192 (r_5)	$q_5=11$	$Q_5=Q_3+q_5Q_4=1452$	$P_5=P_3+q_5P_4=1585$	
6	3614024= 2852192 × 1 (q_6) + 761832 (r_6)	$q_6=1$	$Q_6=Q_4+q_6Q_5=1583$	$P_6=P_4+q_6P_5=1728$	1728/1583

刘歆发现,1728 是 12 的 144 倍,与《周易·系辞》的“坤之策百四十有四”相符。在纪母中,明确坤(巛,坤字古体)策 144:“木金相乘为十二,是为岁星小周。小周乘巛策,为千七百二十八,是为岁星岁数。”

1728 岁 1583 见,密近于 6136091496 岁 5621200000 见,数值相差 0.00000007。分子、分母简化成四位,有利于历法编排。我们称之为密近简化算法。

从古代相传的岁星 12 年 11 见,通过相约算法得到 6136091496 岁 5621200000 见,最后用密近简化算法调出 1728 年 1583 见,都是岁星大周,都由三交点所界定,都是日出时岁星现于东方地平线上某背景点此天象的再次出现。

尽管从现代数学的严格观点看,密近简化算法前后的两个三交点,还是有所偏移的。

三统历假托黄钟,附会易著,玄妙其词,宗旨是宣扬皇权神授,巩固政权,稳定社会。刘歆刻意凑合岁星岁数,挂靠周易“乾坤之策”。这个荒诞之举,竟成了现今人们不可或缺的史料,证明公元交替时期历法家流行着一种密近简化算法。

一般地说,同一序列中较大的值,除非刻意凑合,不可能是较小值的倍数。刘歆要找出“木金相乘为十二,是为岁星小周。小周乘巛(坤字古体)策,为千七百二十八,是为岁星岁数”。只有刻意放弃 $398\frac{4547}{10000}$,改成 $398\frac{7064}{10000}$日。

16.6.4 周天圈数差算法

现在研究大周三算法中第三个:周天圈数差算法。

景初历推五星术说:“各以合数减岁数,余以周天乘之,如日度法而一,所得则行星数度也,余则度余。”合数是大周中的会合周期数,岁数是大周年岁数,即太阳周天数。合数减岁数,剩下岁星的周天数。例如,以太阳周天数(6136091496 岁)减去会合周期个数(5621200000 个),得到岁星周天数(514891496 周天)。不满日度法的余,就称度余。

6136091496 与 5621200000 也可用序列计算表(表 16.5):

表 16.5　6136091496 和 514891496 序列值计算表

K	被除数＝除数×商＋余	商值	Q 序列	P 序列	P/Q
			令 $Q_0=0$	令 $P_0=1$	
1	6136091496(a)＝514891496(b)×11(q_1)＋472285040(r_1)	$q_1=11$	令 $Q_1=1$	$P_1=q_1=11$	
2	514891496 ＝ 472285040 × 1（q_2）＋42606456(r_2)	$q_2=1$	$Q_2=q_2=1$	$P_2=1+q_2P_1=12$	12/1
3	472285040＝42606456×11(q_3)＋3614024(r_3)	$q_3=11$	$Q_3=1+q_3Q_2=12$	$P_3=P_1+q_3P_2=143$	
4	42606456＝3614024×11(q_4)＋2852192(r_4)	$q_4=11$	$Q_4=Q_2+q_4Q_3=133$	$P_4=P_2+q_4P_3=1585$	
5	3614024＝2852192×1(q_5)＋761832(r_5)	$q_5=1$	$Q_5=Q_3+q_5Q_4=145$	$P_5=P_3+q_5P_4=1728$	1728/145

于是，经 1728 岁，岁星行 145 周天。这是由两个周天值描述的岁星大周，一个是太阳 1728 个大周，一个是岁星行 145 周天的大周。

此外，两个大周数之差 1728－145＝1583，也就是见数。

16.7　本原探索

16.7.1　岁星超辰与上元积年

起步于天度圈观念的中国历法，必然走上上元积年演算之路。

从年代学的角度来考虑，上古史料本来零乱，越往古，王朝的年代越难断定。例如，关于周武王伐纣的年代，历代研究至少有数种说法，刘歆所说也只能算其中一家。

岁星纪年法行用期间，古人著书录入当时所见岁星所在，总以实际观察为准。12 个星次划分明确，岁星位置清晰可辨，应该并无多大观察误差。察觉岁星超辰与天象明显不符，应该不是难事。

刘歆用岁星超辰值编成岁术，作为三统历计时体系的基准，推演出世经数据，“以说《春秋》”。《世经》所载古传史料中的岁星纪年、朔旦冬至，以及纪年条款，除少数用殷历、周历外，都体现 144 年超一次，可见大部分用三统历岁术推算过。

可以肯定，刘歆所用密近简化算法，与后世开禧历求乘率术一脉相承。

16.7.2　六条上元积年值

在三统历中，上元积年值只是出现在最后的《世经》一节中，共有六条。按先后次序编号如下：

（一）上元至伐桀之岁，十四万一千四百八十岁，岁在大火房五度。

（二）上元至伐桀十三万二千一百一十三岁，其八十八纪，甲子府首，入伐桀后百二十七岁。

（三）上元至伐纣之岁，十四万二千一百九岁，岁在鹑火张十三度。

（四）厘公五年正月辛亥朔旦冬至，《殷历》以为壬子，距成公七十六岁。是岁距上元十四万二千五百七十七岁，得孟统五十三章首。

（五）汉高祖皇帝，著《纪》，伐秦继周。木生火，故为火德。天下号曰“汉”。距上元年十四万三千二十五岁，岁在大棣之东井二十二度，鹑首之六度也。故《汉志》曰：岁在大棣，名曰敦牂，太岁在午。

（六）汉历太初元年，距上元十四万三千一百二十七岁。前十一月甲子朔旦冬至，岁在星纪婺女六度，故《汉志》曰：岁名困敦，正月岁星出婺女。

我们以第六条太初元年值作基准，变动编历岁数，可推演第一、三、四、五条。

第二条已如上述，上元至伐桀的值，采用了四分纪1520岁，意图为融入岁名干支周期。然而终究失败，不了了之。

16.7.3 数值核算

三统历中，三次提到太初历的基准数据：一元4167岁。

凡四千六百一十七岁，与一元终。

元法四千六百一十七，参统法，得元法。

乃以前历上元泰初四千六百一十七岁，至于元封七年，复得阏逢摄提格之岁，中冬十一月甲子朔旦冬至，日月在建星，太岁在子，已得太初本星度新正。

正是31倍的太初元值4167岁，即太初上元值143127，衔接着三统历。

汉历太初元年，距上元十四万三千一百二十七岁。前十一月甲子朔旦冬至，岁在星纪婺女六度，故《汉志》曰：岁名困敦，正月岁星出婺女。

三统历“推岁所在”之术，目的是算某年月日的岁星所在。全文为：

推岁所在，置上元以来，外所求年，盈岁数，除去之，不盈者以百四十五乘之，以百四十四为法，如法得一，名曰积次，不盈者名曰次余。积次盈十二，除去之，不盈者名曰定次。数从星纪起，算尽之外，则所在次也。欲知太岁，以六十除积次，余不盈者，数从丙子起，算尽之外，则太岁日也。

从上元到此刻，岁星所行总星次满去周天12星次，所得积次、次余，即可估岁所在星次与宿。最后一句“欲知太岁，……则太岁日也”，留至后文16.7.5讨论。

《三统历》岁术说：“数从星纪起，算尽之外，则所在次也。”

算外[22]是历书中常见的术语。上元以来若干年，乃减去所求之年不算，而算以前之年数，故曰外所求年也。因为推求气朔的方法，都是从岁前天正的平朔起算的。例如，周武王伐纣之年，上元142110岁，只以142109年入算，从而求得本年天正朔日。

李锐在《汉三统术下》[23]中，以岁术核算过太初上元：

注曰：置距上元岁数，以元法除之，尽，为入元首甲子统首。以置距上元岁数，以岁星岁数去之，余一千四百三十一，以百四十五乘之，得二十万七千四百九十五，盈百四十四而一，得积次一千四百四十，次余一百三十五。以十二除积次适尽，得岁在星纪。又以三十乘次余，得四千五十盈百四十四而一，得积度二十八。数起斗十二度，算外，得婺女六度。以六十除积次亦尽，得太岁日丙子。

太初元年距上元 143127 年。除以元法 4617 年，$\frac{143127}{4617}=31$，为入甲子统首，日月皆无余分，故前 11 月朔旦冬至。$\frac{143127}{1728}=82\ \frac{1431}{1728}$，$\frac{1431\times145}{144}=1440\ \frac{135}{144}$。$\frac{1440}{12}=120$ 适尽，得岁在星纪。星纪共 30 度。次余$\frac{135}{144}\times30=\frac{4050}{144}$。“星纪，初斗十二度，大雪。中牵牛初，冬至。于夏为十一月，商为十二月，周为正月。终于婺女七度。”岁术说：“数从星纪起，算尽之外，则所在次也。”

$\frac{4050}{144}=28.125$，故有：“数起斗 12 度，算外得婺女 6 度左右。”

$\frac{1440}{60}=24$ 适尽，以六十除积次亦尽，得太岁日丙子。此为“欲知太岁”之术。

16.7.4　构思探索

探索刘歆引入上元积年的具体原因和构思细节，困难重重。

1928 年日本学者新城新藏[24]开垦草莽，以 31 个元试算，以线性四元不定方程进行推测。

1980 年李文林、袁向东[25]推测，推算三统上元之关键，是汉历太初元年……前十一月甲子朔旦冬至。刘歆编造“岁星超辰”，三统历“岁术”以岁星一百四十四年而超一次，即一百四十四年行一百四十五次。可把岁在星纪婺女六度，理解成处于 30 度星纪的$\frac{r}{144}$，r 在 135 与 139 之间。

如果以 p，q 为不定整数，q 为岁星运行圈数，有线性不定方程：

$$4617\times p\times\frac{145}{144}=12p+\frac{r}{144}，即\ 669465p=1728q+135，$$

相当于以 x 为未知数的线性同余式：

$$4617\times x\times\frac{145}{144}\equiv\frac{135}{144}(\mathrm{mod}\ 12)，整理成\ 669465x\equiv135(\mathrm{mod}\ 1728)。$$

仅当余数 r 取整数 135，即有$\frac{135}{144}$时，有最小正整数解 $x=31$。由此可算出上元积年数 $4617\times31=143127$。

前辈们不畏艰难，披荆斩棘，开阔了我们的视野，鞭策着我们一步步前进。

现在我们要解答，这个 135 是怎样取得的？

探索可分 5 步，每一步都有史料上的依据。

1 落下闳的密近简化

我们赞成吕子方对落下闳日法 81 来源的推测，只是把连分数之说换成等价的密近简化。落下闳以古六历$\frac{499}{940}$作源，用密近简化法试算出太初历的$\frac{43}{81}$。

序列值计算表如下（表 16.6）：

表 16.6 940 和 499 序列值计算表

K	辗转相除	商	Q 序列	P 序列	P/Q
			令 $Q_0=0$	令 $P_0=1$	
1	$940=499\times1+441$	$q_1=1$	令 $Q_1=1$	$P_1=q_1=1$	1
2	$499=441\times1+58$	$q_2=1$	$Q_2=q_2=1$	$P_2=1+q_2P_1=2$	2/1
3	$441=58\times7+35$	$q_3=7$	$Q_3=1+q_3Q_2=8$	$P_3=P_1+q_3P_2=15$	15/8
4	$58=35\times1+23$	$q_4=1$	$Q_4=Q_2+q_4Q_3=9$	$P_4=P_2+q_4P_3=17$	17/9
5	$35=23\times1+12$	$q_5=1$	$Q_5=Q_3+q_5Q_4=17$	$P_5=P_3+q_5P_4=32$	32/17
6	$23=12\times1+11$	$q_6=1$	$Q_6=Q_4+q_6Q_5=26$	$P_6=P_4+q_6P_5=49$	49/26
7	$12=11\times1+1$（自然余数）	$q_7=1$	$Q_7=Q_5+q_7Q_6=43$	$P_7=P_5+q_7P_6=81$	81/43

汉代对音律的认识，主要是三分损益律。太初历历法数值基本都与 3 有关。

如《汉书》所载："闳运算转历，其法以律起历"，落下闳选用 3 的倍数 81。

整数对现象各值体现的内在数理关系，使得人们可以根据某一个特征，作为关联另一个特征的标志，导出所需结论。

分子、分母各为三位的 499 与 940，比值为 0.530851。分子、分母各为两位的 43 与 81，比值为 0.530864。精确到小数点后第六位，两者相差 0.000013。如果要作为日法，构建起历法整数论，81 更适宜于历法的编制。

围绕太初历日法 81，我们无法提供进一步的史料。但判断落下闳知晓密近简化术，应该是有把握的。

2 等数用于关联

刘歆熟知落下闳把 940，499 密近简化为 81，43 的计算过程。

同时代的《九章算术》描述过更相减损术，引出关键概念等数。

当然，以更相减损作术名的，只是求等数术减法形式。现存史料上未曾见到单独的求等数除法形式。但删除 1208 年原筹算图左列，右列上下，就是传统数学的求等数除法形式。

我们认为，刘歆沿用前人的求等数除法形式，落下闳就曾用来进行密近简化。

在 940 和 499 序列值计算表(表 16.7)中，算到除法 12＝11×1＋1(r_7)(自然余数)。再算下一步，是 11＝1×10＋1(r_8)(调节余数)。筹算板上下，1(r_8)＝1(r_7)，合称等数。

刘歆的突出贡献，是引入两个余数 1 组成的等数 1 作为标志，用来关联 81 与 43。

表 16.7　940 和 499 序列值计算表扩展

K	辗转相除	商	Q 序列	P 序列	P/Q
			令 $Q_0=0$	令 $P_0=1$	
1	940＝499×1＋441	$q_1=1$	令 $Q_1=1$	$P_1=q_1=1$	1
2	499＝441×1＋58	$q_2=1$	$Q_2=q_2=1$	$P_2=1+q_2P_1=2$	2/1
3	441＝58×7＋35	$q_3=7$	$Q_3=1+q_3Q_2=8$	$P_3=P_1+q_3P_2=15$	15/8
4	58＝35×1＋23	$q_4=1$	$Q_4=Q_2+q_4Q_3=9$	$P_4=P_2+q_4P_3=17$	17/9
5	35＝23×1＋12	$q_5=1$	$Q_5=Q_3+q_5Q_4=17$	$P_5=P_3+q_5P_4=32$	32/17
6	23＝12×1＋11	$q_6=1$	$Q_6=Q_4+q_6Q_5=26$	$P_6=P_4+q_6P_5=49$	49/26
7	12＝11×1＋1(r_7)(自然余数)	$q_7=1$	$Q_7=Q_5+q_7Q_6=43$	$P_7=P_5+q_7P_6=81$	81/43
r_7 自然余数 1，r_8 最后 0					
8	11＝1×11＋0	$q_8=11$	$Q_8=Q_6+q_8Q_7=499$	$P_8=P_6+q_8P_7=940$	940/499
r_8 调节余数 1，r_9 最后 0					
8	11＝1×10＋1(r_8)(调节余数)	$q_8=10$	$Q_8=Q_6+q_8Q_7=456$	$P_8=P_6+q_8P_7=859$	859/456
9	1＝1×1＋0	$q_9=1$	$Q_9=Q_7+q_9Q_8=499$	$P_9=P_7+q_9P_8=940$	940/499

3　满去式的解

太初元值 4167 岁的 31 倍，即太初上元值 143127，衔接起太初历与三统历。

> 汉历太初元年，距上元十四万三千一百二十七岁。前十一月甲子朔旦冬至，岁在星纪婺女六度，故《汉志》曰：岁名困敦，正月岁星出婺女。

从上元起，31 个元，即 143127 岁，按岁术可有“岁在星纪婺女六度”，恰与《汉志》“正月岁星出婺女”相符。此举对三统历体现天人感应权威意义极大。“故《汉志》曰”的“故”字，显露着 2000 多年前刘歆的得意之情。

刘歆可能是在大量计算时，偶遇 31 这个值，启发思想升华，反转条件与结论。谋求用数值解法，利用元 4617 岁和“婺女六度”，反推算出值 31。

进而探索元数数值计算。这相当于考虑现今所说的线性同余式问题：

岁星超辰运行，从上元起历经多少个元 4617 岁，到太初元年岁首处于“星纪婺女六度”$\left(\frac{135}{144}\right)$?

我们赞成李文林、袁向东推测中的 $4617\times p\times\frac{145}{144}=12p+\frac{r}{144}$，即 $669465p=1728q+135$，或 $669465x\equiv135(\bmod 1728)$。我们只是想换成等价的满去式：多少个 669465，满去 1728，不满 135?

4 筹算模仿

模仿开禧历大衍术筹算图，计算 669465 与 1728，见表 16.8。我们看到：相等的 27 合为等数，标志左上 19 为乘率。

顶行表示辗转相除关系，第二行突出当前筹算操作目标，底下一行标筹算图序号。

表 16.8 模仿 1208 年筹算图计算 669465 与 1728

<table>
<tr><td colspan="2">$1728=729\times2(q_2)+270(r_2)$</td><td colspan="2">$729=270\times2(q_3)+189(r_3)$</td><td colspan="2">$270=189\times1(q_4)+81(r_4)$</td></tr>
<tr><td>Q_0=空，Q_1=天元一，$q_2=2$</td><td>$r_2=270$</td><td>$Q_2=q_2=2, q_3=2$</td><td>$r_3=189$</td><td>$Q_3=q_3Q_2+Q_1=5$，$q_4=1$</td><td>$r_4=81$</td></tr>
<tr><td>(Q_1)1　(r_1)729
(Q_0)0　1728
(q_2)2</td><td>1　729
0　(r_2)270
2</td><td>(q_3)2　1
729　(Q_2)2
270</td><td>2　1
(r_3)189　2
270</td><td>(Q_3)5　189
2　270
(q_4)1</td><td>5　189
2　(r_4)81
1</td></tr>
<tr><td>图 1</td><td>图 2</td><td>图 3</td><td>图 4</td><td>图 5</td><td>图 6</td></tr>
</table>

<table>
<tr><td colspan="2">$189=81\times2(q_5)+27(r_5)$</td><td colspan="2">$81=27\times2(q_6)+27(r_6)$</td><td>$27=27\times1(q_7)$</td></tr>
<tr><td>$Q_4=q_4Q_3+Q_2=7, q_5=2$</td><td>$r_5=27$</td><td>$Q_5=q_5Q_4+Q_3=19, q_6=2$</td><td>$r_6=27$</td><td>$Q_6=q_6Q_5+Q_4=45$，$q_7=1$</td></tr>
<tr><td>(q_5)2
5　189
(Q_4)7　81</td><td>2
5　(r_5)27
7　81</td><td>(Q_5)19　27
7　81
(q_6)2</td><td>19　等 27
7　(r_6)等 27
2</td><td>(q_7)1
乘率 19　等 27
(Q_6)45　等 27</td></tr>
<tr><td>图 7</td><td>图 8</td><td>图 9</td><td>图 10</td><td>图 11</td></tr>
</table>

图 9 除法 $81=27\times2(q_6)+27(r_6)$，由商数损一调节，商$(q_6)$取 2 不取 3，产生余数 $27(r_6)$。图 10 上下 27 各标一个等字。到图 11，两个相等的 27 才合为等数，标志左上 19 为乘率。

这里，自然余数 $27(r_5)$除法序数 5 为奇，单独的等数自然值 $27(r_5)$，本来就是取自然余数分支序列值的充分必要条件。然而，为了追求等数，画蛇添足，必凑等数调节值(r_6)27，必闯调节余数分支，必误求图 11 左下(Q_6)45（调节余数分支序列值），并冲击右列上下轮流作被除数的规律，从而陷入陷阱。

然而,传统历法的求乘率术,以等数检测乘率,直观简单。适用于奇序、偶序一切整数对,都能求出乘率,足以支撑中华文明千年传统历法的辉煌[26]。

5 最小正整数解

整数对 669465 与 1728 入大衍术,与约简的整数对 24795 与 64 入大衍术,乘率都是 19。这是涉及整数对现象的既约分数问题。

求解多少个 669465,满去 1728,不满 135,可用开禧历求入元岁之术理,原文如下:

> 又以日法乘前历所测冬至气刻分,收弃末位为偶数,得斗分,与日法用大衍术入之,求等数、因率、蔀率,以纪乘等数为约率,置所求气定骨,如约率而一,得数,以乘因率,满蔀率去之,不满,以纪法乘之,为入元岁。

模仿算图中算出等数 27、因(乘)率 19。开禧历的纪(纪法)源于干支周期 60。此处纪(纪法)为 1,约率等于等数 27。约 135 得 5,约 1728 得 64。

核算:669465×31=20753415,20753415-135=20753280,20753280=1728×20753145。

31 是最小正整数解,正是从太初元跨越到三统上元积年的核心,说明刘歆对满去式的最小正整数解概念是有所了解的。

大量试算中的偶然发现,碰撞到数理的内在逻辑擦出的火花,引导刘歆求解线性满去式,成为上元积年计算第一人。闯入这个数学领域的刘歆,不会透彻了解其间数理,并未明确意识 19 为乘率。从乘率 19 到最小正整数解 31 还需要关键一步。以乘率 19 乘 5 得 95。95 已是 $669465x \equiv 135 \pmod{1728}$ 的解。以 95 满去 64 所得的 31 则是最小正整数解。

然而,所面临正反核算问题,以特定数值关系探索,还是能够解决的。

16.7.5 欲知太岁之术

刘歆之父刘向多年研究历法:"至孝成世,刘向总六历,列是非,作《五纪论》。"书名五纪,出自《尚书·洪范》:"五纪,一曰岁,二曰月,三曰日,四曰星辰,五曰历数。"

刘歆对日名、岁名干支周期的研究,体现在世经中所载上元积年值第二条中:

> 四分上元至伐桀,十三万二千一百一十三岁,其八十八甲子府首,入伐桀后百二十七岁。

所定四分上元,实质上是太初元年前推 133760(=1520×88)年。这是四分历纪法 1520 年的 88 倍,再扣除太初元年到伐桀的 1647 岁,正是字面上所记 132113 岁。

这两句话相当费解,却暴露刘歆是受四分历的内在数理启发,推衍三统历。

刘歆以统首日命名天统甲子、地统甲辰、人统甲申,已经注意到:太初、三统的一个元 4617 年,只含日名干支周期,天生不含岁名干支周期。

《世经》第二条积年值"上元至伐桀十三万二千一百一十三岁,其八十八纪,甲子府首,入伐桀后百二十七岁",并非计算四分上元,而是试图融入岁名干支周期。

所谓甲子府首，指纪之首，四分历一纪 1520 岁含 9253 个日名干支周期。88 纪共 1520×88=133760 岁，扣除伐桀之岁到太初元年 1647 岁，所得 132113 岁为上元到伐桀之岁。加入 127，132113+127=132240=60×2204，有 2204 个岁名干支周期。故称“甲子府首，入伐桀后百二十七岁”。至于这个融入岁名干支周期后的 127 作何解释，不了了之。

刘歆煞费苦心创建的岁星超辰，竟然成了岁名干支周期绕不过的坎。

刘歆确认邓平、落下闳的原创日法 81，以 $29\frac{43}{81}=\frac{2392}{81}$ 为朔望月长度。依靠古传 19 岁 7 闰，得到一统 81 章 1539 岁 19035 朔望月 562120 日。

要想确保 60 日周而复始，一统 1539 岁，562120 日=9368×60+40，需扩大三倍，得三统 4617 岁。因各统首日次分别为甲子(0)、甲辰(40)、甲申(20)，三个统依次命名为天统甲子、地统甲辰、人统甲申。

刘歆无法回避太初历“太岁在子”之说，留下“欲知太岁”之术，无法自圆其说。原文是：

> 欲知太岁，以六十除积次，余不盈者，数从丙子起，算尽之外，则太岁日也。

$\frac{1440}{60}=24$ 适尽，以六十除积次亦尽，得太岁日丙子。

岁星超辰，$4617\times31\times\frac{145}{144}=144120\frac{135}{144}$星次，扣除$\frac{135}{144}$，积次 144120 尽管可以 60 整除，单位却是星次。

原文中刘歆说的六十，单位是积次。

丙子属于六十干支周期。原文“数从丙子起”，指的是干支纪日还是干支纪年？

现在所知，古以甲子纪日，干支纪年始见于西汉，多与岁名、岁在和丛辰配合使用，但始创时期，历代纪年关系还未理顺，现存多例，互相抵牾。刘歆自成体系，是为一说。到东汉，才追正自西周共和以来历代各王世王年之甲子，才完善了中国历史上的干支纪年法。

我们只是想，依太初、三统历当年威信，东汉追正时，倒极有可能把地支十二周期的“子”关联天干地支六十周期“丙子”。

太岁的历史演变众说纷纭。战国时期的岁星纪年法，一岁行一星次，方便实用，一度深入人心。人们渐渐发现其不足，陆续追加种种弥补观念，产生虚拟概念太岁。《汉书·天文志》称太岁，《淮南子·天文训》叫太阴，《史记·天官书》叫岁阴。入汉以后到新莽时期，与史实纪年不合的岁星纪年法、太岁纪年法和岁阳、岁阳纪年法混用，各执一端，到汉章帝元和二年(85 年)东汉四分历的颁行，宣告正式结束[27]。

我们的想法只能是：“数从丙子起，算尽之外，则太岁日也”一句，除非有衍文夺字，否则，把太岁日与丙子相扯，实在是无奈之举。

16.7.6　本原探索

1801 年高斯《算术研究》27 节叙述的整数对辗转相除序列现象，揭示了 1247 年秦九韶《数书九章》中记载的 1208 年开禧历求乘率术原图的数学原理。

正是数论发展的内在逻辑，指引着我们收集相关史料，一步步追根寻源。

公元前 7 年，三统历岁星大周的研究是关键的史料。刘歆以古传岁星 12 岁 11 见为小周，导出岁星大周，以密近简化调出岁星岁数，独创岁星超辰纪年。

刘歆的推算，不乏刻意挂靠“乾坤之策”，人为修改数据，以特殊推一般，但应用密近简化，确凿无疑。根据紧随的四分历、乾象历、景初历，明确刘歆用相约算法，亦无不妥。

在李文林、袁向东推测基础上，我们进一步推测，刘歆寻找反算 31 个元的数值解法，刺激上元积年概念的诞生，应该是顺理成章的。

由此，再向前推算，说到公元前 104 年的落下闳，我们能做的只是把吕子方推测中的连分数换成等价的密近简化。

囿于史料，想要大胆地往远古探索，也只能靠算理的内在凝聚力了。

华罗庚人造行星数例，深入浅出，使我们认识天度圈、日行一度、历数的实践意义和理论意义。正是天度圈圈数之比蕴含的巨大潜力，刺激出密近简化法。

终于，我们可以有把握地说，上元积年的本原，就是尧舜的“岁三百有六旬有六日”。

我们深深缅怀落下闳，这位力挽狂澜、功不可没，又急流勇退的民间天文学家。我们更深深缅怀一代代不知名的畴人子弟，他们积累历数，传播文明。正是他们，在人类文明史上写下了浓重的一笔[28]。

参考文献

[1] 张培瑜，陈美东，薄树人，等.中国古代历法[M].北京：中国科学技术出版社，2008：250－300.

[2] 陈美东.古历新探[M].沈阳：辽宁教育出版社，1995：213－214.

[3] 李约瑟.中国科学技术史(四)：天文学(一)[M].北京：科学出版社，2008：1－2.

[4] 王翼勋.两千年前的密近简化计算[J].数学传播，2015，39(2)：61－74.

[5] 钱宝琮.中国算学史凡例[M]//李俨、钱宝琮科学史全集：第 1 卷.沈阳：辽宁教育出版社，1998：169.

[6] 吕子方.中国科学技术史论文集(上)[M]//中国科学院成都分院自然辩证法研究室.吕子方遗著整理研究组整理.成都：四川人民出版社，1983.

[7] 王渝生.中华文化通志：算学志[M].上海：上海人民出版社，1999.

[8] 华罗庚.从祖冲之的圆周率谈起[M].北京：人民教育出版社，1964.

[9] 闵嗣鹤，严士健.初等数论[M].3 版.北京：高等教育出版社，2003：150.

[10] 司马彪.续汉书·律历志[M]//历代天文律历等志汇编(五).北京：中华书局，1976：1479.

[11] 卢仙文，江晓原.略论清代学者对古代历法的整理研究[J].中国科技史料，1999，20(1)：81－90.

[12] 薄树人.试探三统历和太初历的不同点[J].自然科学史研究，1983，2(2)：133－138.

[13] 刘操南.历算求索[M].杭州:浙江大学出版社,2000.

[14] 刘次沅.《史记·历术甲子篇》探讨[J].天文学报,1996,37(4):105—112.

[15] 司马彪.续汉书·律历志[M]//历代天文律历等志汇编(五).北京:中华书局,1976:1419—1426.

[16] 梅荣照.刘徽与祖冲之父子[M]//科学史集刊编辑委员会.科学史集刊.北京:地质出版社,1984:105—129.

[17] 华同旭.中国漏刻史话[J].中国计量,2003(8):37—40.

[18] 哥白尼.天体运行论[M].姚守国,译.南京:江苏人民出版社,2011.

[19] 同[6].

[20] 同[4].

[21] 晋书·律历志下[M]//历代天文律历等志汇编(五).北京:中华书局,1634—1644。

[22] 陈沣.三统历详说[M].光绪年间刻本.

[23] 李锐.汉三统术下[M].嘉庆刊李氏遗书本.

[24] 新城新藏.东洋天文学史研究[M].弘文堂,1928.

[25] 李文林,袁向东.论汉历上元积年的计算[C]//自然科学史研究所.科技史文集(3).上海:上海科技出版社,1980:70—76.

[26] 王翼勋.传统数学的千年等数和乘率之谜[J].数学传播,2012,36(4):69—82.

[27] 斯琴毕力格,罗见今.太初历的纪年问题——太岁纪年法被淘汰的原因[J].科学技术哲学研究,2012,29(1):62—69.

[28] 王翼勋.上元积年本原探索[J].自然科学,2017,5(1):42—54.

第十七章 密近简化的应用

密近简化法在公元之初的历法早期，起着举足轻重作用。

我们看到，近 500 年发展的密近简化法，传到祖冲之手中，用于闰周值的修改，提出了 391 年 144 闰的新数据。我们还将分析，祖冲之可能利用刘徽割圆术的“差幂”，实行补缀衔接，应用密近简化法，简捷明快求出朒数、盈数。再用密近简化法，求出约率、密率。

17.1 闰周的革新

17.1.1 密近简化的继承

祖冲之(429—500)，河北省涞源县人。他从小就阅读了许多天文、数学方面的书籍，勤奋好学，刻苦实践，成为我国南北朝(公元 420 到 589 年)时期杰出的数学家、天文学家[1]。

祖冲之延伸刘歆的上元积年算法，编制了大明历(公元 462 年)。大明历首句为“上元甲子至宁在大明七月癸卯，五万一千九百三十九年算外”，以“上元之岁，岁在甲子，天正甲子朔夜半冬至，日月五星，聚于虚度之初，阴阳迟疾，并自此始”为结语。更要求历元必须同时为甲子年的开始，而且日月合璧，五星连珠，月亮又恰好行经其近地点和升交点，这样的条件下推算上元积年，就相当于要解十个同余式了。当然，祖冲之很可能要利用一些特殊的数据，来消去其中的一部分，不一定就是解十个同余式。

17.1.2 闰周的计算

我们回顾一下闰周的由来和发展。

公元前 500 年左右，人们就目测观天，最基础的数据就是太阳周天 19 次，月球周天 235 次，日月相会于星空背景原点。经过 19 年，每年 12 月，共 $12\times19=228$，$235-228=7$，这就是 19 年 7 闰，称之为闰周。

从春秋战国到秦朝时期制定的黄帝、颛顼、夏、殷、周、鲁六种历法，称为古六历。

古六历的岁实、朔策,都利用了近似的闰周 19 年 7 闰。

学者公认,古人把尽可能准确的天象观察和数学方法有机地结合起来,牺牲步朔的一点点精度,折中协调年、月、日长度,所推出误差约 661 秒的回归年长度 $365\frac{1}{4}$日,也可能为当时粗略的圭表测量所证实。使用近似的置闰规则 19 年 7 闰。因日的分母 4,$4\times19=76$年。这 76 年含 $365\frac{1}{4}\times76=27759$ 日,含朔望月 940 个,其中平常月 $12\times76=912$ 个,闰月 $7\times4=28$ 个。相除得$\frac{27759}{940}$日$=29\frac{499}{940}$日,称为朔策,误差约 23 秒。

由$\frac{499}{940}$可以发展出古代历法中一系列重要数据。

根据古六历$\frac{499}{940}$,落下闳用密近简化法,计算出太初历的$\frac{43}{81}$。

刘歆在 940 和 499 序列值计算表中,算到除法 $12=11\times1+1(r_7)$(自然余数)。再算下一步,是 $11=1\times10+1(r_8)$(调节余数)。筹算板上下,$1(r_8)=1(r_7)$,合称等数。

刘歆的突出贡献是把两个余数 1 组成的等数 1 引入为标志,用来关联 81 与 43。

关于密近简化法的计算,我们有两个注意点:

一是序列值计算容易失误。

余数为 0 时的序列值等于入算数。利用这一点,可以保证序列值计算表一步成功。如果入算整数对有最大公约数,余数为 0 时的序列值就等于约简的入算数。参见 11.3.5。

二是只凭密近简化计算表,无法察觉其数据的更改。

我们回顾一下,当初断定刘歆曾经做过人为改动,全凭三统历原文。纪母说:"木金相乘为十二,是为岁星小周。小周乘巛(坤字古体)策,为千七百二十八,是为岁星岁数。"我们从岁星 12 年 11 见,据三统历岁实,算出岁星会合周期值 $398\frac{4547}{10000}$日。再根据 1728 岁认作岁星岁数,1583 次认作见数,145 认作岁星周天数。用密近简化法逆算出,刘歆采用 $398\frac{7064}{10000}$日。没有这样的证据对比,是无法判断刘歆人为改动的。

17.1.3 闰周的改革

东汉以来的天文观察日趋精密,第一个冲破 19 年 7 闰这条锁链的是南北朝时期北凉的赵匪欠,在玄始历(412 年)中,他提出了 600 年间置入 221 个闰月的新闰周。

下面表 17.2"早期若干闰周表"中,摘录早期几个闰周值。

表 17.2　早期若干闰周表

历法名称	闰周	月数之比	每年月数
古历	19 年 7 闰	228/235	12.36842105
北凉赵匪欠玄始历	600 年 221 闰	7200/7421	12.36833333
刘宋祖冲之大明历	391 年 144 闰	4692/4836	12.368286445
北魏张龙祥等正光历	505 年 186 闰	6060/6246	12.36831683
东魏李兴业等兴和历	562 年 207 闰	6744/6951	12.3683274
东魏李兴业等九宫历	505 年 186 闰	6060/6246	12.36831683

我们用 600×12=7200，7200+221=7421，纳入序列值计算表(表 17.3)。

表 17.3　玄始历闰周序列值计算表

K	辗转相除	商	Q 序列	P 序列	P/Q
			令 $Q_0=0$	令 $P_0=1$	
1	7421=7200×1+221	$q_1=1$	令 $Q_1=1$	$P_1=q_1=1$	1
2	7200=221×32+128	$q_2=32$	$Q_2=q_2=32$	$P_2=1+q_2P_1=33$	32/33
3	221=128×1+93	$q_3=1$	$Q_3=1+q_3Q_2=33$	$P_3=P_1+q_3P_2=34$	33/34
4	128=93×1+35	$q_4=1$	$Q_4=Q_2+q_4Q_3=65$	$P_4=P_2+q_4P_3=67$	65/67
5	93=35×2+23	$q_5=2$	$Q_5=Q_3+q_5Q_4=163$	$P_5=P_3+q_5P_4=168$	163/168
6	35=23×1+12	$q_6=1$	$Q_6=Q_4+q_6Q_5=228$	$P_6=P_4+q_6P_5=235$	228/235
7	23=12×1+11	$q_7=1$	$Q_7=Q_5+q_7Q_6=391$	$P_7=P_5+q_7P_6=403$	391/403
8	12=11×1+1	$q_8=1$	$Q_8=Q_6+q_8Q_7=619$	$P_8=P_6+q_8P_7=638$	619/638
9	11=1×11+0	$q_9=11$	$Q_9=Q_7+q_9Q_8=7200$	$P_9=P_7+q_9P_8=7421$	7200/7421

余数为 0 时，比值为 7200/7421，与入算数组相同。如同本书 11.3.5“入算数重现时的累积统计值”所说，我们增加此举是为保证序列值计算的成功。

但我们很难核查表中入算数据与导出数据，哪些经过了修改，出于什么考虑。

有趣的是东魏李兴业，同一组学者给出两组不同的闰周值：先是兴和历闰周 562 年 207 闰，每年为 12.3683274 月，替代北魏张龙祥等正光历的值。后来是九宫历的 505 年 186 闰，每年为 12.36831683 月，恢复到与北魏张龙祥等正光历的水平。

可见，没有更改的，只有李兴业手中的密近简化算法。

李兴业第一组的兴和历，即《甲子元历》(539 年)。参与改历的人员规模之庞大，阵容之豪华，在中国历法史上非常罕见。计算如下(表 17.4)：

表 17.4　兴和历序列值计算表

K	辗转相除	商	Q 序列	P 序列	P/Q
			令 $Q_0=0$	令 $P_0=1$	
1	$6951=6744\times1+207$	$q_1=1$	令 $Q_1=1$	$P_1=q_1=1$	1
2	$6744=207\times32+120$	$q_2=32$	$Q_2=q_2=32$	$P_2=1+q_2P_1=33$	33/32
3	$207=120\times1+87$	$q_3=1$	$Q_3=1+q_3Q_2=33$	$P_3=P_1+q_3P_2=34$	34/33
4	$120=87\times1+33$	$q_4=1$	$Q_4=Q_2+q_4Q_3=65$	$P_4=P_2+q_4P_3=67$	67/65
5	$87=33\times2+21$	$q_5=2$	$Q_5=Q_3+q_5Q_4=163$	$P_5=P_3+q_5P_4=168$	168/163
6	$33=21\times1+12$	$q_6=1$	$Q_6=Q_4+q_6Q_5=228$	$P_6=P_4+q_6P_5=235$	235/228
7	$21=12\times1+9$	$q_7=1$	$Q_7=Q_5+q_7Q_6=391$	$P_7=P_5+q_7P_6=403$	403/391
8	$12=9\times1+3$	$q_8=1$	$Q_8=Q_6+q_8Q_7=619$	$P_8=P_6+q_8P_7=638$	638/619
9	$9=3\times3+0$	$q_9=3$	$Q_9=Q_7+q_9Q_8=2248$	$P_9=P_7+q_9P_8=2317$	2317/2248

这里，6744/3＝2248，6951/3＝2317。最大公约数 3，不影响序列值计算。除法余数为 0 时，比值为 2248/2317。

第二组九宫历的 505 年 186 闰，$505\times12=6060$，$6060+186=6246$，每年为 12.36831683 月。计算如下(表 17.5)：

表 17.5　九宫历、正光历序列值计算表

K	辗转相除	商	Q 序列	P 序列	P/Q
			令 $Q_0=0$	令 $P_0=1$	
1	$6246=6060\times1+186$	$q_1=1$	令 $Q_1=1$	$P_1=q_1=1$	1
2	$6060=186\times32+108$	$q_2=32$	$Q_2=q_2=32$	$P_2=1+q_2P_1=33$	33/32
3	$186=108\times1+78$	$q_3=1$	$Q_3=1+q_3Q_2=33$	$P_3=P_1+q_3P_2=34$	34/33
4	$108=78\times1+30$	$q_4=1$	$Q_4=Q_2+q_4Q_3=65$	$P_4=P_2+q_4P_3=67$	67/65
5	$78=30\times2+18$	$q_5=2$	$Q_5=Q_3+q_5Q_4=163$	$P_5=P_3+q_5P_4=168$	168/163
6	$30=18\times1+12$	$q_6=1$	$Q_6=Q_4+q_6Q_5=228$	$P_6=P_4+q_6P_5=235$	235/228
7	$18=12\times1+6$	$q_7=1$	$Q_7=Q_5+q_7Q_6=391$	$P_7=P_5+q_7P_6=403$	403/391
8	$12=6\times2+0$	$q_8=2$	$Q_8=Q_6+q_8Q_7=1010$	$P_8=P_6+q_8P_7=1041$	1041/1010

这里，6060/6＝1010，6246/6＝1041，最大公约数 6 不影响序列值计算。余数为 0 时，

比值为 1010/1041。

落下闳、刘歆的密近简化算法，适当选取原始数据，纳入密近简化算法，凭借某种信念在严谨的计算表中选取所需数据。在解决千年以来存在的闰周问题时，取决于测天的精度。

祖冲之大胆改革闰周，提出了 391 年 144 闰的新数据(表 17.6)。

这里，391 年×12＝4692，4692＋144＝4836，4836/12＝391，4692/12＝403，最大公约数 12，不影响序列值计算。余数为 0 时，比值为 391/403。

表 17.6　大明历闰周序列值计算表

K	辗转相除	商	Q 序列	P 序列	P/Q
			令 $Q_0=0$	令 $P_0=1$	
1	4836＝4692×1＋144	$q_1=1$	令 $Q_1=1$	$P_1=q_1=1$	1
2	4692＝144×32＋84	$q_2=32$	$Q_2=q_2=32$	$P_2=1+q_2P_1=33$	33/32
3	144－84×1＋60	$q_3=1$	$Q_3=1+q_3Q_2=33$	$P_3=P_1+q_3P_2=34$	34/33
4	84＝60×1＋24	$q_4=1$	$Q_4=Q_2+q_4Q_3=65$	$P_4=P_2+q_4P_3=67$	67/65
5	60＝24×2＋12	$q_5=2$	$Q_5=Q_3+q_5Q_4=163$	$P_5=P_3+q_5P_4=168$	168/163
6	24＝12×2＋0	$q_6=2$	$Q_6=Q_4+q_6Q_5=391$	$P_6=P_4+q_6P_5=403$	403/391

公元前二世纪，人们就已习惯使用八尺(折合 1.84 m) 高表来测定冬至的日期。但是，靠八尺高表的读数并不理想。

祖冲之的贡献就是，不直接观测冬至那天日影的长度，而是观测冬至前后二十三四日的日影长度，再取它们的平均值，求出冬至发生的日期和时刻。由于离开冬至日远些日影的变化就快些，从而可以提高冬至时刻的测定精度。他的大明历岁实取 365.2428 日，在当时是很精密的。要到 1064 年明天历出现，采用更多的观测点，才能进一步提高精度。

在与权贵戴法兴的辩论中，祖冲之就是应用精密测定冬至点的方法，详细论证了 19 年 7 闰的闰周古法"其疏尤甚"[2]。他说："古法虽疏，永当循用，谬论诚立……理容然乎?!"还说，日月五星的运行，"非出神怪，有形可检，有数可推"。只要精心观察并以历代记录来相互校验，"孟子以为千岁之日至可坐而知，斯言实矣"。从而对戴法兴的谬论"古人制章，立为中格，年积十九，常有七闰，晷或盈虚，此不可革"，指责的"削章坏闰"，污称的"恐非冲之浅虑，妄可穿凿"，进行了有力的驳斥。

古六历闰周 19 年 7 闰，岁有 12.38642105 月，玄始历 600 年 221 个闰月，岁有 12.38633333 月。大明历 391 年 144 闰，岁有 12.368286445 月，可见大明历闰法是胜过赵匪欠玄始历的。

所以，当今学者公认："引进岁差和改革闰法为大明历的两大创法。"[3] 支撑这一条的论据,一是改进测天精度,二是密近简化算法。

17.2 祖冲之更开密法

祖冲之有关圆周率方面的成就见《隋书·律历志》上篇备数节:

古之九数,圆周率三,圆径率一,其术疏舛。自刘歆、张衡、刘徽、王蕃、皮延宗之徒,各设新率,未臻折衷。宋末南徐州从事史祖冲之更开密法。以圆径一亿为一丈,圆周盈数三丈一尺四寸一分五厘九毫二秒七忽,朒数三丈一尺四寸一分五厘九毫二秒六忽,正数在盈朒二限之间。密率:圆径一百一十三,圆周三百五十五。约率:圆径七,周二十二。又设开差幂,开差立,兼以正圆参之,指要精密,算氏之最著也。所著之书名为《缀术》,学官莫能究其深奥,是故废而不理。

这就是说,祖冲之刻苦钻研,反复演算,在前人成就的基础上,求出 π 在 3.1415926 与 3.1415927 之间,相当于精确到小数点后的七位数字。

在祖冲之的时代,圆周率常用分数表示。祖冲之给出的约率是 $\frac{22}{7}$(3.14285714,小数点后 2 位精确),密率是 $\frac{355}{113}$(3.14159292,小数点后 6 位精确)。

按《隋书·律历志》记载,祖冲之还以密率来校算刘徽为王莽所造的量器——律嘉量斛。发现"刘歆庣旁小一厘四毫有奇",认为是由于"歆数术不精之所致也"。

在西方,直到 1573 年德国数学家奥脱(Otto,Valentin,1550—1605)才算得 $\frac{355}{113}$ 这一数值。而在一般西方数学史著作中,却常常误认这一数值是荷兰工程师安托尼兹(Anthonisz,Adriaen,1527—1607)首先得出的。因而日本数学家三上义夫主张称 $\frac{355}{113}$ 为"祖率"。

后世学者不懈研究《隋书·律历志》,无不从刘徽割圆术出发,破解祖冲之的方法。然而,不免在史料、历法相关与计算方面有所欠缺。

现存史料中,谈到缀术的有两条。约 11 世纪末的《梦溪笔谈》中,沈括[4]指出:"求星辰之行、步气朔消长谓之缀术,谓不可以形察,但以算术缀之而已。"缀术与历法计算有关。1247 年秦九韶在《数书九章》中有"缀术推星"一题,也把缀术理解为一种内插法,中国古代数学中称之为招差术。李冶[5]也说:"所谓缀者非实有物,但以数强缀缉之使相联络,可以求得其处所而已。"

提到古代历法计算中,无人不知连分数渐近分数、调日法、内插法等多种数学方法。但仅仅用刘徽割圆术去解释祖冲之求 π 方法,那就无法说明《缀术》与历法计算有什么关系。

从计算角度看,3.1415926 与 3.1415927 的计算相当繁难[6]。以圆径一亿为一丈,从正六边形起算,需要算到正 24576(6×2^{12})边形,需要把同一计算程序反复进行 12 次,每个程序中包括加、减、乘、除及开方等十余个步骤。为此,需要从九位数字算起,反复进行各种运算 130 次以上,其中的开平方运算又会出现远远大于九位的数字。即使在今天,我们用纸笔来计算,这也绝对不是一件轻松的事,更何况当时的计算都是以算筹进行的。

最后,还有一点质疑也是绕不过去的。历代《九章算术》注所记载应用割圆术,最多到 3072 边形,没有割到 24576 边形[7]。

17.3　可能的逼近计算法

吕子方在 20 世纪 50 年代通过对汉代历法五星周期会合周期的研究,提出世纪之初,人们已经使用了连分数。

华罗庚评价说:"约率和密率提出了用有理数最佳逼近实数的问题。逼近这个概念在近代数学中是十分重要的。"

1984 年,梅荣照[8]先生归纳了几条祖冲之求约率和密率的可能逼近计算法。

1　调日法

宋代学者认为调日法始于南北朝时期的何承天,稍早于祖冲之。

调日法基本内容是:假如$\frac{a}{b}$,$\frac{c}{d}$分别为不足和过剩近似分数,则适当选取 m 和 n,新得的分数$\frac{ma+nc}{mb+nd}$有可能更加接近真值。调日法可以逐渐调整分子和分母数值,以求得接近真值。

例如,由$\frac{157}{50}$(刘徽)和$\frac{22}{7}$(祖冲之约率),取 $m=1$,$n=9$,即可算得$\frac{157+22\times 9}{50+7\times 9}=\frac{355}{113}$。又如,从$\frac{3}{1}$(古率)和$\frac{22}{7}$出发,也可算得$\frac{3+22\times 16}{1+7\times 16}=\frac{355}{113}$。

但是关于调日法是否出于何承天,祖冲之是否应用了调日法,学术界还存在不少争论。

2　连分数法

有人主张,$\frac{355}{113}$这一最佳分数值是由连分数得来的[9]。

查有梁[10]提出:约率密率即来自分数$\frac{3927}{1250}$。按连分数计算,$\frac{3927}{1250}=[3,7,16,11]$,其

渐近分数恰为$\frac{3}{1}$，$\frac{22}{7}$，$\frac{355}{113}$。

我们赞成查有梁对连分数的推测，只是改用了序列值计算表（表 17.7）：

表 17.7　序列值计算表

K	辗转相除	商	Q 序列	P 序列	比值
			令 $Q_0=0$	令 $P_0=1$	
1	$3927=1250\times3+177$	$q_1=3$	令 $Q_1=1$	$P_1=q_1=3$	3
2	$1250=177\times7+11$	$q_2=7$	$Q_2=q_2=7$	$P_2=1+q_2P_1=22$	22/7
3	$177=11\times16+1$	$q_3=6$	$Q_3=1+q_3Q_2=113$	$P_3=P_1+q_3P_2=355$	355/113
4	$11=1\times11+0$	$q_4=11$	$Q_4=Q_2+q_4Q_3=1250$	$P_4=P_2+q_4P_3=3927$	3927/1250

圆周率 π 用连分数的形式来表示。$\pi=3+\frac{1}{7}+\frac{1}{15}+\frac{1}{1}+\frac{1}{292}+\cdots$，亦可记为 $\pi=[3,7,15,1,292,\cdots]$。可得出一系列渐近连分数。

3　求一法

钱宝琮指出，何承天《元嘉历》中平朔月日数中的强率可用求一术得出。

已知弱率$\frac{9}{17}$小于实测数据，假定 $\frac{x}{y}>\frac{9}{17}$（x，y 均为正整数），令 $17x=9y+1$，则此不定方程可化为一次同余式 $17x\equiv1(\mathrm{mod}\ 9)$，用求一术即可求得 $x=26$，$y=49$。

同样，祖冲之可能以刘徽圆周率$\frac{157}{50}$为弱率，假定$\frac{x}{y}>\frac{157}{50}$，即可求得 $x=22$，$y=7$。

祖冲之的密率也可用求一术修正刘徽的$\frac{3927}{1250}$而得。已知$\frac{3927}{1250}>\pi$，假定$\frac{x}{y}<\frac{3927}{1250}$，令 $3927y=1250x+1$，化此不定方程为一次同余式 $177y\equiv1(\mathrm{mod}\ 1250)$，用求一术即可求得 $y=113$，$x=355$。

4　外切法

上面的提法似乎说：不定方程为一次同余式 $177y\equiv1(\mathrm{mod}\ 1250)$，用求一术即可求得 $y=113$，再代回不定方程，求出 $x=355$。

17.4　割圆术与更开密法

17.4.1　刘徽不等式由来

秦汉以前，人们以“径一周三”为圆周率，称古率。

后来发现，圆周率应是“圆径一而周三有余”。入汉以后，圆周率的计算吸引了许多科学家的注意，如刘歆、张衡、刘徽、王蕃、皮延宗等人都做了不少工作。

公元前 1 世纪成书的《九章算术》，提出圆田术：

术曰：半周半径相乘得积步。

设周长 l，半径 r，面积 S，则

$$S=\frac{1}{2}lr。$$

又术曰：周径相乘，四而一。即

$$S=\frac{1}{4}ld。$$

为证明圆田术，公元 263 年的刘徽创造了割圆术（图 17.1）。

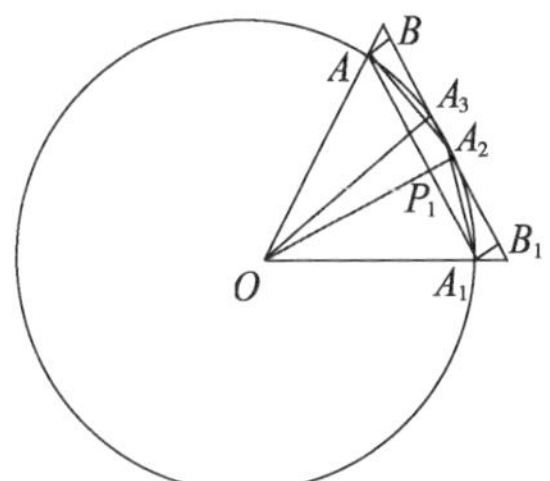

图 17.1　割圆术示意图

从圆内接正六边形开始，边数不断加倍，多边形面积与圆面积的差就越来越小。正多边形的边数不能再加的时候，其面积的极限就是圆面积。余径是边心距和圆径之差。正多边形的边长乘以余径，形成小矩形。

同一次分割下，若干小矩形的集合组成“类齿轮盘”[11]，骑跨在圆周上。

一次次分割衍生出一层层类齿轮盘，都可分拆成余径为高的等腰三角形，面积为差幂，以及两小勾股形之和，面积等同差幂。

到极限状态，正多边形与圆相合，余径消失，类齿轮盘面积就不至于突出在圆周之外了。

以六觚之一面乘一弧半径，三之，得十二觚之幂。若又割之，次以十二觚之一面乘一弧之半径，六之，则得二十四觚之幂。割之弥细，所失弥少，割之又割，以至不可割，则与圆周合体，而无所失矣。觚面之外，犹有余径，以面乘余径，则幂出弧表。若夫觚之细者，与圆合体，则表无余径。表无余径，则幂不外出矣。以一面乘半径，觚而裁之，每辄自倍。故以半周乘半径而为圆幂。此以周、径，谓至然之数，非周三径一之率也。

“割六觚以为十二觚术”展示如下：

取直径 2 尺的圆，内接正六边形 S_6 的边长为 1 尺。设一边 AA_1，过圆心 O 作 AA_1 的垂线 OA_2，交 AA_1 于 P_1，交圆周于 A_2，则 AA_2 就是内接正 12 边形的一边。勾股形 AOP_1 中，$OA=1$ 尺为弦，$AP_1=\frac{1}{2}AA_1=5$ 寸为勾，则股 $OP_1=\sqrt{OA^2-AP_1^2}=\sqrt{10^2-5^2}=866025\frac{2}{5}$ 忽为边心距。$OA_2-OP_1=P_1A_2=133974\frac{3}{5}$ 忽为余径。这条余径在勾股形 AP_1A_2 中为小勾，AP_1 为小股，则弦 $AA_2=\sqrt{P_1A_2^2-AP_1^2}=\sqrt{267949193445}$ 忽，为圆内接正 12 边形的一边之长。

注意，图 17.1“割圆术示意图”中，处于在正 6 边形一边与圆之间的余径为 P_1A_2。过 A_2 点作 OA_2 的垂线，处于圆外。过 A 点作线段 AB 垂直于 AA_1，交该垂线于 B。过 A_1 点作线段 A_1B_1 垂直于 AA_1，交该垂线于 B_1，构成小矩形 AA_1B_1B。

以余径 P_1A_2 为高的等腰三角形 AA_1A_2，共 6 个，面积是“差幂”$(S_{12}-S_6)$。以余径乘正多边形的边长 AA_1 为小矩形 AA_1B_1B 的边长，共 6 个。六只的面积为两倍的“差幂”：$2(S_{12}-S_6)$，是骑跨在圆周上的“类齿轮盘”。

然后，陆续展示“割十二觚以为二十四觚术”、“割二十四觚以为四十八觚术”和“割四十八觚以为九十六觚术”。即从正六边形开始，依次将边数加倍，求出正 12，24，48，96 等正多边形的边长，从而算得正 24，48，96，192 等边形的面积。涉及数据见下表（表 17.8），斜线表示未曾计算。

表 17.8　刘徽割圆数据

正多边形	面积/寸^2	边长/忽	边心距/忽	余径/忽
6	/	1000000	$866025\frac{2}{5}$	$133974\frac{3}{5}$
12	/	$\sqrt{267949193445}$	$965025\frac{4}{5}$	$34074\frac{1}{5}$
24	/	$\sqrt{66148349466}$	$991444\frac{4}{5}$	$8555\frac{1}{5}$
48	/	130806	$997858\frac{9}{10}$	$2141\frac{1}{10}$
96	$S_{96}=313\frac{584}{625}$	65438	/	/
192	$S_{192}=314\frac{64}{625}$	/	/	/

下面讲割九十六觚以为一百九十二觚术，原文如下：

以半径一尺乘之，又以四十八乘之，得幂三万一千四百一十亿二千四百万忽,以百亿除之,得幂三百一十四寸六百二十五分寸之六十四,即一百九十二觚之幂也。以九十六觚之幂减之,余六百二十五分寸之一百五,谓之差幂。倍之,为分寸之二百一十,即九十六觚之外弧田九十六所,谓以弦乘知之凡幂也。加此幂于九十六觚之幂,得三百一十四寸六百二十五分寸之一百六十九,则出于圆之表矣。故还就一百九十二觚之全幂三百一十四寸以为圆幂之定率,而弃其余分。以半径一尺除圆幂,倍所得,六尺二寸八分,即周数。……又令径二尺与周六尺二寸八分相约,周得一百五十七,径得五十,则其相与之率也。周率犹为微少也。

求出 $S_{192}-S_{96}=314\dfrac{64}{625}-313\dfrac{584}{625}=\dfrac{105}{625}$,是为差幂:“一百九十二觚之幂也,以九十六觚之幂减之,余六百二十五分寸之一百五,谓之差幂。倍之,为分寸之二百一十,即九十六觚之外弧田九十六所,谓以弦乘知之凡幂也”,说的是“类齿轮盘”。这正 96 多边形的 96 条边,乘余径,构成 96 只小矩形,总面积为 $2(S_{192}-S_{96})=\dfrac{169}{625}$。“加此幂于九十六觚之幂,得三百一十四寸六百二十五分寸之一百六十九,则出于圆之表矣。”

于是,

$$S<314\frac{169}{625}\approx S_{96}+2(S_{192}-S_{96})=S_{96}+2S_{192}-2S_{96}=S_{192}+(S_{192}-S_{96})。$$

左边直观地添上圆内接正 192 多边形的面积 S_{192},就是

$$S_{192}<S<S_{192}+(S_{192}-S_{96})。$$

这样,分析差幂,我们得到刘徽不等式,再列出一般式:

$$S_{192}<\pi r^2<S_{192}+(S_{192}-S_{96}),$$

$$S_{2n}<\pi r^2<S_{2n}+(S_{2n}-S_n)。\tag{1}$$

算到圆内接正 96 边形的面积 S_{96},可求得圆周率 $\dfrac{157}{50}$,相当于 $\pi=3.14$。

而觚差幂六百二十五分寸之一百五。以一百九十二觚之幂以率消息,当取此分寸之三十六,以增于一百九十二觚之幂,以为圆幂,三百一十四寸二十五分寸之四。……以半径一尺除圆幂三百一十四寸二十五分寸之四,倍所得,六尺二十八分二十五分分之八,即周数也。全径二尺与周数通相约,径得一千二百五十,周得三千九百二十七,即其相与之率。若比者,盖尽其纤微矣。举而用之,上法为约耳。当求一千五百三十六觚之一面,得三千七十二觚之幂,而裁其微分,数亦宜然,重其验耳。

刘徽还进一步算到圆内接正 3072 边形的面积 S_{3072},推算了圆周率 $\dfrac{3927}{1250}$,相当于 $\pi=3.1416$。

17.4.2 单位圆面积算式

中国数学史上重要的分数$\frac{3927}{1250} \approx 3.1416$，是由钱宝琮先生给出的[12]。

要点是：取半径一尺，得圆内接正多边形面积分别为 $S_6 = 150\sqrt{3} = 259.8$，$S_{12} = 300$，并估计圆面积 $S \approx S_{192} = 314.1$，故得 $\frac{S - S_{12}}{S_{12} - S_6} = \frac{14.1}{40.2} \approx 0.3507$，又假定 $\frac{S - S_{192}}{S_{192} - S_{96}} \approx \frac{S - S_{12}}{S_{12} - S_6}$。

我们全盘接受这些估计和假定，沿用单位圆面积算式：

$$
\begin{aligned}
S &\approx S_{192} + \frac{S_{192} - S_{12}}{S_{12} - S_6}(S_{192} - S_{96}) \\
&= 314\frac{64}{625} + \frac{314.1 - 300}{300 - 259.8} \times \frac{105}{625} = 314\frac{64}{625} + 0.3507 \times \frac{105}{625} \\
&= 314\frac{64}{625} + \frac{36.8235}{625} \approx 314\frac{64}{625} + \frac{36}{625} = 314\frac{4}{25},
\end{aligned}
$$

则可知圆周率 π 为

$$\pi = 314\frac{4}{25} \div 100 = \frac{3927}{1250} \approx 3.1416。$$

怎样从“差幂”$(S_{192} - S_{96}) = \frac{105}{625}$中求得$\frac{36}{625}$？刘注只说“以十二觚之幂为率消息”一语，过于简略，揣测不一。

白尚恕[13]先生提出：“钱氏之说虽涉及圆内接正 12 边形面积，但其中计算恐未必符合刘注原意。”

郭书春[14]认为：刘徽考虑到“差幂”$S_{192} - S_{96} = \frac{105}{625}$，而 $S - S_{192}$ 大约是 $S_{192} - S_{96}$ 的$\frac{1}{3}$。因此，取其$\frac{1}{3}$，为$\frac{35}{625}$，又考虑到化约的需要，取$\frac{36}{625}$为 $S - S_{192}$ 的近似值。

此外，历代《九章算术》注只记载了应用割圆术到正 3072 边形。

要达到与《隋书》“正数在盈朒二限之间”相同精度，假如如祖冲之那样，取一亿为一丈，由九位数字算起，需要按刘徽需要应用割圆术，算到正 12288 边形和正 24576 边形，才可以得出

正 12288 边形面积 $S_{12288} = 3.14159251$，

正 24576 边形面积 $S_{24576} = 3.14159262$。

根据刘徽不等式，可有

$$S_{24576} < S < S_{24576} + (S_{24576} - S_{12288}),$$

即可算出

$$3.14159262<\pi<3.14159271。$$

这才会出现 3.1415926<π<3.1415927。

17.4.3 祖冲之不等式推算

许多数学家和数学史家往往用一种方法解释约率$\frac{22}{7}$、密率$\frac{355}{113}$，再用另一种方法解释朒数 3.1415926、盈数 3.1415927，两法彼此割裂。

查有梁[15]先生解释祖冲之缀术，乃补缀之术、逼近之术，逼近正圆。提出的缀术求 π 新解，令人耳目一新。我们赞成查有梁的连分数渐近分数说，只是换成落下闳、刘歆的密近简化法，展示的是序列值计算表。

我们以为，祖冲之可能利用刘徽割圆术的"差幂"，实行补缀衔接，应用密近简化法，简捷明快求出朒数、盈数。再用密近简化法求出约率、密率。

现在观察圆面积算式 $S\approx S_{192}+\frac{S_{192}-S_{12}}{S_{12}-S_{6}}(S_{192}-S_{96})$中，处于差幂$(S_{192}-S_{96})$之前的系数。设 $\beta=\frac{S_{192}-S_{12}}{S_{12}-S_{6}}$，圆面积算式成了 $S\approx S_{192}+\beta(S_{192}-S_{96})$。

人们常说的刘徽不等式为

$$S_{2n}<\pi r^{2}<S_{2n}+(S_{2n}-S_{n})。\tag{1}$$

右边过剩值是 $S_{2n}+\beta(S_{2n}-S_{n})$。左边不足值补缀上 α 倍差幂，规定 α 小于 β，成为 $S_{2n}+\alpha(S_{2n}-S_{n})$，就得到祖冲之不等式：

$$S_{2n}+\alpha(S_{2n}-S_{n})<\pi r^{2}<S_{2n}+\beta(S_{2n}-S_{n}),\tag{2}$$

其中，$\alpha<\beta$ 为待定系数。

从圆内接正多边形 S_{192} 入手，算出 $\gamma=\frac{S_{192}-S_{12}}{S_{12}-S_{6}}=\frac{314.1-300}{300-259.8}\times\frac{105}{625}=0.3507$。有序列值计算表(表 17.9)。

表 17.9 3507 和 10000 序列值计算表

K	辗转相除	商	Q 序列	P 序列	P/Q
			令 $Q_0=0$	令 $P_0=1$	
1	$3507=10000\times0$	$q_1=0$	令 $Q_1=1$	$P_1=q_1=0$	0/1
2	$10000=3507\times2+2986$	$q_2=2$	$Q_2=q_2=2$	$P_2=1+q_2P_1=1$	1/2
3	$3507=2986\times1+521$	$q_3=1$	$Q_3=1+q_3Q_2=3$	$P_3=P_1+q_3P_2=1$	1/3
4	$2986=521\times5+361$	$q_4=5$	$Q_4=Q_2+q_4Q_3=17$	$P_4=P_2+q_4P_3=6$	6/17

续表

K	辗转相除	商	Q 序列	P 序列	P/Q
5	521=361×1+160	$q_5=1$	$Q_5=Q_3+q_5Q_4=20$	$P_5=P_3+q_5P_4=7$	7/20
6	361=160×2+41	$q_6=2$	$Q_6=Q_4+q_6Q_5=57$	$P_6=P_4+q_6P_5=20$	20/57
7	160=41×3+28	$q_7=3$	$Q_7=Q_5+q_7Q_6=191$	$P_7=P_5+q_7P_6=67$	67/191
…	…	…	…	…	…

按连分数展开：$\frac{3507}{10000}=[0,2,1,5,1,2,3,\cdots]$。其渐近分数序列为 $0,\frac{1}{2},\frac{1}{3},\frac{6}{17},\frac{7}{20},\frac{20}{57},\frac{67}{191},\cdots$。

上面 γ 是从近乎圆的 S_{192} 入手，现在改从已经算得的 $\pi=3.1416$ 值入手。$r=1$ 的圆面积是 $3.1416r^2$，在 $\frac{S_{192}-S_{12}}{S_{12}-S_6}$ 中，代替 S_{192}，得到的 γ' 肯定会更精密些。

$$\gamma'=\frac{3.1416r^2-S_{12}}{S_{12}-S_6}=\frac{314.16-300}{300-259.8}=\frac{14.16}{40.2}\approx 0.3522。$$

以 3522 和 10000 纳入序列值计算，得到表 17.10。

表 17.10　3522 和 10000 序列值计算表

K	被除数=除数×商+余	商	Q 序列	P 序列	P/Q
			令 $Q_0=0$	令 $P_0=1$	
1	3522=10000×0	$q_1=0$	令 $Q_1=1$	$P_1=q_1=0$	0/1
2	10000=3522×2+2956	$q_2=2$	$Q_2=q_2=2$	$P_2=1+q_2P_1=1$	1/2
3	3522=2956×1+566	$q_3=1$	$Q_3=1+q_3Q_2=3$	$P_3=P_1+q_3P_2=1$	1/3
4	2956=566×5+126	$q_4=5$	$Q_4=Q_2+q_4Q_3=17$	$P_4=P_2+q_4P_3=6$	6/17
5	566=126×4+62	$q_5=4$	$Q_5=Q_3+q_5Q_4=71$	$P_5=P_3+q_5P_4=25$	25/71
6	126=62×2+2	$q_6=2$	$Q_6=Q_4+q_6Q_5=159$	$P_6=P_4+q_6P_5=56$	56/159
7	62=2×31+0	$q_7=31$	$Q_7=Q_5+q_7Q_6=5000$	$P_7=P_5+q_7P_6=1761$	1761/5000

将 γ' 按连分数展开：$\frac{3522}{10000}=[0,2,1,5,4,2,31,\cdots]$。其渐近分数序列为 $0,\frac{1}{2},\frac{1}{3},\frac{6}{17},\frac{25}{71},\frac{56}{159},\frac{1761}{5000},\cdots$。

综合观察 γ 的渐近分数序列 $0,\frac{1}{2},\frac{1}{3},\frac{6}{17},\frac{7}{20},\frac{20}{57},\frac{67}{191},\cdots$ 和 γ' 的渐近分数序列 $0,\frac{1}{2},$

$\frac{1}{3},\frac{6}{17},\frac{25}{71},\frac{56}{159},\frac{1761}{5000},\cdots$，有不足近似值 $\alpha=\frac{1}{3}$ 和过剩近似值 $\beta=\frac{6}{17}$。

以 $\alpha=\frac{1}{3}$ 和 $\beta=\frac{6}{17}$ 代入祖冲之不等式(2)，可表为

$$S_{2n}+\frac{1}{3}(S_{2n}-S_n)<\pi<S_{2n}+\frac{6}{17}(S_{2n}-S_n)。\tag{3}$$

因 $S_{3072}=3.14159046$，$S_{1536}=3.14158389$，计算的中间数值，我们精确到小数点后八位，有

$$S_{3072}-S_{1536}=0.00000657,$$

$$\frac{1}{3}\times0.00000657=0.00000219,$$

$$\frac{6}{17}\times0.00000657=0.00000232,$$

$$S_{3072}+\frac{1}{3}(S_{3072}-S_{1536})=3.14159046+0.00000219=3.14159265,$$

$$S_{3072}+\frac{6}{17}(S_{3072}-S_{1536})=3.14159046+0.00000232=3.14159278。$$

只要到圆内接正 3072 边形，这样一组 3.14159265 和 3.14159278，在舍去 0.00000005 和 0.00000008 之后，恰巧与《隋书·律历志》中记载七位的(朒数)3.1415926 和(盈数)3.1415927 相吻合。但这肯定不是四舍五入，出于什么考虑，我们无法想象。

祖冲之不等式(2)、(3)实质上是一种逼近法、外推法，α,β 为待定的外推系数。外插法与内插法实质是一样的。内插法是从某函数的一组已知值去求出另一中间值的方法。如果所求函数值是位于已知的一组值的区域之外，则应用外推法求之。

祖冲之不等式表明，祖冲之的缀术是补缀之术、逼近之术。包括分数逼近(连分数渐近分数)、代数-几何逼近(割圆术)、函数逼近(外挂法)。这就是祖冲之缀术求 π 的贡献所在。

17.5　密率和约率

祖冲之精通上元积年计算，再次应用密近简化算法，就能从盈数和朒数算出密率和约率。

我们采用序列值计算表时，把 3.1415927 与 1 同时扩大成 31415927 与 10000000。求 Q 序列和 P 序列后可以看到，两步算出约率 22 比 7，四步算出密率 355 比 113。见表 17.11。

表 17.11　31415927 和 10000000 的序列值计算表

K	整数对	商	Q 序列	P 序列	P/Q
	被除数＝除数×商＋余		令 $Q_0=0$	令 $P_0=1$	
1	31415927＝10000000×3＋1415927	$q_1=3$	令 $Q_1=1$	$P_1=q_1=3$	3
2	10000000＝1415927×7＋88511	$q_2=7$	$Q_2=q_2=7$	$P_2=1+q_2P_1=22$	22/7
3	1415927＝88511×15＋88262	$q_3=15$	$Q_3=1+q_3Q_2=106$	$P_3=P_1+q_3P_2=333$	333/106
4	88511＝88262×1＋249	$q_4=1$	$Q_4=Q_2+q_4Q_3=113$	$P_4=P_2+q_4P_3=355$	355/113
5	88262＝249×354＋116	$q_5=354$	…	…	…

17.6　差幂探索

我们回过头来，认真研究《隋书·律历志》上篇的备数节。

钱宝琮认为："开差幂"是已知长方形的面积 A 及长 k、阔 x 之差，则 $x(x+k)=A$ 是一个开带从平方问题。"开差立"是已知长方体体积 V 及长阔差 k、高阔差 l，则 $x(x+k)\cdot(x+l)=V$ 是一个开带从立方问题。正圆中的"圆"字，为"负"字之误。负与员形相近，古员与圆相通。如果带从平方或带从立方的开方算式中容许有负数项，那么开平方或开立方时，必须参通正负数加减法则去解决它。

但这个解释似有欠缺，未涉及"差幂"的本意。

上面 17.4.1"刘徽不等式由来"中，我们已经搞清，"差幂。倍之"，成类齿轮盘。一次次分割产生的差幂，衍生出一层层类齿轮盘。直到极限状态，正多边形与圆相合，余径消失，类齿轮盘的面积就不至于突出在圆周之外了。

祖冲之相隔刘徽公元 263 年注《九章算术》不过 100 多年。备数节说"祖冲之更开密法"，肯定是割圆原术外求圆周率的进一步方法。祖冲之提到"又设开差幂，开差立，兼以正圆参之，指要精密，算氏之最著也"。"开差幂"肯定与割圆术的"差幂"有牵连。"开差幂"肯定与"正圆"有关。"开差立"立字与幂字相比对，跟圆、球相关。

但囿于史料，我们没法作进一步确切解释。

祖冲之的儿子祖暅也是一位博学多才的数学家，主要工作是修补编辑他父亲的数学著作《缀术》，研究几何求积的著名命题。唐代李淳风注《九章算术》时，提到祖暅的开立圆术。祖暅求球体积使用的原理为："幂势既同，则积不容异。""幂"是截面积，"势"是立体的高。意思是两个同高的立体，如在等高处的截面积恒相等，则体积相等。

"学官莫能究其深奥"的《缀术》何时能重新面世，真使我们浮想联翩。

参考文献

[1] 杜石然.祖冲之传[C]//薄树人.中国传统科技文化探胜.北京:科学出版社,1992:67—81.

[2] 宋书·律历志(下)[M].中华书局校点本.北京:中华书局,1977:304—317.

[3] 张培瑜,陈美东,薄树人,等.中国古代历法[M].北京:中国科学技术出版社,2008:406—407.

[4] 沈括.梦溪笔谈(十八)[M].王云五.丛书集成(初编).北京:商务印书馆,1937.

[5] 李冶.敬斋古今黈[M].王云五.丛书集成(初编).北京:商务印书馆,1935.

[6] 华罗庚.从祖冲之的圆周率谈起[M].北京:人民教育出版社,1964.

[7] 白尚恕.九章算术注释[M].北京:科学出版社,1983.

[8] 梅荣照.刘徽与祖冲之父子[C]//科学史集刊编辑委员会.科学史集刊.北京:地质出版社,1984:105—129.

[9] 华罗庚.旧珍宝新光芒[N].北京教师月报,1952(2).

[10] 查有梁.奇妙的连分数[J].中学生数学,1984.

[11] 中外数学简史编写组.中国数学简史[M].济南:山东教育出版社,1986:159—162.

[12] 钱宝琮.初等数学史[M].北京:科学出版社,1959.

[13] 白尚恕.中国数学史研究:白尚恕文集[M].北京:北京师范大学出版社,2007:193—194.

[14] 郭书春.古代世界数学泰斗刘徽[M].济南:山东科学技术出版社,2013:235—243.

[15] 查有梁.缀术求π新解[J].大自然探索,1986:5(18): 133—140.

恒值粉碎机解法

印度库达卡的源流是当今世界数学史上的难点，众说纷纭，莫衷一是。

降系数不定方程的取解式基于现代辗转法，依附于余数 0。婆罗摩笈多恒值粉碎机的原术、原意，取解式基于原始辗转相除法，依附于余数 1 的整除式。

18.1 库达卡史料

阿耶波多一世是迄今所知最早的印度数学家。公元 499 年著有《圣使文集》凡四章，十节诗、数学、时间计算和天球。其中数学章由三十三节组成，最后两节为押韵诗句，自称库达卡(Kuttaka)。此书长期失传，直到 1864 年印度学者勃豪・丹吉才获得抄本。

阿耶波多一世一生中对纯数学最大的贡献是库达卡，其立术成为印度传统数学重要组成部分。《圣使文集》有关库达卡的原文如图 18.1：

अधिकाग्रभागहारं छिन्द्यादूनाग्रभागहारेण ।
शेषपरस्परभक्तं मतिगुणमग्रान्तरे क्षिप्तम् ॥ ३२ ॥

अधउपरिगुणितमन्त्ययुगूनाग्रच्छेदभाजिते शेषम् ।
अधिकाग्रच्छेदगुणं द्विच्छेदाग्रमधिकाग्रयुतम् ॥ ३३ ॥

图 18.1 库塔卡影印资料

这些片言只语经门生婆什迦罗一世(Bháscara I)解释，再经后人补充，其义始显。

印度数学史家达生[1](Datta，Bibhutibhusan，1888—1958)，出生于贫穷家庭，终生未婚，对于世间的乐趣毫无兴趣。他的博士论文研究流体动力学，他却以数学史研究而闻名于世。

达生[2]根据婆什迦罗一世的解释，用近代通用数学语言进行了解释。

达生和辛格(Singh，A. N.)在《印度数学史》[3]中进一步解释为：

> 相应于较大余数的除数被相应于较小余数的除数除，所得余数又与相应于较小余数的除数除。自下乘上面一个，加下面一个。

意思是：求一数 N，以两个给定数 a，b 除，留下两个余数 R_1，R_2，即 $N=ax+R_1=by+R_2$。以 c 作R_1 与 R_2 之差，我们有：(ⅰ)$by=ax+c$，如果 $R_1>R_2$；(ⅱ)$ax=by+c$，如果 $R_2>R_1$。

《库达卡与大衍求一术》[4](下面简称库文)一文中，解释上面译文：

> 32 节　对应于较大余数(R_1)的除数(a)被对应于较小余数(R_2)的除数(b)除，所得余数(r_1)又与对应于较小余数的除数(b)除。[照此继续进行除法运算，余数渐小。其最后余数 r_m 应乘一任择之数(t)使乘积加上(如商的序号 m 为奇)，或减去(如商的序号 m 为偶)原来余数之差($R_1-R_2=c$)适为倒数第二个余数($r_{m=1}$)所整除，记商为 q。把互除所得各商数($q_1,q_2,\cdots,q_m$)依次排成一列，再在其末尾添上所选定的乘数 t，最后记上被倒数第二个余数整除的商 q。]
>
> 33 节　[在这一列数中]自下[倒数第二个]乘上面一个，加下面一个。[重复这一手续，用较大余数对应的除数(a)来除所得最后一数(y)，其余数乘以较小余数所对应的除数(b)加上较小余数 R_2，结果就是对应于二除数的所求数(N)。]

库文还增添评注："方括号内文字系后人补充、注释，可见圣使原文极为简陋，隐晦难晓。"

库文以不定方程 $137x+10=60y$ 为例，演示库达卡。此题世称阿耶波多不定方程，是广泛收集于世界数学史各大名著中的典型数例。

18.2　降系数不定方程

18.2.1　降系数不定方程来源

达生、辛格按自然余数 1 商个数的奇偶，把整数对分成两大类。把两系数辗转相除到余数 1、余数 0，列为情况ⅰ。情况ⅱ，则指辗转相除中途结束，并未求到余数 1、余数 0。

降系数不定方程的字母体系与脚码繁复难记。为方便读者，我们以阿耶波多不定方程 $137x+10=60y$ 为例，属于 $ax+c=by$(Ⅰ)，附加数 c 紧随大系数 ax。因 $137x+10=60y$，两系数 137 和 60 辗转相除，自然余数 $r_4=1$ 的除法序数是 4，为偶数。因此，137 和 60 为偶序整数对。

依据欧拉变量代换基本思路，列出偶序整数对的降系数不定方程演算表(表 18.1)。

表 18.1 偶序整数对 137 与 60 降系数不定方程

k	降系数不定方程	辗转相除	商	引入新变量与回代	降系数不定方程
1		$137=60\times2+17$	2	$y=2x+\frac{17x+10}{60}=2x+y_1=297$	$60y_1=17x+10$
2	$60y_1-10=17x$	$60=17\times3+9$	3	$x=3y_1+\frac{9y_1-10}{17}=3y_1+x_1=130$	$17x_1=9y_1-10$
3	$17x_1+10=9y_1$	$17=9\times1+8(r_3)$	1	$y_1=x_1+\frac{8x_1+10}{9}=x_1+y_2=37$	$9y_2=8x_1+10$
4	$9y_2-10=8x_1$	$9=8\times1+1(r_4)$	1	$x_1=y_2+\frac{1\times y_2-10}{8}=y_2+x_2=18+1=19$	$8x_2=1\times y_2-10$
5	$8x_2+10=1\times y_2$	$8=1\times8+0$	8	$y_2=8x_2+10$	

第 4 次除法出现自然余数 $1(r_4)$，引入新变量$\frac{1\times y_2-10}{8}$，整理成降系数不定方程 $8x_2+10=y_2$。

第 5 次除法为余数 0，没有引入新变量，整理成 $8x_2=1\times y_2-10$，也是降系数不定方程。

下面，我们逐字翻译英文版[5]（2001 年最新版）第 86 到 99 页，达生、辛格的降系数不定方程的解法。对核心段落情况（ⅰ.1），即偶序整数对且辗转相除到余数 0 的这一段，特地插入方括号的编号注释。

偶序整数对 137 和 60 辗转相除，余数为 0 时，商总个数 5，奇数。第 4 次除法 $9=8\times1+1$ 得余数 1，商个数 4，为偶数。脚注中，记 $n=2$，于是，$2n=4$，$2n-1=3$。

这里展示的降系数不定方程解法，属于 1770 年欧拉的“形式分数的分母值取 1”方案的思路，不列作单独的解法。参见本书 11.2.1“解法分类”。

我们发现，达生、辛格处理不慎，瑕疵不少。

译文“情况（ⅰ.1）设商个数为偶数”一条，“方程（I. $2n$）和（I. $2n+1$）就分别变成 $y_n=q_{2n}x_n+c$，而 $y_{n+1}=c$”中，$y_n=q_{2n}x_n+c$ 就是个瑕疵，应为 $y_n=q_{2n}x_n-c$，即降系数不定方程为 $8x_2=1\times y_2-10$，$y_3=10$。

后面的“$q_{2n}=r_{2n-1}$”为 $q_4=r_3$，我们代入 $q_4=1$，$r_3=8$，得到 $1=8$，又是个瑕疵。

后面的“情况（ⅰ.2）设商个数为奇数……$q_{2n-1}=r_{2n-2}$”，为同样的错误。

假如 $R_1>R_2$，所解的不定方程是 $ax+c=by$（I），这里，a，b 互素。

这样，我们有［原注：当 $a<b$ 时，有 $q=0$，$r_1=a$］

$$a=bq+r_1,$$
$$b=r_1q_1+r_2,$$
$$r_1=r_2q_2+r_3,$$
$$r_2=r_3q_3+r_4,$$

$$\cdots$$

$$r_{m-2}=r_{m-1}q_{m-1}+r_m,$$

$$r_{m-1}=r_mq_m+r_{m+1}。$$

[注 1:商 q 脚码从数字 0 起,如 $y=qx+y_1$。库文用 q_1,相差 1,不影响计算。依次类推。]

现在在方程(I)中代入 a 的值,有 $by=(bq+r_1)x+c$。因此,$y=qx+y_1$,其中 $by_1=r_1x+c$。

换句话说,因为 $a=bq+r_1$,置入 $y=qx+y_1$,方程(I)降低成 $by_1=r_1x+c$(I.1)。

[注 2:相当于把(I) $137x=60y+10$ 演化成为降系数不定方程 $60y_1=17x+10$(I.1)。]

同样,因 $b=r_1q_1+r_2$,类似地置入 $x=q_1y_1+x_1$,方程(I.1)进一步降低成 $r_1x_1=r_2y_1-c$,等等。

[注 3:相当于把(I.1) $60y_1=17x+10$ 演化成为降系数不定方程 $17x_1=9y_1-10$(I.2)。]

分列写出一系列的值和降系数不定方程,我们有

(1) $y=qx+y_1$,	$by_1=r_1x+c$;	(I.1)
(2) $x=q_1y_1+x_1$,	$r_1x_1=r_2y_1-c$;	(I.2)
(3) $y_1=q_2x_1+y_2$,	$r_2y_2=r_3x_1+c$;	(I.3)
(4) $x_1=q_3y_2+x_2$,	$r_3x_2=r_4y_2-c$;	(I.4)
$\cdots$,	$\cdots$;	
$(2n-1)$ $y_{n-1}=q_{2n-2}x_{n-1}+y_n$,	$r_{2n-2}y_n=r_{2n-1}x_{n-1}+c$;	(I.$2n-1$)
$(2n)$ $x_{n-1}=q_{2n-1}y_n+x_n$,	$r_{2n-1}x_n=r_{2n}y_n-c$;	(I.$2n$)
$(2n+1)$ $y_n=q_{2n}x_n+y_{n+1}$,	$r_{2n}y_{n+1}=r_{2n+1}x_n+c$。	(I.$2n+1$)

[注 4:降系数不定方程(I.4),$r_3x_2=r_4y_2-c$,常数 c 前是减号。这是正确的。]

于是辗转相除法能继续演算,或(ⅰ)到结束,或(ⅱ)得到一系列商,再终止。这两种情况下,所发现商的个数,忽略第一个(q),如同阿耶波多说,可以是奇的,可以是偶的。

[注 5:相当于回代过程中,只求出不定方程的 x 值,省略求 y 值。不影响计算。]

情况(ⅰ)　首先假定辗转相除法能继续演算,直到余数零。因为 a,b 互素,倒数一个余数是单位 1。

情况(ⅰ.1)　设商个数为偶数,我们有 $r_{2n}=1, r_{2n+1}=0, q_{2n}=r_{2n-1}$。

[注 6:辗转相除过程中,只有除数与被除数更替交换,事实上,不可能出现商 $q_{2n}=$余数 r_{2n-1}。]

方程(I.$2n$)和(I.$2n+1$)就分别变成 $y_n=q_{2n}x_n+c$,而 $y_{n+1}=c$。[注 7:即方程(I.4)

和(I. 5)就分别变成 $y_2=q_4x_2-10$,而 $y_3=10$。误把常数前的减号变成加号,见注 4。]赋予 x_n 适当的整数值(t),我们得到 y_n 的整值。[注 8:赋予 x_2 适当的整数值 t,不妨说 $t=0$。就得到 $y_3=q=10$,得到 y_3 的整值。]就此,我们能从($2n$)找到 x_{n-1} 的值。一步步往回推算,最后求出 x,y 正整数值。从而解出方程(I)。

情况(ⅰ.2) 设商个数奇数,我们有 $r_{2n-1}=1, r_{2n}=0, q_{2n-1}=r_{2n-2}$。方程($2n+1$)和(I. $2n+1$)可省略,方程(I. $2n-1$)和(I. $2n$)就分别降系数,变成 $x_{n-1}=q_{2n-1}y_n-c$,而 $x_n=-c$。

[注 9:事实上,辗转相除过程中,不可能出现商 $q_{2n-1}=$余数 r_{2n-2}。]

赋予 y_n 适当的整数值(t'),我们得到 x_{n-1} 的整值。如前一步步往回推算,我们求出 x,y 整数值。

情况(ⅱ) 下面假定辗转相除法在得到一个奇的或偶的商个数之后,终止。

情况(ⅱ.1) 设商个数为偶数,原方程的降系数形式是 $r_{2n}y_{n+1}=r_{2n+1}x_n+c$ 或 $y_{n+1}=\frac{r_{2n+1}x_n+c}{r_2n}$。如赋予 x_n 以适当的整数值 t,使得 $y_{n+1}=\frac{r_{2n+1}t+c}{r_{2n}}$是一个整数,据($2n+1$)我们有 y_n 的整值。如前,我们求出 x,y 的整数值。

情况(ⅱ.2) 设商个数奇数,商[误。注 10:原文就误作 quotient]的降系数形式是 $r_{2n-1}x_n=q_{2n}y_n-c$,或 $x_n=\frac{q_{2n}y_n-c}{r_{2n-1}}$。如赋予 $y_n=t'$,t'是整数,使得 $x_n=\frac{q_{2n}t'-c}{r_{2n-1}}$是一个整数。据($2n$)我们找到 x_{n-1} 的整值。故求出 x,y 整数值。

注意,情况(ⅰ)中求到余数 0,肯定采用降系数不定方程,作为取解式。

情况(ⅱ)中,辗转相除不达到余数 1、余数 0,只是说商个数有偶数、有奇数,无法确定取解式。只说成是降系数不定方程 $r_{2n}y_{n+1}=r_{2n+1}x_n+c$,或者是整除式 $y_{n+1}=\frac{r_{2n+1}x_n+c}{r_{2n}}$。

我们更发现,依现代辗转相除为背景的降系数不定方程以余数 0 为背景,与原始辗转相除为背景的整除式混为一谈,就会犯错。恰巧,库文就提供了这样的典型。

18.2.2 混淆取解式

《库达卡与大衍求一术》[6]一文中,求解不定方程 $137x+10=60y$,应用达生、辛格降系数不定方程的结论。文中所说"情况 1.1.1",就是达生、辛格的情况(ⅰ.1),设商个数为偶数,我们有 $r_{2n}=1, r_{2n+1}=0$。

求解过程全录如下。

例 1 $137x+10=60y$。

这里 $a=137, b=60, c=10$,辗转相除得

$$q_1=2, q_2=3, q_3=1, q_4=1, q_5=8,$$

$$r_1=17, r_2=9, r_3=8, r_4=1, r_5=0。$$

从情况 1.1.1，$y_2=q_5t+10=8t+10$，t 可以随意选，如 $t=1=x_2$，得 $y_2=18$。

于是从下而上递推依次得回代过程是

$$y=q_1x+y_1=2\times130+37=297,$$
$$x=q_2y_1+x_1=3\times37+19=130,$$
$$y_1=q_3x_1+y_2=1\times19+18=37,$$
$$x_1=q_4y_2+x_2=1\times18+1=19,$$
$$y_2=18,$$
$$x_2=1。$$

印度人民习惯上把上面运算排成图式：

q_1	2	2	2	2	297	…	y
q_2	3	3	3	130	130	…	x
q_3	1	1	37	37	…	…	y_1
q_4	1	19	19	…	…	…	x_1
q_5	8	18	…	…	…	…	y_2
t	1	1	…	…	…	…	x_2
q	10						

第一部分辗转相除和第三部分回代，不易犯错，关键在于取解式。

在本书 18.3.3“用变量分析解 $137x+10=60y$”中，我们分析了两种取解式。

自然余数取 1，由新变量 $x_2=\dfrac{1\times y_2-10}{8}$，得整除式，有初解：取 $y_2=18$，则有 $x_2=1$。

余数为 0，降系数不定方程 $y_2=\dfrac{8x_2+10}{1}=8x_2+10$ 中，有初解：取 $x_2=1$，则有 $y_2=18$。

库文中，用 $y_2=q_5t+10=8t+10$，用到 $q_5=8$，余数 $r_5=0$，采用降系数不定方程取初解。我们看到，从“t 可以随意选，如 $t=1=x_2$”，算得“$y_2=18$”，明显不符合整除式取初解，即余数 1 初解的原术原意。见本书 18.4“婆罗摩笈多的解法”。

18.3　基本解法试解

我们应用序列值解法和变量分析法，剖析阿耶波多不定方程解法的每一个可能细节。

18.3.1　序列值解法

根据《算术研究》第 27 节，用序列值解法处理 137 和 60，求出不定方程 $137x+1=60y$

的一组特殊解 $x=7,y=16$。再用 $137x+10=60y$ 的一组特殊解。

高斯表述解的依赖性时,采用同余式:

观察形如 $ax+t\equiv u$ 的同余式,这个同余式是依赖于 $ax\equiv\pm1$ 的。

而同余式与不定方程等价:

不定方程 $ax=by\ \pm1$ 与以 b 为模的同余式 $ax\equiv+1$ 等价。

分三步解出阿耶波多不定方程:

(1) 取 $137x+10=60y$ 的两系数 137 和 60,计算序列值(表 18.2)。

表 18.2 偶序整数对 137 与 60 序列值计算

辗转相除	商	Q 序列	P 序列
		令 $Q_0=0$	令 $P_0=1$
$137=60\times2+17$	$q_1=2$	令 $Q_1=1$	$P_1=q_1=2$
$60=17\times3+9$	$q_2=3$	$Q_2=q_2=3$	$P_2=1+q_2P_1=7$
$17=9\times1+8$	$q_3=1$	$Q_3=1+q_3Q_2=4$	$P_3=P_1+q_3P_2=9$
$9=8\times1+1$(自然余数)	$q_4=1$	$Q_4=Q_2+q_4Q_3=7$	$P_4=P_2+q_4P_3=16$
r_4 自然余数 1,r_5 自然分支最后 0			
$8=1\times8+0$	$q_5=8$	$Q_5=Q_3+q_5Q_4=60$	$P_5=P_3+q_5P_4=137$
r_5 调节余数 1,r_6 调节分支最后 0			
$8=1\times7+1$(调节余数)	$q_5=7$	$Q_5=Q_3+q_5Q_4=53$	$P_5=P_3+q_5P_4=121$
$7=7\times1+0$	$q_6=1$	$Q_6=Q_4+q_6Q_5=60$	$P_6=P_4+q_6P_5=137$

(2) 两系数组成的整数对,因自然余数除法序数的奇、偶,分成两大类:奇序整数对和偶序整数对。每大类整数对又因商数损一调节举措,分两个余数分支,组合成四种并列的情况。高斯配置法则说:

当$[\alpha,\beta,\gamma,\cdots,\mu,n]$项的个数是偶数时,我们有 $ax=by+1$,当项的个数是奇数时,我们有 $ax=by-1$。

因自然余数 1 的除法序数 4 为偶数,项的个数即商的总个数 5 为奇数,所以选取不定方程 $137x=60y-1$,即 $137x+1=60y$。

因自然余数 1 序列值是 $Q_4=7,P_4=16$,所以 $x=7,y=16$ 是常数 1 不定方程$137x+1=60y$ 的最小正整数解。核算:$7\times137=959=16\times60-1$。

(3) 不定方程 $137x+10=60y$ 的常数 10 是 $137x+1=60y$ 常数 1 的 10 倍。

以 $x=7,y=16$ 乘 10,得 $x=70,y=160$。

再各除以对方系数,得 $x=70\div60$ 余 $10,y=160\div137$ 余 23,所以 $x=10,y=23$ 是

$137x=60y-10$ 的一组最小正整数解。核算：$137\times10=1370=23\times60-10$。

可见，$x=10$，$y=23$ 是不定方程 $137x+10=60y$ 的一组特殊解。

18.3.2　变量分析法试解

前面，我们分析欧拉的整数解思想，列出表 9.1 和表 11.1。我们在表格中添入方括号[添]字来表示的各项，扩展为降系数不定方程表(表 18.3)。

先看列。第三列为商 5，2，1。第五列引入的新变量 $y_1=\dfrac{2x+3}{5}$，$x_1=\dfrac{y_1-3}{2}$，都是形式上的分数、实质上的整数。整理新变量得第六列，为降系数不定方程 $2x+3=5y_1$，$y_1-3=2x_1$。第六列的降系数不定方程 $2x=5y_1-3$，$y_1=2x_1+3$，演变成第一列。

再看行。第一行出现新变量 y_1，第二行出现 x_1。第三行 $y_1=2\times x_1+3$ 是降系数不定方程，没有新变量。

表 18.3　$5y=7x+3$ 的降系数不定方程表

降系数不定方程	辗转相除	商	引入新变量	新变量	降系数不定方程
	$7=1\times5+2$，	5[添]	$y=1\times x+y_1$，	$y_1=\dfrac{2x+3}{5}$[添]	$2x+3=5y_1$[添]
$2x=5y_1-3$[添]	$5=2\times2+1$，	2[添]	$x=2\times y_1+x_1$，	$x_1=\dfrac{y_1-3}{2}$[添]	$y_1-3=2x_1$[添]
$y_1=2x_1+3$[添]	$2=2\times1+0$，	1[添]	$y_1=2\times x_1+3$。		

欧拉求的是通解。余数为 0 时，有 $y_1=2x_1+3$。转入回代，得通解 $x=5x_1+6$，$y=7x_1+9$，这里取 x_1 作任意整数。

18.3.3　用变量分析解 $137x+10=60y$

我们用欧拉的思路，试解 $137x+10=60y$(表 18.4)。两系数为偶序整数对，附加数 10 为正，恰巧与 $5y=7x+3$ 是同一类型。

表 18.4　$137x+10=60y$ 的变量分析表

降系数不定方程	辗转相除	商	引入新变量与回代	新变量	降系数不定方程
	$137=60\times2+17$	2	$y=2x+\dfrac{17x+10}{60}==297$	$y_1=\dfrac{17x+10}{60}$	$60y_1=17x+10$
$60y_1-10=17x$	$60=17\times3+9$	3	$x=3y_1+\dfrac{9y_1-10}{17}==130$	$x_1=\dfrac{9y_1-10}{17}$	$17x_1=9y_1-10$
$17x_1+10=9y_1$	$17=9\times1+8(r_3)$	1	$y_1=x_1+\dfrac{8x_1+10}{9}=x_1+y_2$ $==19+18=37$	$y_2=\dfrac{8x_1+10}{9}$	$9y_2=8x_1+10$

续表

降系数不定方程	辗转相除	商	引入新变量与回代	新变量	降系数不定方程
$9y_2-10=8x_1$	$9=8\times1+1(r_4)$	1	$x_1=y_2+\frac{1\times y_2-10}{8}=y_2+x_2$ $==18+1=19$	$x_2=\frac{1\times y_2-10}{8}$	$8x_2=1\times y_2-10$
$8x_2+10=1\times y_2$	$8=1\times8+0$	8	$y_2=\frac{8x_2+10}{1}=8x_2+10$		

由此,我们看到两种取解式:自然余数1取解式和余数0取解式,背景不同。

表18.4中,$8=1\times8+0$,余数为0时有降系数不定方程 $y_2=\frac{8x_2+10}{1}=8x_2+10$。满足降系数不定方程的,先有初解 $x_2=1$,再有 $y_2=18$。

$9=8\times1+1$,余数为1时,有新变量 $x_2=\frac{1\times y_2-10}{8}$。满足整除式,有初解 $y_2=18$,才有 $x_2=1$。

可见,依据原始辗转相除所取得的初解,只适应整除式,不适应现代辗转相除背景下的降系数不定方程。

18.4 婆罗摩笈多的解法

18.4.1 原术原意

婆罗摩笈多(Brahmegupta,梵藏,约598—约665),早期乌贾因(Ujain)学派代表,628年著有《婆罗摩修正体系》。655年完成另一本天文著作。

狄克逊英文版《数论史》所列史料,夹叙夹议,介绍婆罗摩笈多术文和数例二,讨论恒值粉碎机。所列文献原始信息抄录如下:Brahme-sphut'hánta, Ch. 18 (Cuttaca = algebra), Colebrooke, pp. 330—331。

我们先录《数论史》英文,再全译如下:

Brahmegupta (born 598 A.D.) gave the following rule to find a constant "pulverizer". From the given multiplier and divisor, remove their greatest common divisor (found by mutual division). The thus reduced multiplier and divisor are mutually divided until the residue unity is obtained, and the quotients are written in order. Multiply the residue unity by a number chosen so that the product less one (or plus one, if there be an odd number of quotients) shall be exactly divisible by the divisor which produced the residue unity. After the above listed quotients place this chosen number and after it the quotient just obtained. To the ultimate add the product of the penultimate by the next preceding term [etc.]. The number found, or its residue after division by the reduced divisor, is the constant pulverizer.

术文分成三段,我们依次编号。

婆罗摩笈多(梵藏)(生于公元 598 年)叙述了寻找恒值"粉碎机"的法则。(术文 1)根据已知的乘数和除数,用(辗转相除法找到的)最大公约数,加以约简。如此约简后的乘数和除数辗转相除,直到余数单位 1 而止,并依次记下商值。(术文 2)对余数单位 1 乘以一个所选择的数,使得乘积减去 1(或者加上 1,当商个数为奇数时),将可以由产生余数单位 1 的相应除数所整除。(术文 3)在上列商值之下,放置这个所选定的数,此后再放置刚求得的商值。对于最后数,加上中间数与下一个前置项的乘积(等等)。所找到数,或其经约简除数的除法之后的余数,就是恒值粉碎机。

数例二讲述阿耶波多不定方程 $137x+10=60y$。同样分成三段,依次标明。

Again (§27, p. 336), let the reduced dividend [multiplier] and divisor be 137 and 60, while the augment or additive quantity is 10. By reciprocal division of 137 and 60, we get the quotients 0, 2, 3, 1, 1 and last two remainder 8 and 1. Since the augment is now positive and the number of quotients is odd and since $1\cdot 9-1$ is divisible by 8, we select 9 as the chosen number. The constant pulverizer is said to be found as before. Its product by 10 is divided by 60 to give the desired multiplier 10; $10\cdot 137+10=60\cdot 23$.

又(§27, p. 336),(数例二 1)设约简的被除数[乘数]和除数为 137 和 60,而增加或附加数为 10。通过 137 和 60 辗转相除,我们得到商值 0,2,3,1,1,最后两个余数是 8 和 1。(数例二 2)因为附加数现在为正,商个数为奇数[见下面的译者注],又因为 $1\times 9-1$ 可被 8 整除,我们选 9 作为选定数。(数例二 3)据说可如前一样找到恒值粉碎机。它与 10 的乘积可被 60 除,以得到所需的乘数 10;$10\times 137+10=60\times 23$。

我们知道 $137x+10=60y$。两系数 137 和 60 辗转相除到余数 1 时的商个数 4 是偶数。增加了商为 0 的除法 $60=137\times 0+60$,余数 1 的商个数从 4 增加到 5,成了奇数。

这里要讨论一下术文"已知的乘数"、"如此约简后的乘数"、数例二题首"被除数[乘数]137",都是指所求未知数 x。题尾计算所得的"所需的乘数 10",即 $x=10$,则是阿耶波多不定方程的解。印度数学史的注释中,公认库达卡解释为"乘数"[7],记为 x。可见,库达卡所指,似乎过于广泛。

1 单位1的关联

术文第一段，利用1构作整除式，需要两系数重复两次辗转相除，保证得到余数1。当然，还需要利用附加数非常数1的原不定方程，构作附加数1的不定方程。

单位1的作用、余数1与附加数1的关联早在6世纪时的婆罗摩笈多的恒值粉碎机解法中就体现出来了。

我们在18.3.1"序列值解法试解"中提到，1801年高斯的不定方程的序列值解法依靠解的依赖性。线性不定方程 $ax=by\pm1$ 中，a，b 是正整数，a 不小于 b。由可解条件，a 与 b 互素，辗转相除，自然余数1，与附加数1相对应。求出不定方程 $ax=by\pm1$ 的解，就可以解出一般常数的不定方程 $ax=by\pm c$。

(数例二.1)中说，"设约简的被除数[乘数]和除数为137和60，而增加或附加数为10"，我们采纳大系数 ax 约定，紧随附加数10，写成阿耶波多不定方程 $137x+10=60y$。

第一次辗转相除，如(术文1)说，"根据已知的乘数和除数，用(辗转相除法找到的)最大公约数，加以约简"，可约得互素的系数。

再次辗转相除，互素两系数一定求出自然余数1。

根据原有方程 $137x+10=60y$，进行默认的预处理，得到附加数1的 $137x+1=60y$。

2 整除式的构作

由于缺少欧拉那种"x，y 代入其他未知数"的变量分析法，婆罗摩笈多只能围绕自然余数1，设立一套构作整除式的法则。利用余数1从三个角度做文章，涉及它的值1，涉及商个数的奇、偶，还有产生余数1的相应除数，构作整除式。

为此，不得不设定严格的前提：如不定方程 $137x+10=60y$ 附加数为正，紧跟在大系数"ax"之后，形成特定的不定方程表达式。预处理附加数为1，成 $137x+1=60y$，这才可以清点余数1时的商个数，作出加减的判断：奇数时为加，偶数时为减。

于是有(术文2)："对余数单位1乘以一个所选择的数，使得乘积减去1(或者加上1，当商个数为奇数时)，将可以由产生余数单位1的相应除数所整除。"我们称整除式。

分母，就是"产生余数单位1的相应除数"，也就是8。

分子有两项，由乘积与加、减附加数所组成。

一是乘积："余数单位1乘以一个所选择的数"，可从所选择的数，谋求整除。

另一项为加、减1，以适应整数对的奇序、偶序，规律是：当商个数为偶数时，减去1，作为主体，写在正文中；当商个数为奇数时，加上1，作为辅助，置于括号内。

注意，不定方程 $137x+1=60y$，余数1的商个数4是偶数，137和60是偶序整数对。这是(术文2)正文的说法，不统计首商0。

取解式 $x_2=\dfrac{1\times y_2-1}{8}$ 以整除为目标，"我们选9作为选定数"，$y_2=9$，整除得 $x_2=1$。

3 余数 1 商个数的奇偶变动

从阿耶波多不定方程 $137x+10=60y$ 看，余数 1 的商个数是 2，3，1，1 中第 4 个，4 为偶数。这是(术文 2)中正文的说法，即不统计首商 0，形成“乘积减去 1”。

然而，(数例二 2)的说法略有改动，承认 $60=137\times0+60$ 的首商 0，余数 1 的商个数变成 0，2，3，1，1 中第 5 个，5 为奇数。

因此，数例 2 的商个数为奇数，还是出现 $1\times9-1$，即术文中的“乘积减去 1”。

相应地，(术文 2)中辅助的括号“或者加上 1，当商个数为奇数时”，指另外一类奇序整数对。$60x+16=13y$，两系数辗转相除到自然余数 1 而止：$2y_2=3x_2+1$。商个数为 5，奇数，构造出整除式 $y_3=\dfrac{x_2+1}{2}$，用的是“加上 1”。参见 18.4.3。

4 取解式和初解

两系数辗转相除，常数同时参与辗转相除，得到一系列降系数不定方程。利用某个降系数不定方程，取出整数解。

这个取出整数解的式子称为取解式。取解式的解称作初解(初步的解)。

需要回代入这一系列降系数方程，才得到原不定方程的通解和特解。

取解式各有不同，可以与余数 0 相关，也可以与余数 1 相关。

整除式 $x_2=\dfrac{1\times y_2-1}{8}$ 取解，必取“所选择的数”$y_2=9$，才出现 $x_2=1$。初解只能写成 $y_2=9$ 和 $x_2=1$。

可见，以整除式取解，只利用余数 1，与余数 0 无关。

5 依赖性的应用

最后，婆罗摩笈多依赖 $137x+1=60y$ 的解，去解出阿耶波多不定方程 $137x+10=60y$。

以 $x=7$，$y=16$ 乘 10，得 $x=70$，$y=160$。

再各除以对方系数，得 $x=70\div60$ 余 10，$y=160\div137$ 余 23。所以 $x=10$，$y=23$ 是 $137x=60y-10$ 的一组最小正整数解。核算：$137\times10=1370=23\times60-10$。

可见 $x=10$，$y=23$ 是不定方程 $137x+10=60y$ 的一组特殊解。

18.4.2 偶序整数对数例

阿耶波多不定方程系数是偶序整数对数例。按照术文 1，辗转相除时“依次记下商值”。再按(术文 3)“在上列商值之下，放置这个所选定的数，此后再放置刚求得的商值”，放置初解 $y_2=9$ 和 $x_2=1$。

我们可以按印度人民的习惯，把运算排成图式(图 18.2)。

q_1	2	2	2	2	153
q_2	3	3	3	67	
q_3	1	1	19		
q_4	1	10			
t	9				
q	1				

图 18.2　$137x+1=60y$ 的习惯图式

最后按照(术文 3)恒值粉碎机求法。“对于最后数,加上中间数与下一个前置项的乘积(等等)。所找到数,或其经约简除数的除法之后的余数,就是恒值粉碎机。”

实行回代,1 是最后数,9 是中间数,1 是前置项。$1+1\times9=10$,$9+1\times10=19$,$10+3\times19=67$,$19+2\times67=153$。153 是恒值粉碎机。代入 $60y=137x+1$,即有 $60\times153=137\times67+1$。

这个 153,除以 137,余数 7,就是最后得到 $60y=137x+1$ 的解 $x=7$。我们现在称作最小正整数解。正如(数例二 3)所说:“据说可如前一样找到恒值粉碎机。”婆罗摩笈多的 $60y=137x+1$,附加数$+1$ 是恒值,$x=7$ 称为恒值粉碎机。

有了恒值粉碎机,求解附加数 10 倍的 $60y=137x+10$ 十分方便。“它与 10 的乘积可被 60 除,以得到所需的乘数 10;$10\times137+10=60\times23$。”把 $x=7$,乘以附加数 10,得乘积 70。70 除以 60,得 $70=1\times60+10$,才是乘数 10。于是得到 $60y=137x+10$ 的一个解 $x=10$。核算:$137\times10+10=1370+10=1380=60\times23$。

18.4.3　奇序整数对数例

再举一个奇序整数对数例。借用婆什迦罗《莉拉沃蒂》第 251 诗节数据,求解附加数 16 的 $60x+16=13y$。这里,60 和 13 是奇序整数对。

我们先通过欧拉“x,y 代入其他未知数”的变量分析法,得知附加数 1 的 $60x+1=13y$ 的初解,$x_2=1$ 时,有 $y_3=1$。再解出不定方程 $60x+16=13y$。见表 18.5。

表 18.5　$60x+16=13y$ 的变量分析表

降系数不定方程	辗转相除	商	引入新变量与回代	新变量	降系数不定方程
	$60=13\times4+8$	4	$y=4x+\frac{8x+1}{13}=4x+y_1==8\times4+5=37$	$y_1=\frac{8x+1}{13}$	$13y_1=8x+1$
$8x=13y_1-1$	$13=8\times1+5$	1	$x=y_1+\frac{5y_1-1}{8}=1\times y_1+x_1==5\times1+3=8$	$x_1=\frac{5y_1-1}{8}$	$8x_1=5y_1-1$
$5y_1=8x_1+1$	$8=5\times1+3$	1	$y_1=x_1+\frac{3x_1+1}{5}=1\times x_1+y_2==3\times1+2=5$	$y_2=\frac{3x_1+1}{5}$	$5y_2=3x_1+1$
$3x_1=5y_2-1$	$5=3\times1+2$	1	$x_1=y_2+\frac{2y_2-1}{3}=1\times y_2+x_2==2\times1+1=3$	$x_2=\frac{2y_2-1}{3}$	$3x_2=2y_2-1$
$2y_2=3x_2+1$	$3=2\times1+1$	1	$y_2=x_2+\frac{x_2+1}{2}=1\times x_2+y_3==1\times1+1=2$		

婆罗摩笈多没有变量代换，只能用辗转相除法的用语，刻画整除式。据术文 2，"对余数单位 1 乘以一个所选择的数，使得乘积减去 1(或者加上 1，当商个数为奇数时)，将可以由产生余数单位 1 的相应除数所整除"。自然余数 1 的除法是 $3=2\times1+1$，余数 1 乘以"所选择的数"x_2，乘积 $1\times x_2$"加上 1"，除以除数 2，取解式为 $y_3=\frac{x_2+1}{2}$。

于是，取解式为 $y_3=\frac{x_2+1}{2}$，当 $x_2=1$ 时，有 $y_3=1$，这是初值。回代，$x=8$，$y=37$ 是不定方程 $60x+1=13y$ 的一组特解。核算：$60\times8+1=480+1=481=13\times37$。

以 $x=8$，$y=37$ 乘以 16：$x=8\times16=128$，$y=37\times16=592$。除以对方系数后，得 $128=13\times9+11$，$592=60\times9+52$。故不定方程 $60x+16=13y$ 一组特解是 $x=11$，$y=52$。核算：$60\times11+16=480+16=676=13\times52$。

可见，恒值粉碎机解法，能处理一切二元一次不定方程。

18.5　库达卡探源

就所见印度数学史早期史料看，库达卡极为简陋，隐晦难晓。

库达卡原意为碾细，"把问题击打成粉末"，涉及二元一次不定方程求解。公认，把 a，b 用辗转相除法互除，使余数越除越小，从而可设法求解。

但印度数学史中，又把库达卡解释为"乘数"[8]，记为 x。

可见这类库达卡的描述，似乎浮于泛泛而谈。

数学史研究，只能根据史料事实说话。1999 年王渝生[9]指出的："算理上的分析并不能代替对历史事实的确定，任何结论都必须有史料上的依据"，无论对中国数学史还是印度数学史，都是至理名言。

公元 6 世纪婆罗摩笈多的恒值粉碎机解法，严格确定二元一次方程表达规则，两次重复辗转相除，巧妙地保证余数为 1。利用求得 1 的除法，设定法则，构造整除式。选定"选择的数"，利用整除，求出相对于附加数 1 不定方程的解，称作恒值粉碎机。再借以求出附加数非 1 的不定方程。

可见，婆罗摩笈多解法恒值粉碎机的原术、原意，是依附于余数 1 的整除式，不能用于依附于余数 0 的降系数不定方程解法。

我们还找到一条恒值粉碎机资料。印度学者早已熟知余数 1 与附加数 1 的关联作用。

860 年 Pr̥thûdakasvâmî 说，不定方程 $by=ax+1$ 一般称为恒值粉碎机[10]117。恒值粉碎机源于分类机(±1)是不变的、永恒的。

关于早年印度不定分析的这个解释，离婆罗摩笈多(梵藏)年代最近，值得注意。

只有结合本书第 6 章“单一不定分析式”中关于解过渡和解转换的研究，深入挖掘婆罗摩笈多的恒值粉碎机解法，才能探索古印度库达卡的源流。

参考文献

[1] Gupta R C, Mesra P O, Datta B. *Historian of Indian Mathematics* [M]. *Historia Mathematica* 7.New York:Elsevier Inc.,1980:126—133.

[2] Datta B. *Elder Aryabhata's Rule for the Solution of Indeterminate Equations of the First Degree*[J]. Bulletin of the Calcutta Mathematical Society, 1932, 24: 35—53.

[3] Datta S, Singh A N. *History of Hindu Mathematics* Ⅱ [M]. Delhi (India): Bharatiya Kala Prakashan, 2001: 98—110, reprint.

[4] 沈康身.库达卡与大衍求一术[C]//吴文俊.秦九韶与数书九章.北京:北京师范大学出版社,1987:253—268.

[5] 同[3].

[6] 同[4].

[7] 婆什迦罗.莉拉沃蒂[M].林隆夫,译注.徐泽林,等译.北京:科学出版社,2008:175.

[8] 同[7].

[9] 王渝生.算学志[M].中国算学史.上海:上海人民出版社,2006:291.

[10] 同[3].